危险化学品安全丛书
（第二版）

“十三五”
国家重点出版物出版规划项目

应急管理部化学品登记中心
中国石油化工股份有限公司青岛安全工程研究院 ｜ 组织编写
清华大学

危险化学品污染防治

王罗春　唐圣钧　李　强　何德文　赵由才　等 编著

U0387625

化学工业出版社

·北京·

内 容 简 介

《危险化学品污染防治》是"危险化学品安全丛书"的一个分册。

全书共七章，主要包括六方面的内容：(1)危险化学品的类型；(2)不明危险化学品废物的判定与安全转移；(3)危险化学品的污染预防；(4)危险化学品废物的处理；(5)危险化学品废物的填埋处置；(6)特种危险化学品的处理处置方法。其中，由于填埋处置是最常用且行之有效的处理处置方法，故将其分别单独列出成章。本书反映了危险化学品领域的基本知识和基本方法，全面完整地描述国内外危险化学品废物处理与处置的新理论、新技术以及最新成果。

《危险化学品污染防治》适合化工行业从事研发、设计、生产、安全、环保、消防等工作的科技人员和管理人员阅读，也可供高等院校化工、环境及相关专业师生参考。

图书在版编目 (CIP) 数据

危险化学品污染防治/应急管理部化学品登记中心，中国石油化工股份有限公司青岛安全工程研究院，清华大学组织编写；王罗春等编著. —北京：化学工业出版社，2020.12 (2023.8重印)

(危险化学品安全丛书：第二版)

"十三五"国家重点出版物出版规划项目

ISBN 978-7-122-37770-8

Ⅰ.①危… Ⅱ.①应…②中…③清…④王… Ⅲ.①化工产品-危险品-化学污染-污染防治 Ⅳ.①X78

中国版本图书馆 CIP 数据核字 (2020) 第 177590 号

责任编辑：杜进祥　高　震　孙凤英　　　　装帧设计：韩　飞
责任校对：刘　颖

出版发行：化学工业出版社 (北京市东城区青年湖南街 13 号　邮政编码 100011)
印　　装：北京科印技术咨询服务有限公司数码印刷分部
710mm×1000mm　1/16　印张 18　字数 310 千字　　2023 年 8 月北京第 1 版第 2 次印刷

购书咨询：010-64518888　　　　　　　　售后服务：010-64518899
网　　址：http://www.cip.com.cn
凡购买本书，如有缺损质量问题，本社销售中心负责调换。

定　　价：88.00 元

李　涛　中国疾病预防控制中心职业卫生与中毒控制所，研究员
李运才　应急管理部化学品登记中心，教授级高级工程师
卢林刚　中国人民警察大学，教授
鲁　毅　北京风控工程技术股份有限公司，教授级高级工程师
路念明　中国化学品安全协会，教授级高级工程师
骆广生　清华大学，教授
吕　超　北京化工大学，教授
牟善军　中国石油化工股份有限公司青岛安全工程研究院，教授级高级工程师
钱　锋　华东理工大学，中国工程院院士
钱新明　北京理工大学，教授
粟镇宇　上海瑞迈企业管理咨询有限公司，高级工程师
孙金华　中国科学技术大学，教授
孙丽丽　中国石化工程建设有限公司，中国工程院院士
孙万付　中国石油化工股份有限公司青岛安全工程研究院/应急管理部
　　　　化学品登记中心，教授级高级工程师
涂善东　华东理工大学，中国工程院院士
万平玉　北京化工大学，教授
王　成　北京理工大学，教授
王凯全　常州大学，教授
王　生　北京大学，教授
卫宏远　天津大学，教授
魏利军　中国安全生产科学研究院，教授级高级工程师
谢在库　中国石油化工集团有限公司，中国科学院院士
胥维昌　中化集团沈阳化工研究院，教授级高级工程师
杨元一　中国化工学会，教授级高级工程师
俞文光　浙江中控技术股份有限公司，教授级高级工程师
袁宏永　清华大学，教授
袁纪武　应急管理部化学品登记中心，教授级高级工程师
张来斌　中国石油大学（北京），教授
赵东风　中国石油大学（华东），教授
赵劲松　清华大学，教授
赵由才　同济大学，教授
郑小平　清华大学，教授
周伟斌　化学工业出版社，编审
周　炜　交通运输部公路科学研究院，研究员
周竹叶　中国石油和化学工业联合会，教授级高级工程师

丛书序言

    人类的生产和生活离不开化学品（包括医药品、农业杀虫剂、化学肥料、塑料、纺织纤维、电子化学品、家庭装饰材料、日用化学品和食品添加剂等）。化学品的生产和使用极大丰富了人类的物质生活，推进了社会文明的发展。如合成氨技术的发明使世界粮食产量翻倍，基本解决了全球粮食短缺问题；合成染料和纤维、橡胶、树脂三大合成材料的发明，带来了衣料和建材的革命，极大提高了人们生活质量……化学工业是国民经济的支柱产业之一，是美好生活的缔造者。近年来，我国已跃居全球化学品第一生产和消费国。在化学品中，有一大部分是危险化学品，而我国危险化学品安全基础薄弱的现状还没有得到根本改变，危险化学品安全生产形势依然严峻复杂，科技对危险化学品安全的支撑保障作用未得到充分发挥，制约危险化学品安全状况的部分重大共性关键技术尚未突破，化工过程安全管理、安全仪表系统等先进的管理方法和技术手段尚未在企业中得到全面应用。在化学品的生产、使用、储存、销售、运输直至作为废物处置的过程中，由于误用、滥用或处理处置不当，极易造成燃烧、爆炸、中毒、灼伤等事故。特别是天津港危险化学品仓库"8·12"爆炸及江苏响水"3·21"爆炸等一些危险化学品的重大着火爆炸事故，不仅造成了重大人员伤亡和财产损失，还造成了恶劣的社会影响，引起党中央国务院的重视和社会舆论广泛关注，使得"谈化色变""邻避效应"以及"一刀切"等问题日趋严重，严重阻碍了我国化学工业的健康可持续发展。

    危险化学品的安全管理是当前各国普遍关注的重大国际性问题之一，危险化学品产业安全是政府监管的重点、企业工作的难点、公众关注的焦点。危险化学品的品种数量大，危险性类别多，生产和使用渗透到国民经济各个领域以及社会公众的日常生活中，安全管理范围包括劳动安全、健康安全和环境安全，涉及从"摇篮"到"坟墓"的整个生命周期，即危险化学品生产、储存、销售、运输、使用以及废弃后的处理处置活动。"人民安全是国家安全的基石。"过去十余年来，科技部、国家自然科学基金委员会等围绕危险化学品安全设置了一批重大、重点项目，取得示范性成果，愈来愈多的国内学者投身于危险化学品安全领域，推动了危险化学品安全技术与管理方法的不断创新。

自 2005 年"危险化学品安全丛书"出版以来，经过十余年的发展，危险化学品安全技术、管理方法等取得了诸多成就，为了系统总结、推广普及危险化学品领域的新技术、新方法及工程化成果，由应急管理部化学品登记中心、中国石油化工股份有限公司青岛安全工程研究院、清华大学联合组织编写了"十三五"国家重点出版物出版规划项目"危险化学品安全丛书"（第二版）。

丛书的编写以党的十九大精神为指引，以创新驱动推进我国化学工业高质量发展为目标，紧密围绕安全、环保、可持续发展等迫切需求，对危险化学品安全新技术、新方法进行阐述，为减少事故，践行以人民为中心的发展思想和"创新、协调、绿色、开放、共享"五大发展理念，树立化工（危险化学品）行业正面社会形象意义重大。丛书全面突出了危险化学品安全综合治理，着力解决基础性、源头性、瓶颈性问题，推进危险化学品安全生产治理体系和治理能力现代化，系统论述了危险化学品从"摇篮"到"坟墓"全过程的安全管理与安全技术。丛书包括危险化学品安全总论、化工过程安全管理、化学品环境安全、化学品分类与鉴定、工作场所化学品安全使用、化工过程本质安全化设计、精细化工反应风险与控制、化工过程安全评估、化工过程热风险、化工安全仪表系统、危险化学品储运、危险化学品消防、危险化学品企业事故应急管理、危险化学品污染防治等内容。丛书是众多专家多年潜心研究的结晶，反映了当今国内外危险化学品安全领域新发展和新成果，既有很高的学术价值，又对学术研究及工程实践有很好的指导意义。

相信丛书的出版，将有助于读者了解最新、较全的危险化学品安全技术和管理方法，对减少事故、提高危险化学品安全科技支撑能力、改变人们"谈化色变"的观念、增强社会对化工行业的信心、保护环境、保障人民健康安全、实现化工行业的高质量发展均大有裨益。

中国工程院院士　陈丙珍

中国工程院院士　

2020 年 10 月

丛书第一版序言

　　危险化学品，是指那些易燃、易爆、有毒、有害和具有腐蚀性的化学品。危险化学品是一把双刃剑，它一方面在发展生产、改变环境和改善生活中发挥着不可替代的积极作用；另一方面，当我们违背科学规律、疏于管理时，其固有的危险性将对人类生命、物质财产和生态环境的安全构成极大威胁。危险化学品的破坏力和危害性，已经引起世界各国、国际组织的高度重视和密切关注。

　　党中央和国务院对危险化学品的安全工作历来十分重视，全国各地区、各部门和各企事业单位为落实各项安全措施做了大量工作，使危险化学品的安全工作保持着总体稳定，但是安全形势依然十分严峻。近几年，在危险化学品生产、储存、运输、销售、使用和废弃危险化学品处置等环节上，火灾、爆炸、泄漏、中毒事故不断发生，造成了巨大的人员伤亡、财产损失及环境重大污染，危险化学品的安全防范任务仍然相当繁重。

　　安全是和谐社会的重要组成部分。各级领导干部必须树立以人为本的执政理念，树立全面、协调、可持续的科学发展观，把人民的生命财产安全放在第一位，建设安全文化，健全安全法制，强化安全责任，推进安全科技进步，加大安全投入，采取得力的措施，坚决遏制重特大事故，减少一般事故的发生，推动我国安全生产形势的逐步好转。

　　为防止和减少各类危险化学品事故的发生，保障人民群众生命、财产和环境安全，必须充分认识危险化学品安全工作的长期性、艰巨性和复杂性，警钟长鸣，常抓不懈，采取切实有效措施把这项"责任重于泰山"的工作抓紧抓好。必须对危险化学品的生产实行统一规划、合理布局和严格控制，加大危险化学品生产经营单位的安全技术改造力度，严格执行危险化学品生产、经营销售、储存、运输等审批制度。必须对危险化学品的安全工作进行总体部署，健全危险化学品的安全监管体系、法规标准体系、技术支撑体系、应急救援体系和安全监管信息管理系统，在各个环节上加强对危险化学品的管理、指导和监督，把各项安全保障措施落到实处。

　　做好危险化学品的安全工作，是一项关系重大、涉及面广、技术复杂的系统工程。普及危险化学品知识，提高安全意识，搞好科学防范，坚持化害为利，是各级党委、政府和社会各界的共同责任。化学工业出版社组织编写的"危险化学品安全丛书"，围绕危险化学品的生产、包装、运输、储存、营销、使用、消防、事故应急处理等方面，系统、详细地介绍了相关理论知识、先进工艺技术和科学管理制度。相信这套丛书的编辑出版，会对普及危险化学品基本知识、提高从业人员的技术业务素质、加强危险化学品的安全管理、防止和减少危险化学品事故的发生，起到应有的指导和推动作用。

2005 年 5 月

前　言

　　危险化学品，是指具有毒害、腐蚀、爆炸、燃烧、助燃等性质，对人体、设施、环境具有危害的剧毒化学品和其他化学品。随着化学工业的发展，大量易燃、易爆、有毒、有害、腐蚀性等危险化学品不断问世。同时，由于各种原因所引起的危险化学品事故，具有偶然性大、往往引起大量人员伤亡或造成巨大的财产损失或环境危害的特点，给生态环境和人类生存带来了极大的威胁。如 2015 年 8 月 12 日发生的天津港瑞海公司危险品仓库火灾爆炸事故，造成 165 人遇难，直接经济损失 68.66 亿元人民币。事故残留的化学品与产生的二次污染物逾百种，对局部区域的大气、水和土壤环境造成了不同程度的污染。

　　随着我国经济持续快速发展，人民生活水平不断提高，人们对安全的需求比以往任何时候显得更加迫切。

　　自"危险化学品安全丛书"（第一版）出版以来，我国出台了一些新的标准和规定，国家安全监管总局会同十部委制定和颁布了《危险化学品目录（2015 版）》，引用联合国《全球化学品统一分类和标签制度》作为危险化学品的分类判断依据，将化学品的健康危害和环境危害纳入评估范畴，对化学品物理危险性、健康和环境危害并重管理。国务院 2017 年 9 月 21 日颁布了《中华人民共和国危险化学品安全法》（征求意见稿），对危险化学品生产、储存、使用、销售、运输和废弃处置活动的安全管理等作了详细规定。

　　同时，国内外在危险化学品污染防治领域的研究取得了一些重要进展，尤其是在危险化学品污染事故应急监测和处理方案的科学制定方面。如将机器学习模型（人工神经网络和随机森林）应用于泄漏源快速追踪的研究中，开发出更加安全科学的泄漏源定位预测系统；将信息传递理论应用于化学品泄漏污染河流应急监测布点和监测频率的确定，设计出了实施成本低且能精确反映污染物分布的应急监测网络；将熵权法、G1 法等融入案例推理法（CBR）或层次分析法（AHP）之中，探索出多种新的水污染应急处理相似案例复合筛选方法，等等。

　　鉴于此，有必要对丛书进行重新编写。本书是在《危险化学品废物的处理》（王罗春、何德文、赵由才编著，2006年2月出版）的基础上编写的，重点增加了"危险化学品污染预防"方面的内容，同时结合近几年来的最新研究进展对"危险化学品污染治理"方面的内容进行了重新编写，主要包括六方面的内容：（1）危险化学品的类型；（2）不明危险化学品废物的判定及安全转移；（3）危险化学品的污染预防；（4）危险化学品废物的处理；（5）危险化学品废物的填埋处置；（6）特种危险化学品废物的处理处置方法。

本书反映了危险化学品污染防治领域的基本知识和基本方法，全面完整地阐述了国内外危险化学品废物污染预防和处理处置的新理论、新技术以及最新成果，包括国家重点研发计划"固废协同处置的污染控制技术及园区化系统集成示范（2018YFC1903003）"、国家科技支撑项目"村庄/农户聚集区生活垃圾中废塑料提质及分流分类处理与示范研究（2014BAL02B05-02）"、环保部公益性科研专项"建筑废物处置和资源化污染控制技术研究（201309025）"、上海市科学技术委员会科研计划"污泥热干化特性及污染控制技术研究（14DZ1208404）"和深圳市第十五届优秀城乡规划设计二等奖"深圳市危险废物处理处置设施布局专项规划"的部分成果。

参加本书编写的人员包括：上海电力大学王罗春（第一、二、三、四、五、六、七章部分），深圳市城市规划设计研究院有限公司唐圣钧（第三、六章部分）、石天华（第六章部分），中国光大绿色环保有限公司李强（第六、七章部分），中南大学何德文（第四、五章部分），同济大学赵由才（第一、三、五、六章部分），长江流域水资源保护局上海局杨蕾（第二、五章部分）、陈银川（第三、五章部分）。此外，上海电力大学李琳（第二、七章部分）、何昌伟（第四章部分）、文晨旭（第五章部分）也参加了编写工作。

由于时间仓促，书中难免存在不足之处，敬请读者提出建议和修改意见。

编著者
2020年7月

目　录

第七章　特种危险化学品的处理处置方法　　228

第一章

绪 论

第一节 危险化学品事故及其引发的环境污染

一、危险化学品事故的分类

2011 年 2 月国务院修订通过的《危险化学品安全管理条例》（国务院令第591 号）第三条明确规定：危险化学品，是指具有毒害、腐蚀、爆炸、燃烧、助燃等性质，对人体、设施、环境具有危害的剧毒化学品和其他化学品。

危险化学品事故是指《危险化学品安全管理条例》规定范围内的危险化学品生产、储存、使用、经营和运输过程中由危险化学品造成的人员伤害和财产损失事故（矿山开采过程中发生的有毒、有害气体中毒，爆炸事故，放炮事故除外）。

据中国化学品安全网和中国化学品安全协会官网公布的数据信息统计，2013～2019 年我国共发生危险化学品事故 5513 起，造成 5592 人受伤、2560人死亡[1]。如 2015 年 8 月 12 日天津市滨海新区天津港的瑞海公司危险品仓库特别重大火灾爆炸事故、2019 年 3 月 21 日江苏响水天嘉宜公司特别重大爆炸事故等，均造成极大的生命财产损失，留下深刻的教训。

按照发生形式，危险化学品事故分为危险化学品火灾事故、危险化学品爆炸事故、危险化学品中毒和窒息事故、危险化学品灼伤事故、危险化学品泄漏事故和其他危险化学品事故 6 类，其中以危险化学品泄漏、危险化学品火灾、危险化学品爆炸、危险化学品中毒和窒息四类为主，2013～2019 年危险化学品泄漏、危险化学品火灾和危险化学品爆炸事故分别占事故总起数的 45.09%、22.95% 和 19.28%[1]。2013～2019 年我国危险化学品事故类型统计见图 1-1。

1. 危险化学品火灾事故

危险化学品火灾事故指燃烧物质主要是危险化学品的火灾事故，包括易燃

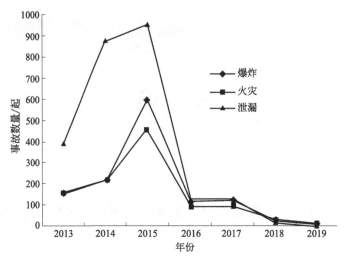

图 1-1 2013～2019 年我国危险化学品事故类型统计

气体火灾、易燃液体火灾、易燃固体火灾、自燃物品火灾、遇湿易燃物品火灾、其他危险化学品火灾。易燃气体、液体火灾往往又引起爆炸事故，易造成重大的人员伤亡。由于大多数危险化学品在燃烧时会放出有毒有害气体或烟雾，危险化学品火灾事故中往往会伴随发生人员中毒和窒息事故。

2. 危险化学品爆炸事故

危险化学品爆炸事故指危险化学品发生化学反应的爆炸事故或液化气体和压缩气体的物理爆炸事故，包括：爆炸品的爆炸；易燃固体、自燃物品、遇湿易燃物品的火灾爆炸；易燃液体的火灾爆炸；易燃气体爆炸；危险化学品产生的粉尘、气体、挥发物爆炸；液化气体和压缩气体的物理爆炸；其他化学反应爆炸。爆炸品的爆炸，又可分为烟花爆竹爆炸、民用爆炸器材爆炸、军工爆炸品爆炸等。

3. 危险化学品中毒和窒息事故

危险化学品中毒和窒息事故主要指人体吸入、食入或接触有毒有害化学品或者化学品反应的产物而导致的中毒和窒息事故，包括吸入中毒事故、接触中毒事故、误食中毒事故、其他中毒和窒息事故。其中，吸入中毒事故的中毒途径为呼吸道，接触中毒事故的中毒途径为皮肤、眼睛等，误食中毒事故的中毒途径为消化道。

4. 危险化学品灼伤事故

危险化学品灼伤事故主要指腐蚀性危险化学品意外地与人体接触，在短时间内即在人体被接触表面发生化学反应，造成明显破坏的事故。

5. 危险化学品泄漏事故

危险化学品泄漏事故主要指气体或液体危险化学品发生了一定规模的泄漏，虽然没有发展成为火灾、爆炸或中毒事故，但造成了严重的财产损失或环境污染等后果的危险化学品事故。危险化学品泄漏事故一旦失控，往往造成重大火灾、爆炸或中毒事故。

6. 其他危险化学品事故

其他危险化学品事故指不能归入上述五类危险化学品事故之外的其他危险化学品事故，如危险化学品罐体倾倒、车辆倾覆等，但没有发生火灾、爆炸、中毒和窒息、灼伤、泄漏等事故。

二、危险化学品事故引发的环境污染

危险化学品事故的发生不仅严重威胁人们的生命财产安全，还会对环境造成严重的污染，危险化学品在生产、储存、运输、使用和处置过程中发生的爆炸、燃烧、大面积泄漏等事故，都有可能引发突发性环境污染。

1. 危险化学品事故造成环境污染的诱因

（1）安全生产突发事故造成环境污染　安全生产突发事故造成环境污染主要有泄漏突发事故、燃烧爆炸突发事故、突发事故救援措施不当 3 种类型[2]。

① 泄漏突发事故造成环境污染。我国化工产量较大，产品品种繁多，工艺复杂，一些中小型化工企业在技术上不达标，生产工艺落后；为了降低生产成本，一些企业会通过非正规渠道购买淘汰的设备，然后进行二次利用。落后的生产工艺和不达标的设施设备，再加上人员操作技能水平低、生产管理不完善，增加了泄漏突发事故的发生概率，事故处置不当或者处置不及时，危险化学品会释放进入环境，造成环境污染。如 2000 年 1 月 27 日福建闽江上游沙溪河段边，某农药厂乐果车间生产线发生泄漏，大量三甲基二硫代磷酸酯流入河流，污染河流几十千米。

② 燃烧爆炸突发事故造成环境污染。危险化学品在燃烧爆炸过程中会产生大量烟雾和烟尘，释放出大量二氧化碳、一氧化碳、醛、光气、氯化氢、腈、氨、氯、氰化氢等气体，这些气体具有毒性、麻醉性和窒息性，一旦扩散到空气中，易造成大气污染。此外爆炸事故往往使车间反应装置、原料仓库、储罐突然损坏，大量危险化学品瞬间机械释放，迅速进入环境，污染空气、土壤和水体，造成环境污染。如中国石油吉林石化公司双苯厂爆炸火灾事故，车

间苯胺装置、1个硝基苯储罐、2个苯储罐报废，大量的苯、苯胺、硝基苯释放进入松花江，污染了松花江水域，甚至俄罗斯也受到影响。

③ 突发事故救援措施不当造成环境污染。危险化学品突发事故特别是燃烧爆炸事故在处置中需要用到大量的消防用水，既要用水来灭火，又要用水来冷却装置和储罐，还要用雾状水稀释空气中的有毒气体。灭火水、冷却水、稀释净化水以及泄漏物形成数量巨大的混合液体。这种混合液体进入环境，易造成环境污染。如1986年11月1日，瑞士马塞尔市一家危险化学品仓库发生火灾，消防人员在灭火战斗中注入约1万加仑（1gal＝3.785L，下同）水，结果灭火用水与约30t农药和化工原料流入著名的莱茵河，大量的硫磷和异物使受污染的河道长度超过240km，河面漂起大量死鱼和生物，人畜无法饮用，该河流沿岸的法国、联邦德国、荷兰等5个国家深受其害。

（2）危险化学品运输突发事故造成环境污染　危险化学品运输过程中，驾驶员、押车员和车辆维修保养员的不安全行为，运输工具、运输货物和运输环境的不安全状态，政府主管部门及相关部门和企业方面的管理缺陷，运输中跑、冒、滴、漏和交通事故都可能造成危险化学品大量泄漏，造成环境污染。如2003年2月10日，一辆大型槽车运载苯乙烯途经浙江省杭州市富阳区永昌镇时，不慎翻车，坠入村溪，车上2个密封盖脱落，致使剧毒苯乙烯液体泄漏，造成河水大面积污染。

（3）危险化学品储存突发事故造成环境污染　危险化学品储存过程中忽视安全，造成危险化学品丢失、泄漏或燃烧爆炸，泄漏物和燃爆产物进入环境造成环境污染。如1993年8月5日，深圳清水河外贸仓库内储有200多吨高锰酸钾、硝酸铵、硫化钠、过硫酸钠和300箱火柴的4号仓库发生系列爆炸，造成直接经济损失2.5亿元，大爆炸形成的烟云污染周围的水源、青菜、水果，致使周围地区农作物1年多无法生长。

（4）危险化学品使用突发事故造成环境污染　危险化学品使用不当，大量进入土壤和水体，造成环境污染。如1996年5月底，陕西省安康地区铁路沿线路基杂草疯长，影响火车正常安全行驶，铁路部门沿线喷洒除草剂嘧磺隆（森草净）。恰好遇上天降大雨，农药被雨水冲到路基旁的排水沟内，又流到河中，灌溉到稻田里，嘧磺隆不但除去了杂草，把稻苗也给除了，受害面积达84hm^2。

2. 危险化学品事故引发的环境污染的特点

由危险化学品事故引发的环境污染具有以下特点[3-5]：

（1）突发性强，污染物排放量大　危险化学品突发环境污染事故具有发生突然、不可预测性。突发性是危险化学品突发环境污染事故的最显著的特点。事故的发生时间、发生地点等往往都无法预知。其在生产、使用、储存和运输过程中都可能因人为失误、机器故障、设备腐蚀、碰撞等因素，使危险化学品受到碰撞、摩擦、静电、高温、潮湿等的作用，而造成事故的突发，在短时间内会导致大量有毒有害物质泄漏、燃烧、爆炸，释放出许多有毒有害物质。

如发生于 2015 年 8 月 12 日的天津港爆炸事故，两次爆炸相当于 24t TNT 炸药爆炸，对周边环境造成了严重污染。129 种化学物质参与燃烧爆炸或者泄漏扩散，现场约有 500t 剧毒氰化钠被散播遗留在环境中。事故爆炸原点形成的一个直径约 100m 积满水的大坑，坑内氰化物超标 40 多倍，周边土壤含有一定含量的氰化物，周边空气中二甲苯等多种有机物超标，事故区域污水排放口氰化物一度超标 3～8 倍[6]。

(2) 波及面广，污染范围宽　危险化学品事故发生后，有毒气体迅速向下风方向扩散，有毒有害物质大都可严重污染空气、地面、道路和生产生活设施，会严重污染地表、水源，甚至会污染江河，从而扩大危害范围，破坏生态环境，短时间内危害范围即可能达数十甚至数百平方千米。如发生于 2005 年 11 月 13 日的吉林石化公司双苯厂爆炸事故，爆炸发生后，约 100t 苯类物质（苯、硝基苯等）流入松花江，造成了江水严重污染，沿岸数百万居民的生活受到影响。污染造成松花江江面上有一条长达 80km 的污染带向下流动，苯含量一度超标 108 倍。污染带先通过了吉林省的多个市县。之后污染带进入黑龙江省境内，引起哈尔滨市长达 5 天的停水。过了哈尔滨之后，污染带继续从南向北移动，流经佳木斯市等黑龙江省的多个市县，然后在松花江口注入黑龙江。污染带再沿黑龙江向东流动，先经过俄罗斯的犹太自治州，然后进入哈巴罗夫斯克边疆区，并且流经哈巴罗夫斯克（伯力）、共青城、尼古拉耶夫斯克（庙街）等城市，最后注入太平洋。

(3) 环境危害大，持续时间长　危险化学品事故发生后，有毒物质有可能在空间形成污染云团，会从事故发生区域向四周尤其是下风方向扩散，造成大范围空间的污染，使危害效应大大增强，这种污染能持续较长时间，短则几小时，长则数日、数月。如发生于 2005 年 11 月 13 日的吉林石化公司双苯厂爆炸事故，松花江污染带尾部残余到 12 月 29 日才全部移出俄罗斯哈巴罗夫斯克市区阿穆尔河（黑龙江）水域[7]。

(4) 易形成二次污染　在危险化学品爆炸和火灾事故处置中，消防用的灭火剂和泄漏的有毒物料混合，控制不当极易进入污水管或雨排管线，流入江、河、湖、海，导致水环境污染，形成二次污染。

在化工事故处置中常用工艺措施进行处置，工艺操作不当也会造成二次污染。所谓"工艺措施"是指关阀断料、开阀导流、火炬放空、排料泄压等措施。2003 年 8 月 26 日，浙江省杭州市富阳区金龙胶乳厂发生火灾，富阳消防大队灭火救援过程中，误将处于关闭状态的卸料口阀门打开，使 2 号反应釜内的物料外泄，遇明火发生爆炸，造成 7 名消防官兵受伤，同时导致部分危险化学品泄漏，污染环境，造成新的事故损失[2]。

第二节　危险化学品污染防治内容、研究现状和发展前景

危险化学品废物包括：①未经使用而被所有人抛弃或者放弃的危险化学品；②淘汰、伪劣、过期、失效的危险化学品；③有关部门依法收缴以及接收的公众上交的危险化学品。危险化学品废物属于危险废物，被列入《国家危险废物名录》。危险化学品废物的常用处理方法与危险废物相同，主要有安全土地填埋法、焚烧法、化学法和生物法。

安全土地填埋法是一种改进的卫生填埋方法，安全土地填埋对场地的建造技术要求更为严格，如衬里的渗透系数要小于 10^{-8} cm/s，浸出液要加以收集和处理，地面径流要加以控制，还要考虑对产生的气体的控制和处理等。

焚烧法是高温分解和深度氧化的综合过程。通过焚烧可以使可燃性的危险化学品废物氧化分解，达到减少容积、去除毒性、回收能量及副产品的目的。危险化学品废物的焚烧设备必须适应性强，操作弹性大，并有在一定程度上自动调节操作参数的能力。一般来说，有机危险化学品废物最好采用焚烧法处理。而对于某些特殊的有机危险化学品废物，只适合用焚烧法处理，如石化工业生产中某些含毒性中间副产物等。

化学法是一种利用危险化学品废物的化学性质，通过酸碱中和、氧化还原以及沉淀等方式，将有害物质转化为无害的最终产物。

许多危险化学品废物是可以通过生物降解来解除毒性的，解除毒性后的废物可以被土壤和水体接受。生物法主要有活性污泥法、气化池法、氧化塘法等。

一、我国危险化学品的分类判断依据

《联合国关于危险货物运输的建议书规章范本》（TDG）和《全球化学品统一分类和标签制度》（GHS）是目前国际上最常用的危险品分类依据。

TDG 是联合国根据技术发展情况，新物质和新材料的出现，现代运输系

统的要求，特别是确保人身、财产和环境安全的需要编写的，主要侧重于货物运输的管理。其目的是提出一个关于各项规定的基本制度，使各国和国际上的管理各种运输方式的规章在这个制度范围内以统一的形式加以发展。同时希望各国政府、政府间机构和其他国际组织，在修订或制定其负责任的规章时，遵守本建议书的原则，从而有助于这类规章在世界范围内的统一[8]。它将危险货物分为 9 大类，其主要内容包括了分类原则和类别的定义、主要危险货物一览表、一般包装要求、试验程序和运输单据等。

GHS 是由联合国于 1992 年正式推出，旨在统一各种现行制度，建立一套单一的、全球统一的处理化学品分类、标签和安全数据单的制度，减少化学品对人类健康与环境的危害，主要关注化学品整个生命周期（包括生产、储藏、隔离、搬运、运输、应用以及废弃）。它包括了按其健康、环境和物理危险对物质和混合物进行分类的统一标准和统一危险公示要素的要求[9]。

我国危险化学品的分类判断依据是《危险化学品目录（2015 版）》，它是国家安全生产监督管理总局等十部委根据国务院令第 591 号《危险化学品安全管理条例》规定制定的，基本采用 GHS 关于危险化学品的分类体系[10]，依据化学品分类和标签系列国家标准（GB 30000.X—2013），从化学品 28 项 95 个危险类别中，选取了其中危险性较大的 81 个类别作为危险化学品的确定原则[1]，内容主要包括 2828 项条目。

二、应急监测仪器和方法

在危险化学品事故处置中，确定泄漏的危险化学品种类和浓度分布是首要的任务。只有确定了泄漏的是何种危险化学品及其在空间的分布，才能进行科学的决策，才能采取有针对性的人员防护措施、防火防爆措施、堵漏措施和后期的洗消方法，科学地进行处置。

应急监测就是使用监测仪器对危险化学品事故现场泄漏的危险化学品进行检测，确定泄漏物质的种类，测量泄漏物质的浓度，同时实时检测泄漏物质浓度的变化。所以在危险化学品事故处置过程中，应急监测是其中的关键环节。

目前对有毒有害气体环境污染的应急监测主要采用现场单点采样式，如气相色谱法、电化学检测法和红外光谱法等。但其现场采样式的测量方法应用在有害气体泄漏事故中，难以保证使用人员的人身安全。

应急监测仪器和方法的发展趋势将是检测范围更广、检测精度更高和检测设备便携化以及检测中的安全性更高[11]。检测范围广，要求同一种监测仪器能够同时对多种危险化学品进行检测；检测精度高，要求监测仪器灵敏，能够检测出泄漏的微量危险化学品；便携化，则要求监测仪器便于携带；安全性，则要求在事故现场进行检测时不会对人员产生伤害，例如，在事故发生源头，由于危险化学品浓度高、危害性大，工作人员不宜到现场采样和测定，可以借助机器人或无人机携带便携式监测仪进行自动采样和监测[12]，长光程吸收光谱法以其大范围、多组分、高灵敏度连续在线的遥测方式成为环境污染应急检测的理想手段[13]。

另外，目前环保系统化工大气污染监测主要以定时定点的地面手工监测为主，鉴于化工大气污染排放隐蔽性、污染事故突发性的特点，传统地面监测手段很难满足环保部门的应急需求。当今，众多环保部门已将遥感技术作为区域大气环境污染监测的主要手段。作为继航空、航天遥感后的第 3 代遥感技术的无人机遥感技术，具有立体监测、响应速度快、监测范围广、地形干扰小等优点，是今后进行大气突发事件污染源识别和浓度监测的重要发展方向之一。国外开展了环境地图建模、任务分配和路径规划的多无人机协同监测大气污染物的研究。国内相关研究还处于起步阶段，主要进行臭氧、粒子浓度、温度、湿度、NO_2 和压力等指标的监测研究，而无人机监测在危险化学品事故现场应急监测中的实际应用还处于探索阶段。

无人机平台的污染气体监测系统，凭借其高分辨率、灵活机动、响应速度快、客观准确、不受地形地貌等区域环境影响等优势和特点，有望成为危险化学品事故现场污染气体应急监测的有效手段[14]。随着无人机遥感技术的不断成熟，能为环境保护工作提供完善的技术支撑，在污染气体应急监测领域将会有更加广泛的应用前景。

三、应急监测方案的优化

应急监测方案的优化，主要包括应急监测网络的精确设计、监测布点和监测频率的优化[15]，而事故后的污染源快速追踪，则是制定应急监测方案的第一步。

1. 污染源的快速追踪

在突发性危险化学品污染事故的应急决策过程中，必须快速追踪泄漏源，准确预测事故影响范围和影响程度，以制定健全的应急监测方案，使得后续的应急处理能高效地进行。源追踪定位就是寻找源头位置，一般研究对象是化学源、水体污染源或者气体源。

在危险化学品事故发生之后，一定要优先找到事故源头。如危险化学品泄漏事故发生后，首要任务是找到哪里发生了泄漏，然后对泄漏的源头进行应急处理。如果是生产装置出现了泄漏，应该立即停止相关的生产，切断上下游的各个阀门，停止所有的作业流程，以防止泄漏的蔓延。如果是运输中发生泄漏，则应该将泄漏段单端隔离开，停止继续对泄漏段进行输送。对于泄漏处进行简单的堵漏，抑制整体泄漏的继续发生，为后续的处置措施提供坚实的基础[16]。

近年来国内外在这方面做了大量研究，包括基于原理的模型推导，利用传感阵列检测值进行概率反演，仿生嗅觉算法结合移动检测进行主动搜索等。国外对于源定位方法的研究起步较早，大多结合移动检测技术，应用于气味源搜寻和海洋探测[17]。

目前跟踪或预测危险化学品泄漏源位置的方法，绝大多数为基于流体动力学和数据分析方法（如数据模式识别与统计技术）的逆矢量跟踪方法。逆矢量跟踪方法，需要移动传感器或密集布置传感器网格才能够监测区域内的物质分布，对于一些狭小的有限空间，或包含一些使浓度梯度迅速变化的特殊地形的区域，传感器则可能无法沿跟踪矢量移动，因而无法应用逆矢量跟踪方法[18]。

将人工神经网络和随机森林等机器学习模型应用于危险化学品泄漏源的快速追踪，是目前的研究热点，也是今后的发展趋势。将有限数量的传感器安装在距离事故发生源较远的位置，结合基于机器学习算法的泄漏源预测模型，建立污染气体泄漏源的快速追踪系统，既可降低现场密集布置传感器网格的危险性和高成本，又可避免安装单独的可移动传感器的成本和难度，大大缩短移动传感器跟踪泄漏源所需的时间[18]。移动水质监测平台还具备良好的人机交互功能和操控性，以移动水质监测平台为工具，结合污染源追踪定位算法和移动水质监测船运动路径规划算法，可实现河道污染源源头位置定位[17]。

2. 应急监测网络的优化

应急监测为应急响应过程开展科学高效的污染处置提供坚实的数据信息基础，是整个处置流程的前提条件。在河流突发污染发生后，如何在有限的人力物力条件下，快速准确又全面地监测污染团在水体中的实际分布情况及追踪污染团输移规律是应急监测需要面对的关键科学问题。目前，欧美发达国家和地区都已经制定了比较详细的组织性的应急监测预案，我国针对突发污染的应急监测，也制定了环境保护标准《突发环境事件应急监测技术规范》（HJ 589—2010）。然而，具体的应急监测网络如何设计没有说明，通常情况下，应急监测点的选择基本上取决于相关工作人员的经验，他们往往凭经验在常规水质监测点之间增加监测点，由此制定的应急监测网络缺乏科学性[19]。

目前针对空气污染物日常监测网络的布局优化研究较多，比较成熟的有多目标优化模型、模糊聚类分析、插值布局技术、模型模拟、相关分析等，其监测范围仅限于城市或工业园区。

不同于日常监测，突发危险化学品大气污染应急监测一般在较小规模和较短时间内进行，应急监测布局必须考虑影响大气污染特征的几个具体因素，如气象（风速和风向）和地形特征，应急监测布局尽可能要求做到布点少且能准确监测到所有敏感点，以节省用于应急监测的资源[20]。

将信息理论和污染物迁移模型应用于应急监测网络的设计，是今后的发展趋势。污染物在河流中的水文水质过程可以认为是河流水质非线性系统的演化过程，而监测过程可看成该非线性系统的信息采集过程。信息熵概念在工程领域已得到广泛而成功的应用，从信息论角度开展河流水质系统分析及污染传输规律的研究是可行的，利用水体中污染物分布信息的变化能够定量地优化监测网络[15]。

四、应急处理技术方案的优化

当发生涉及危险化学品的爆炸、火灾、泄漏等事故时，往往会造成环境污染，形成突发环境污染事件。针对危险化学品突发环境污染事故制定完善、科学的应急处理技术预案，可以缩小环境污染影响范围，减轻环境污染影响程度。

应急处理技术预案的编制，应该综合考虑整个应急处置过程，内容涵盖相似性历史案例筛选、应急处置技术筛选和应急处置材料筛选三部分[21]。

1. 相似性历史案例筛选

相似性历史案例筛选包括事故案例库的建立和案例推理。

（1）事故案例库的建立　国外对化学品事故案例库的研究起步较早，数据库中事故数量多，涵盖范围广，事故信息全面、准确[5]。早在 1984 年，欧洲重大事故危害管理局（MAHB）就开发了欧洲重大事故通报系统（MARS），用于收集成员国发生的事故信息；英国于 1985 年开发创建了重大危害事故数据库（MHIDAS），主要对化学品在生产、运输和储存过程中所发生的事故信息进行收集；美国于 1995 年由化学工程师协会过程安全中心（CCPS）研究开发了美国过程安全事故库（PSID），用于收集 CCPS 的会员单位发生的安全事故；日本于 2002 年研发了化学品事故数据库相关信息系统（RISCAD），该数据库主要是对日本本国内发生的化学品事故进行收录，包括火灾、爆炸和泄漏事故。

我国对化学品事故的收集分析的意识启蒙较晚，现有的化学品事故数据库主要有由国家安全生产监督管理总局开发创建的事故查询系统、由中国化学品安全协会开发的化学品事故案例系统以及由化学品登记中心创建的化学品事故系统。

与国外化学品事故数据库相比，我国事故库中事故信息尚不够完整，事故信息往往只包含事故发生时间、地点、化学品、伤亡情况等，而对事故的关键信息却没有涉及，对事故的环境污染状况、事故的处理处置技术、应急物质等相关数据的建设还相对落后[5]。此外，数据库结构简单，事故信息的数量和质量以及信息的获取等都无法满足现有研究的需要。

（2）案例推理 案例推理就是将目标案例与源案例进行检索匹配，具体的步骤[22]是：①目标案例产生，即一个待解决的新问题出现；②案例检索，即利用目标案例的描述信息在案例库进行检索，得到与目标案例相似的源案例，并获得其解决方案；③案例修正，即对失败的解决方案进行调整，以获得一个能保存的成功案例；④案例保存与学习，即保存目标案例及其较完整的解决方案，若源案例未能给出合适的解决方案，则通过案例修正并保存可以获得一个新的源案例以供学习。

案例推理的理论研究已经涉及了每个步骤，并且在多个领域也有了适应性调整后的创新研究，如在案例检索中，将区间值梯形模糊的逼近理想解的排序方法（TOPSIS）和改进的基于 Hamming 的有序加权聚集（HOWA）运算应用于相似性历史案例的筛选，强调持类似观点的大多数专家的重要性，减小个别持不同意见专家对筛选结果的影响[23]。但是在突发事件案例的推理机制、推理规则以及如何解决突发事件案例的相似度计算等问题上仍有较大研究空间。

2. 应急处置技术筛选

应急处置技术筛选包括应急处理处置技术开发与优化和应急技术方案的评估与筛选。

进入环境中的危险化学品大部分具有难降解、易扩散及危害大等特点，所以现阶段化学品污染处理处置技术研究也主要集中在物理方法与化学方法方面，生物方法在近些年也有了一些可喜的研究成果。物理方法主要集中在吸附法去除污染物的研究方面[24]。我国对危险化学品突发环境污染事故应急处理处置技术尚处于起步阶段，现主要是对某一单一物质或某类危险化学品所造成的环境污染事故的应急处理处置技术进行了较为深入的研究，但危险化学品事故发生突然、形式多变，对其应急技术方案的系统性方面的研究还较为缺乏，使得面对突发污染事故时极为被动[24]。

（1）应急处理处置技术开发与优化 危险化学品事故一旦发生，就会产生大量的高浓度危险化学品废物，这些废物必须在短时间内处理达标，以免造成二次污染。目前我国危险化学品突发环境污染事故应急废物处理处置存在以下问题[25]：

① 处理处置能力有待提高 危险化学品突发环境污染事故应急废物一般具有危险废物特性，需要专业的人员、专门的技术及设备方能保证应急废物得到安全妥善的处理。就我国当前情况而言，综合型危险废物处置单位是从事应急废物处置工作的最佳选择。但当发生重特大突发环境事件时，短时间内产生的大量应急废物远超出处置单位的处理能力。

② 现有技术适用性存在不足 目前我国综合型危险废物处置单位处理的废物主要是工业危险废物，处理方法主要为焚烧法、物化法、固化稳定化法及安全填埋法等[26-43]，这些方法技术成熟，能够有效完成工业危险废物的无害化处理处置，但突发环境事件应急废物的性质可能更加复杂，现有设备或处理工艺往往难以应对，若不进行设备改造或开发新型处理工艺，便难以充分发挥设备的处理处置能力，难以快速完成应急废物处置工作。

③ 处理处置过程长，产生二次污染风险的时间长、环节多 应急废物处置可能受废物收集能力、运输能力、处理能力等多种因素影响而导致工作过程长，进而从时间上增大了产生二次污染的风险。此外，应急废物处置工作涉及废物的收集、运输、装卸、暂存、处理处置及最终排放等多个环节，若有不慎，也会造成二次污染。

针对以上问题，今后应该加强危险化学品废物处理处置技术的研发，提高应急废物处置效率。综合型应急废物处置单位可通过与环保主管部门合作对当地重点风险企业进行统计分析，对历年突发环境事故信息进行分析总结，建立区域重点风险企业信息库、突发环境事件应急技术库，并对当地典型突发环境事件或潜在重大事故风险源加强技术及物资储备；通过与科研单位合作不断加强技术研发能力，对难以处置的特殊应急废物开展研究，开发适宜的处理技术工艺及处置设备，从而提高应急废物处置效率。

（2）应急技术方案的评估与筛选 开展应急处置前，从污染源控制、污染团限制扩散以及事后处置等多方面考虑选择最适宜的应急处置技术或技术组合至关重要。然而应急处置技术筛选研究却刚刚起步，近几年中出现了为数不多的文献报道。国内外常用的技术评估与筛选的方法有：数据包络分析法、数理统计法、专家评估法、灰色关联分析法、模糊综合评价法、层次分析法等[24]。然而，目前仅有的这些方法，在确定指标权重时主观性较强，导致结果不确定性较大[26]。同时，现有筛选方法均未与历史案例库相结合，只是单纯从技术库出发，尚未形成较为完整的筛选和评价方法体系[44]。

3. 应急处置材料筛选

目前，常用环境污染应急处置技术有吸附、混凝、氧化、中和、化学沉淀、离子交换、调水稀释、筑坝拦截等。大多数情况下，会将两种或两种以上技术一起配合使用。对于各种应急处置技术来说，基本上需要用到各种各样应急处置材料。以吸附技术为例，吸附材料中的活性炭包括煤质炭、木质炭、椰壳炭和果壳炭等。当污染事件突然发生时，确定应急处置需要的技术后，需要根据现场情况，进一步确认适宜的处置材料。例如，在环境污染应急处置技术筛选过程中，当确定应急处置技术为"活性炭吸附"时，活性炭有多种，具体用什么样的活性炭，通常是靠决策者主观经验进行选择，没有相应的材料工况库和筛选模型方法[44]。目前该方向的研究尚未见文献报道，是环境污染应急处置值得深入研究的课题。

参考文献

[1] 李娜，陈建宏. 2013—2019 年我国危险化学品统计分析 [J/OL]. (2020-03-05) [2020-05-14]. https://doi.org/10.16581/j.cnki.issn1671-3206.20200305.001.

[2] 李海江. 危险化学品突发事故环境污染诱因及对策初探 [J]. 工业安全与环保，2007，33 (6)：55-57.

[3] 和丽秋. 化学品事故处置引发环境污染的思考 [J]. 工业安全与环保，2013，39 (5)：40-42.

[4] 许东. 危险化学品事故分析及抢险救援对策 [J]. 中国高新技术企业，2009 (6)：127-129.

[5] 曹敬灿. 危险化学品突发环境污染事故案例库与应急方案构建 [D]. 北京：北京林业大学，2014.

[6] 姜诚. 天津港爆炸事故，谁该被问责 [J]. 环境教育，2015 (10)：4-7.

[7] 朱瑞博. 领导者公共危机管理能力研究：以吉林石化爆炸及水污染危机为例 [J]. 中国浦东干部学院学报，2007，1 (1)：115-122.

[8] 许丽君. 联合国 "关于危险货物运输的建议书" 简介 [J]. 化工劳动保护，1995 (6)：41-42.

[9] 殷舒，李肯，王琛，等. 《危险化学品名录》与 TDG、 GHS 之间的对比研究 [J]. 中国公共安全（学术版），2013 (2)：44-47.

[10] 陈谦，朱毅贞，顾闻，等. 《危险化学品目录（2015 版）》与联合国通用化学危险性分类体系对比 [J]. 职业卫生与应急救援，2017，35 (5)：490-495.

[11] 杨玉胜. 化学侦检装备现状及发展趋势 [J]. 消防界，2018 (5)：107-109.

[12] Dieu-Hien V T, Lin C, Thanh V C, et al. An overview of the development of vertical sampling technologies for ambient volatile organic compounds (VOCs)[J]. Journal of Environmental Management, 2019, 247：401-412.

[13] 姚建铨，李润宸，赵帆，等. 基于 DOAS 的消防应急救援多气体快速遥感仪 [J]. 光电子（激光），2018，29 (3)：314-317.

[14] 杨海军，黄耀欢.化工污染气体无人机遥感监测 [J].地球信息科学学报，2015，17 (10)：1269-1274.

[15] Shi B，Jiang J P，Sivalcumar B，et al. Qantitative design of emergency monitoring network for river chemical spills based on discrete entropy theory [J].Water Research，2018，134：140-152.

[16] 黎焕珍.关于危险化学品泄漏事故应急处置关键技术分析 [J].资源节约与环保，2019 (2)：84，92.

[17] 鲁天龙.面向应急监测的河道污染源追踪定位方法研究 [D].杭州：浙江大学，2015.

[18] Cho J，Kim H S，Gebreselassie A L，et al. Deep neural network and random forest classifier for source tracking of chemical leaks using fence monitoring data [J].Journal of Loss Prevention in the Process Industries，2018，56：548-558.

[19] 史斌.水污染动态预警监测模型构建与应急处置工程风险分析 [D].哈尔滨：哈尔滨工业大学，2018.

[20] Cui J X，Lang J L，Tian Chen T，et al. Emergency monitoring layout method for sudden air pollution accidents based on a dispersion model，fuzzy evaluation，and post-optimality analysis [J].Atmospheric Environment，2020，222：117124.

[21] 刘仁涛，姜继平，史斌，等.突发水污染应急处置技术方案动态生成模型及决策支持软件系统 [J].环境科学学报，2017，37 (2)：763-770.

[22] 张明红.基于案例的非常规突发事件情景推理方法研究 [D].武汉：华中科技大学，2016.

[23] Qu J H，Meng X L，You H. Multi-stage ranking of emergency technology alternatives for water source pollution accidents using a fuzzy group decision making tool [J].Journal of Hazardous Materials，2016，310：68-81.

[24] 时圣刚.危险化学品环境污染事故应急处置技术评估体系及模式库的构建 [D].北京：北京林业大学，2015.

[25] 蔡凌，赵林.危险化学品环境污染事故应急废物处理处置及全过程管理 [J].环境保护，2017 (8)：66-69.

[26] 赵由才，戴世金，郑怡琳，等.低温碱性熔体脱氯解毒农药废物及氯盐的富集 [J].中国环境科学，2018，38 (10)：3775-3780.

[27] 郑怡琳，戴世金，赵由才，等.废 SCR 催化剂中钒和钨的有机酸浸出 [J].化工环保，2020，40 (2)：162-168.

[28] 张海英，赵由才，祈景玉.生活垃圾焚烧飞灰制陶瓷砖 [J].环境工程，2009，27 (6)：90-93.

[29] 张海英，赵由才，张国欣，等.垃圾焚烧飞灰中重金属的浸出规律 [J].环境科学与技术，2010，33 (4)：130-132，145.

[30] 张海英，赵由才，祈景玉.垃圾焚烧飞灰对陶瓷砖烧成影响的研究 [J].环境工程学报，2010，4 (12)：2865-2869.

[31] 夏凤毅，赵由才，唐平.制革污泥焚烧特性及焚烧过程中重金属挥发控制研究 [J].环境科学学报，2011，31 (6)：1270-1276.

[32] 李斗，赵由才，宋立岩，等.六价铬细菌还原的分子机制研究进展 [J].环境科学，2014，35 (4)：1602-1612.

[33] 朱新才，赵由才，周雄，等.生活垃圾焚烧飞灰压制砌块与减容填埋技术 [J].重庆理工大学

学报（自然科学），2016，30（11）：78-83.

[34] 钱小青，葛丽英，赵由才．冶金过程废水处理与利用［M］．北京：冶金工业出版社，2008.

[35] 王罗春，何德文，赵由才．危险化学品废物的处理［M］．北京：化学工业出版社，2006.

[36] 李鸿江，刘清，赵由才．冶金过程固体废物处理与资源化［M］．北京：冶金工业出版社，2008.

[37] 唐平，曹先艳，赵由才．冶金过程废气污染控制与资源化［M］．北京：冶金工业出版社，2008.

[38] 孙英杰，孙晓杰，赵由才．冶金过程污染土壤和地下水整治与修复［M］．北京：冶金工业出版社，2007.

[39] 王罗春，蒋路漫，赵由才．建筑垃圾处理与资源化［M］．2版．北京：化学工业出版社，2017.

[40] 张弛，柴晓利，赵由才．固体废物焚烧技术［M］．2版．北京：化学工业出版社，2017.

[41] 王罗春，白力，时鹏辉，等．农村农药污染及防治［M］．北京：冶金工业出版社，2019.

[42] 赵由才．危险废物处理技术［M］．北京：化学工业出版社，2003.

[43] 赵由才，余毅，徐东升．建筑废物处置和资源化污染控制技术［M］．北京：化学工业出版社，2017.

[44] 刘仁涛．水污染应急技术预案智能生成模型建立及案例应用［D］．哈尔滨：哈尔滨工业大学，2018.

第二章

危险化学品的类型

　　危险化学品是具有毒害、腐蚀、爆炸、燃烧、助燃等性质，对人体、设施、环境具有危害的剧毒化学品和其他化学品。根据其危险和危害特性，危险化学品分为物理危险类危险化学品、健康危害类危险化学品、环境危害类危险化学品和剧毒化学品。

　　《全球化学品统一分类和标签制度》（GHS）是由联合国出版指导各国控制化学品危害和保护人类健康与环境的规范性文件，旨在消除各国分类标准、方法和术语上存在的差异，建立全球统一的化学品分类和标签制度。GHS 包含两大部分内容：一是危害性分类制度；二是危害信息公示，即化学品安全技术说明书（SDS）和安全标签。其目标是识别化学物质和混合物的内在危险并传递这些危险的信息[1]。

　　我国《危险化学品目录（2015 版）》基本采用 GHS 关于危险化学品的分类体系，内容主要包括 2828 项条目，该目录纳入原则依据化学品分类和标签系列国家标准（GB 30000.X—2013），从化学品 28 项 95 个危险类别中，选取了其中危险性较大的 81 个类别作为危险化学品的确定原则[2,3]。

　　《危险化学品目录（2015 版）》将剧毒化学品纳入其中，进一步完善了剧毒化学品的定义——具有剧烈急性毒性危害的化学品，包括人工合成的化学品及其混合物和天然毒素，还包括具有急性毒性造成公共安全危害的化学品。并且提高了剧烈急性毒性判定的界限，其界限值为大鼠实验：①经口 $LD_{50} \leqslant$ 5mg/kg；②经皮 $LD_{50} \leqslant$ 50mg/kg；③吸入（4h）$LD_{50} \leqslant$ 100mL/m^3（气体）或 0.5mg/L（蒸气）或 0.05mg/L（尘、雾）。《危险化学品目录（2015 版）》共收录 148 种剧毒化学品，为了便于日常查询，采取了以"备注"的方式将所有剧毒化学品标识出来，凡是在"备注"栏有"剧毒"字样的即为剧毒化学品[4]。

　　《危险化学品目录（2015 版）》引用联合国 GHS 作为危险化学品的分类判

断依据，表明我国危险化学品分类体系已与国际接轨。该《危险化学品目录（2015 版）》发布后，由于分类标准的统一，我国化学品进出口企业在开展国际贸易时，无须为了满足不同输入国化学品危险性分类的要求而提供不同的化学品技术报告，降低合规成本的同时也为化学品的进出口流通提供了标准依据，一定程度上降低了技术法规壁垒[5-9]。《危险化学品目录（2015 版）》是我国监管危险化学品的重要技术依据，将化学品的健康危害和环境危害纳入评估范畴，对化学品物理危险性、健康和环境危害并重管理，体现了我国政府对人民健康和环境安全的重视且已开始在实际工作中逐步落实。

《危险化学品目录（2015 版）》依据化学品分类和标签国家标准，将危险化学品的危险和危害特性分为物理危险、健康危害和环境危害三大类别。

第一节　物理危险类危险化学品

一、物理危险类危险化学品的分类及其依据

物理危险类危险化学品分为爆炸物、易燃气体、气溶胶、氧化性气体、加压气体、易燃液体、易燃固体、自反应物质和混合物、自燃液体、自燃固体、自热物质和混合物、遇水放出易燃气体的物质和混合物、氧化性液体、氧化性固体、有机过氧化物、金属腐蚀物，其具体分类及依据见表 2-1。

表 2-1　物理危险类危险化学品的分类及其依据

序号	分类		依据
1	爆炸物	第一类～第五类爆炸物	《危险化学品目录(2015 版)》《化学品分类和标签规范 第 2 部分:爆炸物》(GB 30000.2—2013)，联合国《关于危险货物运输的建议书:试验和标准手册》
2	易燃气体		《危险化学品目录(2015 版)》《化学品分类和标签规范 第 3 部分:易燃气体》(GB 30000.3—2013)
3	气溶胶		《危险化学品目录(2015 版)》《化学品分类和标签规范 第 4 部分:气溶胶》(GB 30000.4—2013)
4	氧化性气体		《危险化学品目录(2015 版)》《化学品分类和标签规范 第 5 部分:氧化性气体》(GB 30000.5—2013)
5	加压气体	压缩气体、液化气体、溶解气体、冷冻液化气体	《危险化学品目录(2015 版)》《化学品分类和标签规范 第 6 部分:加压气体》(GB 30000.6—2013)
6	易燃液体		《危险化学品目录(2015 版)》《化学品分类和标签规范 第 7 部分:易燃液体》(GB 30000.7—2013)

续表

序号	分类	依据
7	易燃固体	《危险化学品目录(2015版)》,《化学品分类和标签规范 第8部分:易燃固体》(GB 30000.8—2013)
8	自反应物质和混合物	《危险化学品目录(2015版)》,《化学品分类和标签规范 第9部分:自反应物质和混合物》(GB 30000.9—2013)
9	自燃液体	《危险化学品目录(2015版)》,《化学品分类和标签规范 第10部分:自燃液体》(GB 30000.10—2013)
10	自燃固体	《危险化学品目录(2015版)》,《化学品分类和标签规范 第11部分:自燃固体》(GB 30000.11—2013)
11	自热物质和混合物	《危险化学品目录(2015版)》,《化学品分类和标签规范 第12部分:自热物质和混合物》(GB 30000.12—2013),联合国《关于危险货物运输的建议书:试验和标准手册》
12	遇水放出易燃气体的物质和混合物	《危险化学品目录(2015版)》,《化学品分类和标签规范 第13部分:遇水放出易燃气体的物质和混合物》(GB 30000.13—2013)
13	氧化性液体	《危险化学品目录(2015版)》,《化学品分类和标签规范 第14部分:氧化性液体》(GB 30000.14—2013)
14	氧化性固体	《危险化学品目录(2015版)》,《化学品分类和标签规范 第15部分:氧化性固体》(GB 30000.15—2013)
15	有机过氧化物	《危险化学品目录(2015版)》,《化学品分类和标签规范 第16部分:有机过氧化物》(GB 30000.16—2013),联合国《关于危险货物运输的建议书:试验和标准手册》
16	金属腐蚀物	《危险化学品目录(2015版)》,《化学品分类和标签规范 第17部分:金属腐蚀物》(GB 30000.17—2013)

二、不属于爆炸物的物质或混合物

如果存在以下情况,则该物质或混合物不属于爆炸物。

(1) 分子中不含爆炸性化学基团(表2-2)。

表 2-2　有机物质中的爆炸性化学基团

结构特征	例子
C—C不饱和($C=C$或$C\equiv C$)	乙炔,乙炔化物,1,2-二烯类
C—金属;N—金属	格利雅试剂(RMgX,其中R表示有机基团),有机锂试剂
相邻氮原子	叠氮化物,脂肪族偶氮化物,重氮盐类,肼类,磺酰肼类

续表

结构特征	例子
相邻氧原子	过氧化物,臭氧化物
N—O	羟胺类,硝酸盐,硝基化物,亚硝基化物,N-氧化物,1,2-㗁唑类
N—卤原子	氯胺类,氟胺类
O—卤原子	氯酸盐,过氯酸盐,亚碘酰化物

（2）含有爆炸性化学基团的物质，且它含有氧，计算得出的氧平衡是小于 -200 的物质。

氧平衡可根据以下化学反应式计算：

$$C_x H_y O_z + \left(x + \frac{y}{4} - \frac{z}{2}\right)O_2 \longrightarrow x CO_2 + \frac{y}{2}H_2O$$

$$氧平衡 A = -1600 \times \frac{2x + \frac{y}{2} - z}{M} \tag{2-1}$$

公式(2-1)中，x 为 C 原子个数；y 为 H 原子个数；z 为 O 原子个数；M 为化合物的分子量。

（3）当有机物或有机物的均匀混合物含有爆炸性的化学基团，但其分解时每克释放的能量小于 500J，并且开始放热分解的温度低于 500℃时。

（4）对于无机氧化物与有机氧化物的混合物，无机氧化物的浓度满足：①如果该氧化物属于第一类或第二类爆炸物，低于 15%（质量分数）；②如果该氧化物属于第三类爆炸物，低于 30%（质量分数）。

三、混合气体易燃性计算及判别

混合气体易燃性计算公式如下：

$$R = \sum_i^n \frac{V_i}{T_{ci}} \tag{2-2}$$

公式(2-2)中，V_i 为易燃气体体积分数，%；T_{ci} 为易燃气体在氮气中的混合气体与空气混合不可燃的最大浓度；i 为混合气体中的第 1 种气体；n 为混合气体中的第 n 种气体。当 $R > 1$ 时，此混合气体即为易燃气体。

举例：有一混合气体组成（体积分数）为 2%（H_2）+6%（CH_4）+27%（Ar）+65%（He），其易燃性计算步骤如下。

（1）确定惰性气体对氮气的相当系数（K_i）。

$$K_i(Ar) = 0.5$$

$$K_i(\text{He}) = 0.5$$

(2) 使用惰性气体的 K_i 数计算以氮气作为平衡气体的等同混合气体。

$$2\%(\text{H}_2) + 6\%(\text{CH}_4) + [27\% \times 0.5 + 65\% \times 0.5](\text{N}_2)$$

$$= 2\%(\text{H}_2) + 6\%(\text{CH}_4) + 46\%(\text{N}_2) = 54\%$$

(3) 调整含量到 100%。

$$\frac{100}{54} \times [2\%(\text{H}_2) + 6\%(\text{CH}_4) + 46\%(\text{N}_2)]$$

$$= 3.7\%(\text{H}_2) + 11.1\%(\text{CH}_4) + 85.2\%(\text{N}_2)$$

(4) 确定易燃气体的 T_{ci}。

$$T_{ci}(\text{H}_2) = 5.7\%$$

$$T_{ci}(\text{CH}_4) = 14.3\%$$

(5) 计算当量混合气体的易燃性。

$$R = \sum_i^n \frac{V_i}{T_{ci}} = \frac{3.7}{5.7} + \frac{11.1}{14.3} = 1.42 > 1$$

所以该混合气体在空气中易燃，即为易燃气体。

四、气体氧化能力计算及氧化性判断

氧化性气体是氧化能力大于 23.5% 的气体。氧化能力（OP）根据式(2-3)计算：

$$\text{OP} = \frac{\sum\limits_{i=1}^{n} x_i C_i}{\sum\limits_{i=1}^{n} x_i + \sum\limits_{k=1}^{p} K_k B_k} \times 100\% \tag{2-3}$$

公式(2-3)中，x_i 为混合物中第 i 种氧化性气体的物质的量浓度；C_i 为混合物中第 i 种氧化性气体的氧气当量系数；K_k 为惰性气体 k 与氮气相比的当量系数；B_k 为混合物中第 k 种惰性气体的物质的量浓度。

举例：有一混合气体组成（体积分数）为 9%(O_2) + 16%(N_2O) + 75%(He)。

计算步骤如下。

(1) 对不易燃气体和无氧化性气体，确定混合物中氧化性气体的氧气当量系数（C_i）和混合物中惰性气体与氮气相比的当量系数（K_k）

$$C_i(\text{N}_2\text{O}) = 0.6$$

$$C_i(\text{O}_2) = 1$$

$$K_k(\text{He})=0.9$$

（2）计算混合气体的氧化能力

$$\text{OP}=\dfrac{\sum\limits_{i=1}^{n}x_iC_i}{\sum\limits_{i=1}^{n}x_i+\sum\limits_{k=1}^{p}K_kB_k}\times100\%$$

$$=\dfrac{0.09\times1+0.16\times0.6}{0.09+0.16+0.75\times0.9}\times100\%=20.1\%<23.5\%$$

所以该混合气体不属于氧化性气体。

五、不属于自反应物质或混合物的物质或混合物

符合以下四种情况之一的不属于自反应物质或混合物危险化学品：①根据表 2-1 分类为爆炸物；②根据表 2-1 分类为氧化性液体或氧化性固体，但不包括含有 5% 或更多的可燃有机物质的混合物；③根据表 2-1 分类为有机过氧化物；④分解热小于 300J/g，或 50kg 包装件自加热分解温度（SADT）大于 75℃。

此外，如果存在以下情况，则该物质或混合物不属于自反应物质或混合物：

（1）分子中不含爆炸性化学基团（表 2-2）或自反应性化学基团（表 2-3）。

表 2-3 有机物质中的自反应性化学基团

结构特征	例子
相互作用的原子团	氨基腈类,卤苯胺类,氧化酸的有机盐类
S—O	磺酰卤类,磺酰腈类,磺酰肼类
P—O	亚磷酸盐
绷紧的环	环氧化物,氮丙啶类
不饱和	链烯类,氰酸盐

（2）单一有机物质或有机物质的均匀混合物的估计自加速分解温度大于 75℃或分解热低于 300J/g。

六、不属于有机过氧化物的混合物

如果有机过氧化物混合物存在以下情况之一，则该混合物不属于有机过氧

化物：①其有机过氧化物的有效氧含量不超过 1.0%，而且过氧化氢含量（质量分数）不超过 1.0%；②其有机过氧化物的有效氧含量不超过 0.5%，而且过氧化氢含量（质量分数）超过 1.0%但不超过 7.0%。

有机过氧化物混合物的有效氧含量（%）计算公式为

$$有效氧含量(\%) = 16 \sum_{i}^{n} \left(\frac{n_i c_i}{m_i} \right) \tag{2-4}$$

公式(2-4)中，n_i 为每个分子有机过氧化物 i 的过氧化基团数；c_i 为有机过氧化物 i 的质量分数，%；m_i 为有机过氧化物 i 的分子量。

第二节　健康危害类危险化学品

一、健康危害类危险化学品的分类及其依据

健康危害类危险化学品分为急性毒性、皮肤腐蚀/刺激性、严重眼损伤/眼刺激性、呼吸道或皮肤致敏性、生殖细胞致突变性、致癌性、生殖毒性、特异性靶器官毒性（一次接触）、特异性靶器官毒性（反复接触）、吸入危害性危险化学品，其具体分类及依据见表 2-4。

表 2-4　健康危害类危险化学品的分类及其依据

序号	分类		依据
1	急性毒性危险化学品	经口、皮肤、吸入(气体)、吸入(蒸气)、吸入(粉尘和烟雾)接触	《危险化学品目录(2015 版)》《化学品分类和标签规范 第 18 部分:急性毒性》(GB 30000.18—2013)
2	皮肤腐蚀/刺激性危险化学品	具有皮肤腐蚀性的危险化学品;具有皮肤刺激性的危险化学品	《危险化学品目录(2015 版)》《化学品分类和标签规范 第 19 部分:皮肤腐蚀/刺激》(GB 30000.19—2013)
3	严重眼损伤/眼刺激性危险化学品	具有严重眼损伤性的危险化学品;具有眼刺激性的危险化学品	《危险化学品目录(2015 版)》《化学品分类和标签规范 第 20 部分:严重眼损伤/眼刺激》(GB 30000.20—2013)
4	呼吸道或皮肤致敏性危险化学品		《危险化学品目录(2015 版)》《化学品分类和标签规范 第 21 部分:呼吸道或皮肤致敏》(GB 30000.21—2013)
5	生殖细胞致突变性危险化学品		《危险化学品目录(2015 版)》《化学品分类和标签规范 第 22 部分:生殖细胞致突变性》(GB 30000.22—2013)
6	致癌性危险化学品		《危险化学品目录(2015 版)》《化学品分类和标签规范 第 23 部分:致癌性》(GB 30000.23—2013)

续表

序号	分类		依据
7	生殖毒性危险化学品		《危险化学品目录(2015版)》,《化学品分类和标签规范 第24部分:生殖毒性》(GB 30000.24—2013)
8	特异性靶器官毒性(一次接触)危险化学品		《危险化学品目录(2015版)》,《化学品分类和标签规范 第25部分:特异性靶器官毒性(一次接触)》(GB 30000.25—2013)
9	特异性靶器官毒性(反复接触)危险化学品	经口、皮肤、吸入(气体)、吸入(蒸气)、吸入(粉尘和烟雾)接触	《危险化学品目录(2015版)》,《化学品分类和标签规范 第26部分:特异性靶器官毒性(反复接触)》(GB 30000.26—2013)
10	吸入危害性危险化学品		《危险化学品目录(2015版)》,《化学品分类和标签规范 第27部分:吸入危害》(GB 30000.27—2013)

二、混合物的急性毒性估计及判断

如果混合物无完整可用急性毒性试验数据,但所有组分都有可用数据,可根据加和性公式(2-5)计算所有组分的急性毒性估计值(ATE),来确定混合物的经口、经皮肤或经吸入毒性的 ATE_{mix},然后根据表2-5判定其是否属于具有急性毒性的危险化学品。

$$\frac{100}{ATE_{mix}} = \sum_n \frac{C_i}{ATE_i} \qquad (2-5)$$

公式(2-5)中,C_i 为组分 i 的浓度(气体为体积分数,其他为质量分数);n 为组分个数,$i=1\sim n$;ATE_i 为组分 i 的急性毒性估计值(ATE)。

如果混合物的个别组分没有急性毒性估计值,但有可用于导出换算值的下列信息,则可用加和性公式(2-5)进行计算,然后根据表2-5判定其是否属于具有急性毒性的危险化学品:①可用于经口、经皮肤和经吸入急性毒性估计值之间的外推的药效学数据和药物代谢动力学数据;②人体接触证据表明有毒性效应,但没有提供致死剂量数据;③从其他毒性试验/分析中得到的证据表明物质具有急性毒性效应,但不一定提供致死剂量数据证据;④提供结构-活性关系从极其类似的物质所得的数据。

如果混合物中有浓度(气体为体积分数,其他为质量分数)不小于1%的组分无任何对分类有用的信息,则可推断该混合物没有确定的急性毒性估计值。此时,应只根据已知组分的急性毒性估计值和表2-5进行判定,并另外说明混合物的 x(%)由毒性未知的组分组成。

如果急性毒性未知的组分的总浓度(气体为体积分数,其他为质量分数）不大于 10%，应采用加和性公式（2-5）计算急性毒性估计值；如果急性毒性未知的组分的总浓度大于 10%，则应按修正公式（2-6）计算急性毒性估计值。

$$\frac{100-\sum C_{未知}}{ATE_{mix}} = \sum_n \frac{C_i}{ATE_i} \qquad (2-6)$$

然后根据表 2-5 判定其是否属于具有急性毒性的危险化学品。

表 2-5 急性毒性危险化学品的判定标准

接触途径	单位	急性毒性估计值
经口	mg/kg	≤300
经皮肤	mg/kg	≤1000
经吸入（气体）	mL/L	≤2.5
经吸入（蒸气）	mg/L	≤10
经吸入（粉尘和烟雾）	mg/L	≤1.0

第三节 环境危害类危险化学品

一、环境危害类危险化学品的分类及其依据

环境危害类危险化学品包括危害水生环境的危险化学品和消耗臭氧层的危险化学品两类，其具体分类及依据见表 2-6。

表 2-6 环境危害类危险化学品的分类及其依据

序号	分类		依据
1	危害水生环境的危险化学品	具有急性（短期）水生危害的危险化学品；具有长期水生危害的危险化学品	《危险化学品目录（2015 版）》《化学品分类和标签规范 第 28 部分：对水生环境的危害》（GB 30000.28—2013）
2	消耗臭氧层的危险化学品	《关于消耗臭氧层物质的蒙特利尔议定书》附件中列出的任何受管制物质；任何至少含有一种浓度（气体为体积分数，其他为质量分数）不小于 0.1% 的被列入表 2-7 的组分的混合物	《危险化学品目录（2015 版）》《化学品分类和标签规范 第 29 部分：对臭氧层的危害》（GB 30000.29—2013）

表 2-7　《关于消耗臭氧层物质的蒙特利尔议定书》附件规定的受控制物质

序号	物质类别	物质分子式
1	甲烷的氯取代物	CCl_4
2	甲烷的溴取代物	CH_3Br
3	甲烷的氟氯取代物	$CFCl_3$，CF_2Cl_2，CF_3Cl，$CHFCl_2$，CHF_2Cl，CH_2FCl
4	甲烷的氟溴取代物	CF_3Br，$CHFBr_2$，CHF_2Br，CH_2FBr
5	甲烷的氯溴取代物	CH_2BrCl
6	甲烷的氟氯溴取代物	CF_2BrCl
7	乙烷的氯取代物	$C_2H_3Cl_3$
8	乙烷的氟氯取代物	$C_2F_3Cl_3$，$C_2F_4Cl_2$，C_2F_5Cl，C_2FCl_5，$C_2F_2Cl_4$，C_2HFCl_4，$C_2HF_2Cl_3$，$C_2HF_3Cl_2$，$CHCl_2CF_3$，C_2HF_4Cl，$CHFClCF_3$，$C_2H_2FCl_3$，$C_2H_2F_2Cl_2$，$C_2H_2F_3Cl$，$C_2H_3FCl_2$，CH_3CFCl_2，$C_2H_3F_2Cl$，CH_3CF_2Cl，C_2H_4FCl
9	乙烷的氟溴取代物	$C_2F_4Br_2$，C_2HFBr_4，$C_2HF_2Br_3$，$C_2HF_3Br_2$，C_2HF_4Br，$C_2H_2FBr_3$，$C_2H_2F_2Br_2$，$C_2H_2F_3Br$，$C_2H_3FBr_2$，$C_2H_3F_2Br$，C_2H_4FBr
10	丙烷的氟氯取代物	C_3FCl_7，$C_3F_2Cl_6$，$C_3F_3Cl_5$，$C_3F_4Cl_4$，$C_3F_5Cl_3$，$C_3F_6Cl_2$，C_3F_7Cl，C_3HFCl_6，$C_3HF_2Cl_5$，$C_3HF_3Cl_4$，$C_3HF_4Cl_3$，$C_3HF_5Cl_2$，$CF_3CF_2CHCl_2$，CF_2ClCF_2CHFCl，C_3HF_6Cl，$C_3H_2FCl_5$，$C_3H_2F_2Cl_4$，$C_3H_2F_3Cl_3$，$C_3H_2F_4Cl_2$，$C_3H_2F_5Cl$，$C_3H_3FCl_4$，$C_3H_3F_2Cl_3$，$C_3H_3F_3Cl_2$，$C_3H_3F_4Cl$，$C_3H_4FCl_3$，$C_3H_4F_2Cl_2$，$C_3H_4F_3Cl$，$C_3H_5FCl_2$，$C_3H_5F_2Cl$，C_3H_6FCl
11	丙烷的氟溴取代物	C_3HFBr_6，$C_3HF_2Br_5$，$C_3HF_3Br_4$，$C_3HF_4Br_3$，$C_3HF_5Br_2$，C_3HF_6Br，$C_3H_2FBr_5$，$C_3H_2F_2Br_4$，$C_3H_2F_3Br_3$，$C_3H_2F_4Br_2$，$C_3H_2F_5Br$，$C_3H_3FBr_4$，$C_3H_3F_2Br_3$，$C_3H_3F_3Br_2$，$C_3H_3F_4Br$，$C_3H_4FBr_3$，$C_3H_4F_2Br_2$，$C_3H_4F_3Br$，$C_3H_5FBr_2$，$C_3H_5F_2Br$，C_3H_6FBr

二、混合物的水生毒性计算及判断

如果掌握混合物所有组分毒性数据或只掌握一些组分毒性数据，则分以下两种情况进行混合物的水生毒性及判断。

1. 混合物由一种以上已知毒性分类组分组成

组分的水生危害性具有加和性，符合下列条件之一的混合物属于危害水生环境的危险化学品：

（1）（M×10×急性类别1）＋急性类别2≥25％（质量分数）；

（2）（M×100×慢性类别1）＋（10×慢性类别2）＋慢性类别3≥25％（质量分数）。

其中，M 为表 2-8 中的混合物高毒性组分的系数。

表 2-8　混合物高毒性组分的 M 系数

急性毒性 $L(E)C_{50}$ 值 /(mg/L)	M 系数	慢性毒性 NOEC 值 /(mg/L)	M 系数	
			不能快速降解组分	可快速降解组分
$0.1<L(E)C_{50}\leqslant1$	1	$0.01<NOEC\leqslant0.1$	1	—
$0.01<L(E)C_{50}\leqslant0.1$	10	$0.001<NOEC\leqslant0.01$	10	1
$0.001<L(E)C_{50}\leqslant0.01$	100	$0.0001<NOEC\leqslant0.001$	100	10
$0.0001<L(E)C_{50}\leqslant0.001$	1000	$0.00001<NOEC\leqslant0.0001$	1000	100
$0.00001<L(E)C_{50}\leqslant0.0001$	10000	$0.000001<NOEC\leqslant0.00001$	10000	1000
继续以系数 10 为间隔		继续以系数 10 为间隔		

2. 混合物由一种以上已知毒性分类组分与一种以上已经掌握足够毒性试验数据的组分组成

先计算已经掌握足够毒性试验数据的组分的综合毒性。

（1）混合物的急性水生毒性

$$L(E)C_{50m}=\frac{\sum C_i}{\sum_n \dfrac{C_i}{L(E)C_{50i}}} \tag{2-7}$$

公式(2-7) 中，C_i 为混合物中有试验数据的组分 i 的浓度（质量分数），%；$L(E)C_{50i}$ 为混合物中有试验数据的组分 i 的 LC_{50} 或 EC_{50}，mg/L；n 为混合物中有试验数据的组分数目，i 为 $1\sim n$；$L(E)C_{50m}$ 为混合物中有试验数据组分的综合 $L(E)C_{50}$。

计算出来的毒性结果用来划定混合物中该部分组分的急性毒性危害类别，然后再将其用于 1 中加和法确定混合物整体的急性水生危害类别。

（2）混合物的慢性水生毒性

$$EqNOEC_m=\frac{\sum C_i + \sum C_j}{\sum_{n_1} \dfrac{C_i}{NOEC_i} + \sum_{n_2} \dfrac{C_j}{0.1NOEC_j}} \tag{2-8}$$

公式(2-8) 中，C_i 为混合物中有试验数据的可快速降解组分 i 的浓度（质量分数），%；C_j 为混合物中有试验数据的不能快速降解组分 j 的浓度（质量分数），%；$NOEC_i$ 为混合物中有试验数据的可快速降解组分 i 的 NOEC，mg/L；$NOEC_j$ 为混合物中有试验数据的不能快速降解组分 j 的 NOEC，mg/L；n_1 为混合物中有试验数据的可快速降解组分数目，i 为 $1\sim n_1$；n_2 为混合物中有试验数据的不能快速降解组分数目，j 为 $1\sim n_2$；$EqNOEC_m$ 为混合物中有试验数据组分的等效 NOEC。

计算出来的等效毒性可根据可快速降解物质的标准，用来划定混合物中该部分组分的长期危害类别，然后再将其用于 1 中加和法确定混合物整体的长期水生危害类别。

需要特别说明的是，对未列入《危险化学品目录（2015 版）》或者列入《危险化学品目录（2015 版）》但没有明确危险性分类的化学品，应当进行危险性鉴定、分类[10]，包括：①含有一种及以上列入《危险化学品目录（2015版）》的组分，但整体危险性尚未确定的化学品；②未列入《危险化学品目录（2015 版）》，且危险性尚未确定的化学品；③以科学研究或者产品开发为目的，年产量或者使用量超过 1t，且危险性尚未确定的化学品；④已经列入《危险化学品目录（2015 版）》的化学品，发现其有新的危险性的。

参考文献

[1]　陈金合．发达国家 GHS 进展概述 [J]．职业卫生与应急救援，2016，34（3）：262-264.

[2]　陈谦，朱毅贞，顾闻，等．《危险化学品目录（2015 版）》与联合国通用化学危险性分类体系对比 [J]．职业卫生与应急救援，2017，35（5）：490-495.

[3]　陈军．《危险化学品目录（2015 版）》解读 [J]．安全，2015（6）：54-57.

[4]　李中元．解读《危险化学品目录（2015 版）》[EB / OL]．[2020-06-13]．https：// wenku. baidu. com/ view/16b244107e21af45b207a86b. html.

[5]　李学洋，王娜，宋贺帅，等．化学品分类和标签的标准构建过程对策分析 [J]．安全、健康和环境，2015，15（11）：55-57.

[6]　张海，张嘉亮，郭帅，等．GHS 在危险化学品管理中的应用研究 [J]．安全、健康和环境，2017，17（1）：53-55.

[7]　顾闻，朱毅贞，杨闻彪．2015 版危险化学品目录与危化品储存标准的适用性研究 [J]．职业卫生与应急救援，2017，35（1）：88-92.

[8]　王亚琴．危险化学品重新分类后存在的问题及建议 [J]．安全、健康和环境，2016，16（4）：57-60.

[9]　程东浩．危险货物与危险化学品的比较研究 [J]．科技管理研究，2016（21）：207-210.

[10]　李运才．石化企业应对化学品危险性鉴定分类与登记策略探讨 [J]．安全、健康和环境，2018，18（2）：53-56.

第三章

不明危险化学品废物的判定与安全转移

　　不明危险化学品废物，即危险性不明、化学物质种类及浓度未知的化学品废物。其可能来源有：①盛装危险化学品废物容器的标签因某种原因（如腐蚀）而被损坏；②研究和开发或教学活动中产生而尚未鉴定；③多种危险化学品废物混杂在一起；④生产企业或科研单位意外泄漏。

　　危险化学品废物的包装、运输、临时储存及其处理处置方法的选择，与其化学物质种类、浓度和危险性密切相关。所以一旦发现不明危险化学品废物，首先必须进行不明危险化学品废物的判定，分析其化学物质种类、浓度，鉴别其危险性类别及大小，然后根据判定结果确定包装、运输、临时储存及处理处置方法。不明危险化学品废物的判定应包括两方面的内容：①化学物质种类及浓度的初步分析；②危险性类别及大小的初步鉴别。不明危险化学品废物可能具有很大的危害性，一旦出现，要求能对其快速简单处理后马上转移，如紧急事故中需对不明危险化学品废物作出快速判别以确定其包装及转移的方式、存放的方式及地点等。所以，与传统的实验室分析方法相比，不明危险化学品废物的判定应具有以下特点：所用器材、试剂简单；判定时间较短；费用低廉等。

第一节　化学物质种类及浓度的初步分析

　　对不明危险化学品废物进行化学物质种类及浓度的初步分析，主要有两类方法：①借助专门的检测车和探测器检测；②利用化学快速检测法检测。

一、借助专门的检测车和探测器检测

　　借助专门的检测车和探测器检测，对不明危险化学品废物进行化学物质种

类及浓度分析，速度快、精度高，但智能检测车价格昂贵，目前我国只有少数几个城市配备，而探测器只能检测出某一类或某几种危险化学品物质，适用场所有限。常用的检测车和探测器，有智能检测车、便携式智能检测仪，如MX2000和MX21便携式智能气体检测仪、可燃性气体指示器（combustible gas indicator）、光离子化探测器（photoionization detector）、火焰离子化探测器（flame ionization detector）等。

1. 利用智能检测车检测

智能检测车是利用色谱、质谱分析原理，可以对几乎所有不明危险化学品废物进行现场定性、定量分析，速度快、精度高，是比较理想的仪器。使用的方法也很简单，车内配备了专用的智能取样检测器，只需将智能取样检测器携带至现场，几分钟内就可以完成取样工作。对检测过的毒剂，智能取样检测器会直接显示其性质；对未检测过的毒剂，将样品携带至检测车，便可迅速得到结果。

2. 利用 MX2000、MX21 等便携式智能气体检测仪检测

MX2000、MX21 等便携式智能气体检测仪可以检测大部分可燃气体和氯气、氨气、一氧化碳等有毒气态不明危险化学品废物的性质、浓度，更换探头还可以检测其他气体。这种仪器虽然使用上受到一定的限制，但可满足大多数场合的要求，是理想的气体检测仪器。

二、利用化学快速检测法检测

对没有能力配备专门的检测车和探测器的中小城市，可以利用化学快速检测法检测不明危险化学品废物。化学检测法是利用不同物质之间发生化学反应产生不同颜色的原理，将某种物质预先放入玻璃管或特种纸张，制作成检测管或检测纸，当有毒物质与这种物质接触时，检测管或检测纸的颜色会发生变化，根据变色的长度或深度，确定不明危险化学品废物的种类和浓度。这种方法成本低，使用简单，比较适合检测性质已知的不明危险化学品废物。利用这种方法检测不明危险化学品废物时，检测人员可以根据常见的危险化学品废物及管区内的危险化学品废物种类，预先制作好检测管，如氯气、氨气、氰化物、硫化氢等检测管。当需鉴定不明危险化学品废物时，检测人员可以将检测管箱全部携带至事故现场，逐个打开检测管进行检测，直至检测出不明危险化学品废物的性质和浓度为止。

国外已探讨出一套完整的利用化学快速检测法对不明危险化学品废物进行

快速判别的方法[1]，目的在于对不明危险化学品废物的特性，包括水分含量、水溶性和遇水反应性、酸碱性、氧化性、是否含有硫化物或氰化物、可燃性等，作出初步判别。不明危险化学品废物的快速判别法包括以下 10 个相互独立的试验，经培训过的试验人员一般可在 5min 之内完成。为了确保试验人员的人身安全，试验中废物的取样量一般很小，试验人员应事先进行过有关的安全知识教育和试验操作的培训，试验人员在试验过程中必须穿戴防护服。试验场所应不受气候条件（如刮风、下雨、阳光直射等）影响。如果不明危险化学品废物为多相混合物，应先对混合物进行相分离，然后对各相分别进行快速判别试验。

1. 水分含量检测

不明危险化学品废物是否含有水分，尤其对于液态危险化学品废物，非常重要；而对于干燥的固态危险化学品废物，水分含量检测则没必要。

水分含量检测，可利用试纸（如 Gallard-Schlessinger 公司生产的 Watesmo® 试纸）进行。具体操作为：取一滴未知液体直接滴于试纸上，试纸颜色由白色转变为蓝色，则说明有水分存在。

方法局限性：①甲醇也可使试纸颜色由白色转变为蓝色，干扰检测；②其他液态醇（如异丙醇）和液态溶剂（如丙酮）可引起相同（轻微或延迟）的颜色变化；③一些浓溶液，如高浓度的氢氧化钠溶液，可能使试纸变为淡紫色；④一些强氧化性的溶液，如浓硝酸或次氯酸溶液，可能使试纸氧化而不出现蓝色。

2. 水溶性和遇水反应性检测

具体操作如下：往试管内加入少量（高度约为 0.6cm）水，再加入少量待判别的危险化学品。如果有热量放出或有气泡产生或有蒸气（烟雾）产生或有沉淀生成，则此危险化学品具有遇水反应性。当样品溶解较慢时，可将试管摇匀，也可加热，以加快溶解。加入样品后，可仔细观察溶液的密度变化，如有明显的旋涡状的密度梯度曲线出现，对于固态样品说明是溶于水的，对于液态样品则说明是非水溶性物质。

可依据不同的试验现象对不明危险化学品作出如下初步判别：

（1）如样品完全溶于水，则不明危险化学品为水溶性（离子型/极性）物质。对于液态样品，可能为酸、碱、醇（或其他极性溶剂）或溶于水的无机盐溶液；对于固态样品，则一般为无机盐或极性有机物。

（2）如样品不溶于水且浮在水面之上，则不明危险化学品为不溶于水的非极性物质。样品为液态时，则其密度小于 $1.0kg/dm^3$，一般为烃类或石油类，通常具有可燃性。

（3）如样品不溶于水且沉于底部，则不明危险化学品为不溶于水的非极性物质。样品为液态时，则其密度大于 $1.0kg/dm^3$，一般为氯代烃类（或多种氯代烃的混合物），如干洗溶剂（三氯乙烯、四氯乙烯）和多氯联苯（PCBs）。

（4）对于不溶于水的固态样品，应缓慢加热，并仔细观察溶液是否有明显的密度梯度曲线出现，以进一步确定其是否溶于水。

（5）如样品溶于水时产生气泡、放热或产生其他产物（如沉淀物），则不明危险化学品为遇水反应性物质。

方法局限性：①如不明危险化学品为遇水反应性物质，应仔细观察产物的特性，以利于进一步的检测；②如不明危险化学品与水混合时产生浑浊的悬浮物，则难以判别其是否具有水溶性。

3. 酸碱性检测

具体操作如下：取少量不明液态危险化学品置于 pH 试纸上，将试纸的颜色与标准色列比较。对于液态不明危险化学品，可直接检测；对于固态或不含水分的液态不明危险化学品，则应先将少量样品溶于水或与水混合，然后取少量液相进行检测；对于蒸气或气态不明危险化学品，则应先用水将试纸润湿，然后将试纸置于不明危险化学品上面，观察试纸的颜色变化。

方法局限性：①具有强氧化性的酸可能氧化 pH 试纸上的指示剂；②如试纸的颜色变化难以与标准色列比较，则应加水将样品稀释后再进行检测；③如样品本身带有颜色或呈暗色，最后进行颜色比较时应考虑样品本身的颜色。

4. 氧化性检测

具体操作如下：对于液态不明危险化学品，先用 3mol/L HCl 溶液将碘化钾淀粉试纸润湿，然后取一滴液态样品置于试纸上；对于固态不明危险化学品，则先用 3mol/L HCl 溶液将碘化钾淀粉试纸润湿，然后直接将固态样品涂抹在试纸上。如试纸的颜色由白色变为黑色、褐色或蓝色，都说明此不明危险化学品具有氧化性。如果样品置（或涂抹）于试纸上，$1\sim2min$ 后试纸才发生颜色变化，则说明不明危险化学品具有弱氧化性。如果检测过程中有化学反应发生，如有气泡产生或样品自身的颜色发生变化，则有可能是不明危险化学品与盐酸发生了化学反应。此时，应将不明危险化学品与盐酸单独进行反应试验，以证实两者是否发生了反应。

特别注意：当不明危险化学品含有氰化物时，此试验过程会释放出氰化氢气体，所以试验前应注意试验人员的安全防护。

方法局限性：①本试验不适用于有色不明危险化学品；②当不明危险化学

品具有很强的氧化性时，如浓硝酸，试纸可能因氧化作用而遭到破坏，也有可能仅在样品与试纸接触区域的外缘发生颜色变化。此时，应先将样品进行稀释，然后再进行检测。

5. 硫化物检测

具体操作如下：先用蒸馏水将醋酸铅试纸润湿，然后取一滴液态样品置于试纸上。如试纸的颜色由白色变为黑色或褐色，则说明不明危险化学品中含有硫化物。

方法局限性：①当不明危险化学品中硫化物较稳定时，有可能数分钟后才发生颜色变化；②本试验不适用于有色不明危险化学品。

6. 氰化物检测

特别注意：此试验过程可能释放出氰化氢气体，试验前应注意试验人员的安全防护，试验地点应与旁观者保持一定距离。

具体操作如下：往试管内加入少量（高度约为 0.6cm）待判别的危险化学品，再加入两滴浓硫酸。马上插入氰化物试纸（如 Gallard-Schlessinger 公司生产的 Cyantesmo® 试纸）并至少使 2.5cm 长的试纸露在液面之上。如果危险化学品中氰化物的浓度大于 50mg/kg，则反应释放出来的氰化氢使紧靠液面的试纸区域变为蓝色。

方法局限性：本法可检测出浓度低至 5mg/kg 的氰化物，但此时试纸变为蓝色的时间长达 4h。

7. 可燃性检测

此试验仅对不明危险化学品的可燃性作初步测试，但如果操作准确，可测得不明危险化学品闪点的大致范围。具体操作如下：将一根铜丝的一端弯成环状，使其冷却且保持干净，以丙烷或丁烷作燃气进行以下试验。

（1）将少量样品置于铜丝环上靠近火焰，并使其与火焰保持约 1.3cm 的距离（切勿使样品与火焰接触），如果样品发生燃烧，则此不明危险化学品极易燃烧，其闪点很可能低于 $100°F\left[t/℃=\dfrac{5}{9}(t/°F-32)，下同\right]$。

（2）使样品与火焰作短时间接触并马上移开，如果样品发生燃烧且能保持稳定燃烧状态，则此不明危险化学品为易燃性物品，其闪点大致范围为 100～140°F。

（3）将样品置于火焰中 2s 后移开，如果样品能保持燃烧状态，则此不明危险化学品介于易燃与可燃性物品之间，其闪点大致范围为 140～200°F。

（4）将样品置于火焰中，如果样品仅当与火焰接触时才发生燃烧或置于火焰中超过 2s 才能保持燃烧状态，则此不明危险化学品为可燃性物品，其闪点很可能高于 200°F。

特别注意：如果样品易挥发，则此样品可能极易燃烧，试验操作时应特别小心。

另外，试验同时应仔细观察样品燃烧火焰的特性。如果样品燃烧的火焰呈深蓝色（或近似深蓝色），则此不明危险化学品为醇类物质；如果火焰呈鲜黄色，则此不明危险化学品分子中含有大量的碳原子；如果火焰中有烟，则此不明危险化学品为大分子化合物（如石油类）或分子中含有氧原子（如酮、醛类）；如果火焰中有缕状或丝状烟，则此不明危险化学品可能为芳香族化合物（如苯、甲苯、二甲苯等）。

方法局限性：①所测得闪点仅为估计值，其范围可能因测试人员不同而异；②乙醇燃烧的火焰颜色肉眼很难看清，观察时应布置一黑色背景；③如果样品中含有钠原子，则钠原子可使火焰呈鲜艳的橙黄色，有可能使试验产生误差，试验时应注意。

8. 火焰颜色检测

此试验应和可燃性检测试验同时进行，在检测不明危险化学品的可燃性时，同时观察火焰颜色（或火焰稍后出现的颜色）。由于火焰的颜色可能瞬间消失，也可能在环状铜丝经较长时间加热后才出现，此试验难以掌握。试验时，如果不能马上观察到火焰的颜色，应将环状铜丝继续加热至其变红。此外，有可能仅在火焰的某个区域出现颜色，也有可能被其他阴离子或阳离子（如钠离子）的颜色掩盖，如有必要，应重复试验以进一步确认火焰的颜色。为了避免因交叉污染而引起试验偏差，在进行下一种不明危险化学品试验之前，应将环状铜丝燃烧彻底，如果污染无法消除，则应将环状铜丝剪除，重新将一端弯成环状进行下一种不明危险化学品试验。

此试验特别适用于氯代（卤代）烃类化合物的鉴别，氯代化合物（如干洗溶剂、含多氯联苯的石油）燃烧火焰一般为亮绿色。此试验也适用于鉴别一些无机盐的阴、阳离子。不明危险化学品燃烧火焰的颜色及其可能含有的元素见表 3-1。

表 3-1　不明危险化学品燃烧火焰的颜色与对应的可能含有元素

火焰颜色	可能含有的元素
绿色	Cl、B、Cu
红色	Ca、Li
橙/黄色	Na
紫色	K
浅绿色	Ba

方法局限性：①干扰的存在，特别是钠离子，有可能完全掩盖其他元素燃烧火焰的颜色；②如果环状铜丝受到污染，必须将铜丝彻底净化，或将受污染的部分剪除；③如果不明危险化学品具有腐蚀性，铜丝有可能析出铜离子，使燃烧火焰呈现绿色而干扰鉴别；④一些石油中的多氯联苯由于含量较低，燃烧时火焰并不能呈现出绿色，但仍可能给人体健康和环境带来危害。

9. 碘饱和试验

此试验可用来判别不明危险化学品中氢的饱和程度，仅适用于具有溶剂特性的非含水液态样品。具体操作如下：先向试管内加入极少量（相当于针尖大小）的结晶碘，然后加入约 0.6cm 深的待判别不明危险化学品，待结晶碘溶解后，观察溶液的颜色，根据表 3-2 对不明危险化学品作出初步判别。本试验并不能断定不明危险化学品为何种化学品，但能初步判别其为何类（族）化学品。

方法局限性：①结晶碘的加入量必须严格控制，如果结晶碘的加入量过多，溶液的颜色将变为深红色；②当不明危险化学品试验呈棕色时，如有水混入，溶液的颜色有可能改变。

表 3-2　溶液颜色与对应可能化合物或化学品的类别

溶液颜色	可能的化合物或化学品类别
红色	烯烃(双键化合物)、芳香族化合物(苯、甲苯、二甲苯)、氯代化合物(三氯乙烯、四氯乙烯、氯苯)、石油(松节油、石油中的多氯联苯)
紫色	烷烃、稀释剂(煤油、干洗溶剂、汽油)、己烷、氯代化合物(四氯化碳、三氯甲烷、二氯甲烷)
橙/黄色	氧化或极性化合物、醇类(甲醇、乙醇、异丙醇)、酮类(丙酮、甲乙基酮)、醋酸酯类(乙酸乙酯)
棕色/暗灰色	两种或两种以上化合物的混合物、汽油

10. 烧焦试验

此试验可用来判别不明危险化学品是有机物还是无机物。具体操作如下：先向试管内加入约 0.6cm 深的液态或固态不明危险化学品，缓慢加热，使液态样品沸腾（挥发）或使固态样品烧焦，然后根据表 3-3 进行初步判别。

表 3-3　烧焦试验现象与对应的判别结果

试验样品	试验现象	判别结果
液态样品	蒸气可燃	有机液体(溶剂)
	蒸气不可燃	水
	有烧焦残渣	可溶无机物
	无烧焦残渣	可溶有机物

续表

试验样品	试验现象	判别结果
固态样品	蒸气可燃	有机物
	蒸气不可燃	无机物
	有烧焦残渣	无机物
	无烧焦残渣	有机物
	发生升华现象	可能为有机物(萘、酚)或无机物(硫、某些铵盐)

方法局限性：当不明危险化学品为某些盐类的水溶液时，必须长时间地小心加热使水分全部蒸发同时能保留部分盐类使试验能进行下去。

第二节　危险性类别及大小的初步鉴别

一、文献查阅

若经初步分析，明确了不明危险化学品废物的化学物质种类及浓度，最便捷、有效的办法就是首先查阅相关文献，而且往往是能够查到的（除非是新合成出来的物质）。因为这方面前人已做了大量收集、整理、编撰工作。

文献查阅应涉及有关危险化学品废物的以下性质：

① 自燃发火性与燃烧激烈性；

② 与水反应的危险性；

③ 储存中生成爆炸性物质（有机过氧化物等）的可能性；

④ 物质自身的爆炸性；

⑤ 热安定性（DTA 或 DSC 开始分解温度是否在 200℃以下）和热分解的激烈程度；

⑥ 对机械撞击、摩擦作用的感度；

⑦ 固体的易着火性、液体的易燃性（闪点高低）；

⑧ 与空气混合物的爆炸范围（上下限）、容易性与激烈性；

⑨ 产生静电积累的性质；

⑩ 与其他物质接触、混合发生放热、发火的危险性；

⑪ 其他危险性。

二、根据物质的化学结构进行初步分析和判定

危险化学品废物的危险性与其化学结构密切相关，若经初步分析，不能肯

定不明危险化学品废物的化学物质种类，但能明确其主要化学结构（含某种特定的基团），则可根据物质的化学结构对其危险性进行初步分析和判定。

　　具有潜在的燃烧、爆炸危险性的化合物往往含有某种特定的"爆炸性基团"（explospheres），爆炸性物质所特有的原子团见表 3-4[2]。这些基团在反应中可释放出较大的能量，且大多具有较弱的键而易于反应。但含这类基团的化合物不一定具有爆炸性，是否具有爆炸性还要看"爆炸性基团"所占的分量与其他化学环境，最终要靠试验判定。

表 3-4　爆炸性物质所特有的原子团

原子团	化合物	原子团	化合物
—C≡C—	乙炔衍生物	$N-N=O$	N-亚硝基化合物（亚硝基氨基化合物）
—C≡C—M	乙炔金属盐		
—C≡C—X	卤代乙炔衍生物	$N-NO_2$	N-硝基化合物（硝胺）
N=N / C（环丙三元环）	环丙二氮烯	$-C-N=N-C-$	偶氮化合物
CN_2	重氮化合物	$-C-N=N-O-C-$	偶氮氧化物烷基重氮酸酯
$-C-N=O$	亚硝基化合物	$-C-N=N-S-C-$	偶氮硫化物烷基硫代重氮酸酯
$-C-NO_2$	硝基链（烷）烃，C-硝基及多硝基芳烃化合物	$-C-N=N-O-N=N-C-$	双偶氮氧化物
$C(NO_2)(NO_2)$	偕二硝基化合物，多硝基烷	$-C-N=N-N-C-$　R(R=H,—CN,—OH,—NO)	三氮烯
$-C-O-N=O$	亚硝酸酯或亚硝酰	—N=N—N=N—	高氮化合物，四唑（四氮杂茂）
$-C-O-NO_2$	硝酸酯或硝酰	$-C-O-O-H$	过氧酸、烷基过氧化氢
C-C / O（环氧）	1,2-环氧乙烷	$-C-O-O-C-$	过氧化物，过氧酸酯
$C=N-O-M$	金属雷酸盐，亚硝酰盐	—O—O—M	金属过氧化物
$-C(NO_2)(NO_2)-F$	氟二硝基甲烷化合物	—O—O—Non-M	非金属过氧化物
		=N—Cr—O—O—	胺铬过氧化物
$N-M$	N-金属衍生物，氨基金属盐	—N$_3$	叠氮化物（酰基、卤代、非金属、有机的）

续表

原子团	化合物	原子团	化合物
C—N₂⁺O⁻	重氮锌盐	Ar—M—X X—Ar—M	卤代烷基金属
C—N₂⁺S⁻	硫代重氮盐及其衍生物	N—X	卤代叠氮化物，N-卤化物，N-卤化（酰）亚胺
—N⁺—HZ⁻	锌盐、胺的锌盐		
—N⁺—OHZ⁻	羟胺盐、胲盐	—NF₂	二氟氨基化合物
—C—N₂⁺Z⁻	重氮根羧酸酯或盐	—O—X	烷基高氯酸盐、氯酸盐、卤氧化物、次卤酸盐、高氯酸、高氯化物
[N→M]⁺Z⁻	胺金属锌盐		

另一类的反应活性表现为在与空气的长时间共存中和其中的氧发生反应而生成不安定或具爆炸性的过氧化物，这也是一种潜在的危险性。这类基团的主要结构特征是含有弱 C—H 键及不饱和键（见表 3-5[2]）。

表 3-5　空气中易形成过氧化物的结构

原子团	化合物	原子团	化合物
C—O—（H）	缩醛类、醚类、环氧	C=C—C=C（H H）	二烯类
—CH₂—C—CH₂—	异丙基化合物、萘烷类	C=C—C≡C（H）	乙烯乙炔类
C=C—C—（H H）	烯丙基化合物	—C—C—Ar（H）	四氢萘类、苯乙烷类
C=C—X（H）	卤代链烯类	—C=O（H）	醛类
C=C	乙烯化合物（单体、酯、醚类）	—C—N—C—（O）	N-烷基酰胺，N-烷基脲，内酰胺类

对于含有几种危险化学品的混合废物，品名表中其种类很少，其他资料中又缺乏基本数据，而某些危险性试验如急性毒性试验周期长，费用高，故全面试验并不现实。急性毒性数据存在加和性，在难以得到试验数据的情况下，可以根据危害成分浓度的大小进行推算。

(1) 蒸气吸入急性毒性　有害组分的 LC_{50} 未知时，该混合物的 LC_{50} 数据取与之具有类似生理学和化学作用的化学品的 LC_{50} 值；LC_{50} 已知时，可通过公式(3-1)计算

$$\frac{1}{(LC_{50})_{mix}} = \sum_{i=1}^{n} \left(\frac{x}{LC_{50}}\right)_i \tag{3-1}$$

式中，n 为危害组分总数；x 为第 i 种有害组分的摩尔分数。

(2) 经口、经皮急性毒性

① 各组分 LC_{50} 均已知时

$$\frac{1}{(LC_{50})_{mix}} = \sum_{i=1}^{n} \left(\frac{P}{LC_{50}}\right)_i \tag{3-2}$$

式(3-2)中，P 为组分的质量分数。

② 仅有一种危害组分时

$$\frac{1}{(LC_{50})_{mix}} = \frac{P}{LC_{50}} \tag{3-3}$$

三、危险性鉴别试验

危险性鉴别试验，主要针对不明危险化学品废物对机械刺激（撞击、摩擦）、热及火焰的敏感性。其特点是用很少的试样、很简便的方法就能很快获得有关该物质的危险性的重要信息，既经济，又安全，对于尚无经验的新型危险性物质特别是怀疑有爆炸性的物质来说是非常重要的。危险性鉴别试验以简单、快速、安全为主要特点和优点，但应注意：①不能随意选取和组合，也不能做得太多，而应根据试验目的及经验、水平而定，应由有关人员分析研究后定下最低限度的试验种类与数量；②鉴别试验装置与试验过程相对简单，但要求仍很严格，否则会得出不准确甚至错误的判定。

不明危险化学品废物的危险性鉴别的具体试验方法很多，常见的鉴别试验种类列于表 3-6[1,3-9]中，以下仅介绍几种提供信息多、质量好的较理想的方法。

表 3-6 用于凝聚相危险性物质的鉴别试验

试验名称	所测定的数据
密封池式差式扫描量热法(SC-DSC) BAM 着火性试验 UK Bickford 着火性试验 US 可燃性固体着火试验 燃烧性试验 电火花着火性试验	开始分解温度、分解热、着火性和燃烧性
克胏伯发火点试验 粉末堆的发火点试验 开放容器中的放热分解试验、动态试验和静态试验	自燃发火温度、分解温度
化学物质的恒温安定性试验	
落锤试验	由撞击产生的发火、爆炸
Hartmann 粉末爆炸试验	空气中粉末的发火、爆炸
闪点测定	化学药品的引火性闪点
液体化学物质的自燃发火温度试验	化学药品的发火温度

1. 密封池式差式扫描量热法 (SC-DSC)

DSC 能直接得出热效应（放热或吸热）量，较方便。通过 DSC 测定，可以得到如图 3-1 所示的曲线和数据，主要包括：开始放热温度 T_a 和 T_0（℃）、放热量（峰面积，cal/g，1cal＝4.18J，下同）、最大放热加速度 $[\tan\theta,$ cal/$(\min^2 \cdot g)]$、峰值温度（T_m,℃）、放热曲线形状等。

反应性化学物质对热作用的感度，可用 DSC 的开始放热温度 T_a 和 T_0 来表示。T_a 为放热曲线开始离开基线即开始放热的温度；T_0 为放热曲线上升段斜率最大的点切线与基线交点所相应的温度。T_a 与 T_0 有良好的相关一致性，作为热分解感度指标用 T_a 或 T_0 都可以，不过在对测定曲线处理时，T_0 更容易读取，所以一般多用 T_0，在实际应用中常将 T_0 写成 T_{DSC}。

放热量（Q_{DSC}），为反应性物质发生放热分解反应的强度或威力（严重度）指标，是衡量危险性大小的另一个重要参数。它与 DSC 曲线和基线所围部分的面积（也叫峰面积）成正比。

不安定的反应性化学物质的 DSC 测定必须用密封式样品池；测定含有卤素的化合物时，最好用金或镀金的铝样品池。

SC-DSC 试验装置与具体操作如下。

（1）试验装置　试验装置的主机用市售的一般差示扫描量热仪即可，但必须配备密封样品池（SC，sealed cell）。密封样品池及其密封法如图 3-2 所示，一般为不锈钢质，可耐压 5.0MPa 左右。

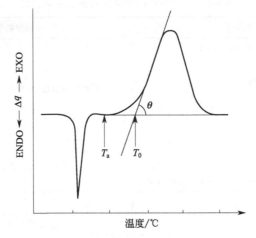

图 3-1 DSC 曲线和所得到的数据

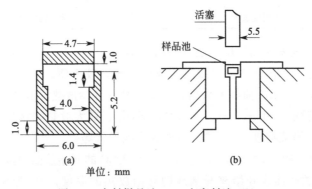

单位: mm

图 3-2 密封样品池 (a) 和密封法 (b)

（2）试验条件 升温速度：10℃/min；最高温度：550℃；使用气体：氮气，40mL/min；试样量：1～3mg；标准试样：锡、铟、硝酸钾、高氯酸钾。

（3）试验步骤 试样的准备与 DSC 操作按以下步骤进行。DTA 测定与 DSC 相同。

① 称量样品池和盖的质量；

② 在样品池中放入试样，称量，由此减去样品池与盖的质量以求出试样的质量；

③ 盖上样品池盖，并将其按图 3-2（b）所示放入密封机的孔穴中；

④ 用密封机的杆强力挤压样品池的边缘和盖以进行密封；

⑤ 把密封好的样品池置于放试样的一侧支座上，用同样的方法准备 α-Al_2O_3 标准样密封池，并将其放于标准样侧的支座上；

⑥ 以升温速度 10℃/min 进行 DSC 测定；

⑦ 取得 DSC 曲线后停机，称取样品池质量并检查是否有逸漏；

⑧ 由记录的 DSC 曲线读取放热量 Q_{DSC}，并外推出分解开始温度 T_{DSC}。

一般取 2,4-DNT 和过氧化苯甲酰（BPO）作标准物质，用惰性物质（Al_2O_3 或水）稀释至 70%（质量分数）的 2,4-DNT 和 80%（质量分数）的 BPO 分别相当于爆轰临界物质和爆燃临界物质。即在强力起爆下，感度稍比 70% 2,4-DNT 或 80% BPO 高的物质就可以爆轰或爆燃，或说它们具有爆轰或爆燃传爆性；感度稍低的物质则不会爆轰或爆燃，或说它们不具爆轰或爆燃传爆性。

2. 着火性试验

目的在于观察被试物质对外部点火源的反应。德国柏林材料试验所（BAM）的试验方法示于图 3-3 中。

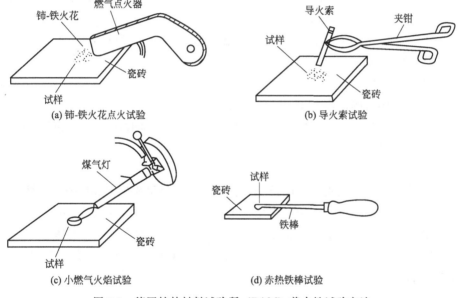

(a) 铈-铁火花点火试验

(b) 导火索试验

(c) 小燃气火焰试验

(d) 赤热铁棒试验

图 3-3　德国柏林材料试验所（BAM）着火性试验方法

（1）试验方法

① 铈-铁火花点火试验：用手枪式燃气点火器的铈-铁火花，在距试样 5mm 处喷射。

② 导火索试验：用 5cm 长的导火索末端喷出的火焰对距 5mm 处的粉末状试样点火，看是否能点着。共做 5 次。为防导火索受潮，试验前应置于保干器中。

③ 小燃气火焰试验：用长 20mm、宽 5mm 的本生灯燃气火焰尖端对试样点火，看在 10s 内是否点着。共试验 5 次。

④ 赤热铁棒试验：用直径 5mm、加热至 800℃ 的铁棒与试样接触，时间不超过 10s，看是否点着。每次试验时都要重新加热铁棒。

（2）根据试验结果判断物质类别

① 易着火物质：即在铈-铁火花点火试验和导火索试验中能立即点着，或用小燃气火焰在 1s 内能点燃的物质。

② 着火性物质：即小燃气火焰试验中需 1s 以上才能点着，或赤热铁棒试验能点着的物质。

③ 难着火性物质：即以上几种试验中都不着火的物质。

3. 燃烧性试验

此试验的目的在于判定固体物质的着火性和燃烧性。瑞士和德国一些大化学公司通常使用的燃烧性试验方法如下。

（1）原理　将堆放的粉状试样与加热到 1000℃ 的白金丝接触，观察是否着火以及着火后的燃烧情况。

（2）装置　电加热的白金丝、变压器及厚 5~10mm 的石棉板。

（3）试样准备

① 经干燥后粉碎。

② 将粉碎后的试样，用一定规格的筛筛分。

③ 在 40~50℃ 减压干燥 1h。对于熔点在 40℃ 以下的试样，则不进行干燥。

④ 在干燥器中冷却。

（4）试验方法

① 将试样在石棉板上摆成长 4cm、宽 2cm、容积约为 15mL 的一个堆。

② 用红热的白金丝接触试样堆端的表面，如点不着，可将红热白金丝插入试样中保持 5s，假如试样放出气体，可以观察能否用火柴点燃气体。

（5）根据试验结果判断物质类别　试样的燃烧性可分为 6 个危险等级，如表 3-7 所示。

表 3-7　燃烧性试验的判断标准

反应类型		等级	标准物质
点火后不传播火焰	不着火	1	食盐
	着火后立即熄灭	2	硬脂酸锌
	几乎不发生局部燃烧或火焰传播，但有局部红热	3	氯化醋酸钠
传播火焰	红热但没有火花，或缓慢分解而没有火焰	4	H-酸
	伴有火花及可见火焰的缓慢和平静地燃烧	5	硫黄、重铬酸铵
	带火焰的快速燃烧或不带火焰的快速分解	6	黑火药

4. 机械撞击感度试验

机械撞击是生产、储运等处理中最常遇到的外界作用形式之一，因此在对自反应性化学物质进行危险性评价时，撞击感度测试都是不可缺少的。

（1）试验装置　常用的试验装置有落锤式和落球式两种。我国在火炸药领域通常是用落锤式，并有相应的国家标准《炸药试验方法》（GJB 772A—97）。对氧化剂进行评价（分类）时，常用小型落球撞击感度试验仪，其结构示意如图 3-4。

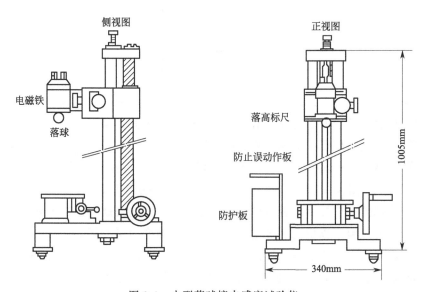

图 3-4　小型落球撞击感度试验仪

在电磁铁的下端中央开有直径 5mm、深 25mm 的螺孔，以便能把不同直径的落球吸固在电磁铁的中心部位，同时还装有如图 3-5 所示的适配器。为能通过切断电磁铁电源使落球自由落下，还配有电开关整流器。小型落球有时会被电磁铁磁化，这时可用滑线变压器退磁。落球为 1g～5kg 的钢球。

击柱为直径 12mm、高 12mm 的钢柱（轴承用滚柱），可起定向作用。直击法系将试样置于其上；间击法则把试样夹于两击柱之间。

（2）试验步骤　为避免危险，试样量要控制在 10mg 以下。像氧化剂或赤磷这样超高感度物系的试验，不能把试样混合，而只是在击柱表面上重叠放置两种组分，即仅使两者接触就可足够准确地判定爆与不爆。试验起爆药时，要先把湿起爆药置于击柱上，然后放于保干器中使之干燥。

试验采用上下法。

1）直接撞击法（直击法）

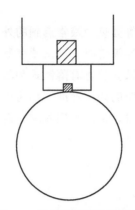

图 3-5　吸固落球用的适配器

① 在直径 12mm、高 12mm 的击柱表面上放置 4～10mg 粉末状试样；

② 把载有试样的击柱放于落球试验机的铁砧中间；

③ 选择适当质量的落球，装于试验机上；

④ 落球下端至击柱表面的距离（落高 H，cm）可按如下数值选取，即以 $\lg H = 1.0$ 作基准，以 $\Delta \lg H = 0.1 \sim 0.3$ 等间隔地决定 H；

⑤ 落球撞击试样后，观察是爆（产生爆音、火花或烟）还是不爆；

⑥ 反复试验，以找出从爆变为不爆或从不爆变为爆的落高；

⑦ 若是从爆变为不爆，就把落高调高一个间隔继续做下一次试验；若是从不爆变为爆，则调低一个间隔的落高再继续下一次试验；

⑧ 包括爆与不爆，总计进行 20 次试验；

⑨ 用 535g 的落球，在 $\lg H = 1.8$（即 $H = 63.1cm$）时也不爆的试样，在这个高度下做 6 次试验，记下爆的次数。

对于氧化剂/可燃物（赤磷等）物系进行试验时，第①步作如下变化：用小型药勺将 2～6mg 赤磷涂在直径 12mm、高 12mm 的击柱上，在赤磷的上面再轻轻地加上 2～6mg 粉碎的氧化剂；氧化剂具有可塑性时，可以在赤磷上轻按一下。这种物系之所以采用这样的试样量，是因为万一爆炸也不致造成事故，而撞击发火时，其爆音和火光也能便于确认。

2）间接撞击法（间击法）　用直击法数据散布大时应用间击法。间击法的操作步骤只是第②步略有不同，即在载有试样的下击柱上面再放一相同规格的上击柱，试样应在二击柱之间分布均匀，然后将击柱置于铁砧中间。

（3）数据处理　所得数据用上下法处理，求 50% 爆点（落高 H_{50}，即试样爆炸概率为 50% 时的落高）并计算对应于 50% 爆点的击球能量（E_{50}）。

第三节　不明危险化学品废物的安全转移

一、转移前的处理

如条件允许，应在不明危险化学品废物转移前采取措施降低其危险性，这一点对爆炸性危险较大的火炸药和有机过氧化物尤为重要。

（1）炸药被惰性介质稀释后，其冲击感度降低。使高能炸药保持一定的水分含量，对降低其储运等处理中的危险性是有效的。对散落的粉状或粒状爆炸品，应先用水润湿后，再用锯末或棉絮等柔软的材料轻轻收集。

（2）有机过氧化物的危害性依据其组分差异很大，用某些适当的惰性物质将有机过氧化物稀释，可大大降低甚至消除爆炸的危险。常用的惰性物质有水、某些增塑剂或无机填料等。有机过氧化物的浓度或所用的稀释剂不同，其危险程度是有差别的。在有些情况下，向过氧化物中加入稀释剂如黏土可降低危险性。一般来讲，浓度越高，危险性越大，而溶于阻燃性能好的稀释剂中，则危险性相对小。表 3-8[2] 为不同浓度的过氧化苯甲酰的危险度评价。

表 3-8　过氧化苯甲酰危险度评价

产品名	美国PVT试验	快速加热试验	SADT分解强度	SADT分解温度	撞击感度试验	改良特劳茨铅铸试验	燃烧试验火焰高度	总评分	危险等级
过氧化苯甲酰(干品)	3	3	3	1	3	2	3	18	Ⅰ
70%过氧化苯甲酰(湿品)	2	2	2	1	1	1	1	10	Ⅱ
50%过氧化苯甲酰(防火膏)	1	1	1	1	1	1	1	7	Ⅳ
50%过氧化苯甲酰(硅油)	1	2	1	1	1	1	1	8	Ⅱ
50%过氧化苯甲酰(膏状增塑剂)	1	2	1	1	1	1	1	8	Ⅱ

注：表中浓度均为质量分数。

如果储存可形成过氧化物的危险化学品的容器是敞开的，在搬动容器前应首先检验有无过氧化物生成以及生成过氧化物的浓度。检验时，可以取一洁净的反射板，将一柔和白光通过反射板照射容器内外，仔细观察容器内外（尤其是容器的内壁和盖子的外部）有无固体过氧化物。如果在容器内外观察到过氧化物，则没有必要进一步检测过氧化物的浓度，因为此时已存在很大的爆炸危险，应立即采取措施。如，可用惰性吸收剂如硅藻土、沙等来掺混这些废料，也可用不燃材料如蛭石等吸收；可用廉价酒精将容器的残余物冲洗干净，也可用 10% NaOH 溶液清洗容器。

过氧化物浓度的测定可采用专用的过氧化物试纸，试纸定量测定的最大浓度为 100mg/kg。当过氧化物的浓度为 25～100mg/kg 时，随着浓度的增大，其爆炸的危险性迅速增加，所以采用试纸测定前必须确认过氧化物的浓度小于 100mg/kg。

不明危险化学品废物转移前的包装应该符合危险化学品废物的包装要求。

二、装卸

1. 具有爆炸性的不明危险化学品废物

必须轻装轻卸，严禁摔、滚、翻、抛以及拖、拉、摩擦、撞击，以防引起爆炸。操作人员不准穿带铁钉的鞋和携带火柴、打火机等进入装卸现场；禁止吸烟。

2. 废弃的压缩气体与液化气体

必须轻装轻卸，严禁碰撞、抛掷、溜坡或横倒在地上滚动等，不可将钢瓶阀对准人身，注意防止钢瓶安全帽脱落。装卸氧气钢瓶时，工作服和装卸工具不得沾有油污。易燃气体严禁接触火种。

3. 具有易燃性的液态不明危险化学品废物

具有易燃性的液态不明危险化学品废物的装卸过程中，最大的危险性来自装卸过程中可能产生的静电放电。

易燃液体在装卸时与设备管道做相对运动，由于物质电子的逸出功不同，从而在液体与管道接触表面形成双电层，即由于接触界面两侧电子的转移而出现大小相等、电性相反的两层电荷，液体流动与出口管道迅速分离时，双电层被破坏，液体与管道分别带上了等量的不同电荷。若静电荷的产生速率超过电荷消散的速率，随着液体的不断流动、界面分离，就会使电荷不断积聚，超过一定极限，就会产生静电放电。如果液体装卸区域同时还存在爆炸性、可燃性混合气体，就可能引起火灾、爆炸[10]。

易燃液体装卸时，应对运输车辆和装卸管线进行静电防护，同时应对装卸环境进行静电消除。此外，应对操作人员进行静电防护。

（1）运输车辆和装卸管线的静电防护

① 采取可靠的接地，必须使用导电鹤管和软管进行易燃、可燃液体装卸，并利用专用夹子将槽车与鹤管或软管互相连接，再将槽车可靠接地（不可使用槽车接地带代替可靠接地），以保证将积累的静电荷导入大地。接地时注意，

槽车装车先开盖再接地，装完后先封盖再拆卸接地线。

② 槽车装卸时应控制可燃、易燃液体处于安全流速范围内，减少液体飞溅，且满足关系式(3-4)：

$$VD \leqslant 0.5 \qquad (3-4)$$

式中，V 为可燃、易燃液体在鹤管或软管内的流速，m/s；D 为鹤管或软管内直径，m。

若装卸时无法满足关系式，必须停止装卸，调整流速或更换装卸管线。

③ 装车时鹤管伸入槽车底部，距车底部不大于 200mm。

④ 装车完毕要静置 2min 以上方可进行提升鹤管、拆除接地线等其他工作。

⑤ 装卸易燃、可燃液体前，必须检查槽车内部，不应有未接地的漂浮物。

⑥ 若采用静电消除器，应尽量装设在靠近管道出口处。

⑦ 装卸区域的管道、设备支架、栈台等要可靠接地，在装卸区域入口处要有可释放人体静电的接地扶手。

⑧ 卸车软管必须为导电软管或内壁为金属丝网的橡胶管，接地时能做到静电导通。

(2) 装卸环境的静电消除

① 保持装卸区域周围环境相对湿度在 60%～70% 范围内。

② 装卸区应尽量敞开，若为封闭区，要安装通风装置，及时排除爆炸性混合物，使其浓度不超过爆炸下限。

③ 要有专用装卸栈台。

(3) 操作人员的静电防护

① 操作人员装卸槽车前，要在装卸区域（装卸栈台）入口处的接地扶手处释放人体静电。

② 在爆炸危险场所的 0 区、1 区且最小引燃能在 0.25mJ 以下的场合，操作人员要穿合身的防静电工作服、着防静电鞋袜、戴防静电手套，必要时佩戴防静电腕带。棉制工作服只有在相对湿度大于 50% 时才能起到防静电的作用。

③ 操作人员按照规定的静置时间去规范自己的行为，操作中不可有穿、脱衣帽，梳头发等摩擦性动作，不携带与工作无关的金属物品，如钥匙、手表、戒指和项链等。

④ 操作人员应严格按照操作规程操作，操作中不可使用金属工具敲击装卸管道、阀门，以免引起物体打击火花。

具有易燃性的液态不明危险化学品废物的装卸，除了以上必要的静电防护外，还要注意轻拿轻放，严禁滚动、摩擦、拖拉等危及安全的操作，作业时禁止使用易发生火花的铁制工具及穿带铁钉的鞋。

4. 易燃性固态不明危险化学品废物、自燃性不明危险化学品废物和遇湿易燃性不明危险化学品废物

（1）易燃性固态不明危险化学品废物　必须轻装轻卸，严禁拖、拉、摔、撞，保持包装完好。

（2）自燃性不明危险化学品废物　应轻装轻卸，不得撞击、翻滚、倾倒，防止包装容器损坏。黄磷在转移和临时存放时应始终浸没在水中；忌水的三乙基铝等包装必须严密，不得受潮。

（3）遇湿易燃性不明危险化学品废物　应轻装轻卸，不得撞击、翻滚、摩擦、倾倒。雨雪天如无防雨设备不准作业。运输所用车、船必须干燥，并配备良好的防雨设备。

5. 具有氧化性的不明危险化学品废物和有机过氧化物

应轻拿轻放，不得摔掷、滚动，尽量避免摩擦、撞击，以防引起爆炸。对氯酸盐和过氧化物等应特别注意。

6. 具有毒性的不明危险化学品废物

应轻装轻放，严禁摔碰、翻滚，防止包装容器破损，并应禁止肩扛、背负。作业人员应穿防护服，戴口罩、手套，必要时应戴防毒面具。操作中严禁饮食、吸烟。作业后应洗澡、更衣。装卸机械工具应按规定负载量适当降低。

7. 具有腐蚀性的不明危险化学品废物

操作人员应穿戴防护用品，应轻拿轻放，禁止肩扛、背负、翻滚、碰撞、拖拉；在装卸现场应配备救护药品和药水，如清水、苏打水和稀硼酸水等，以备急需。

三、转移

转移前，应到当地公安和交通部门办理相关手续，严格按批准的路线和时间运输，不可在繁华街道行驶和停留。运输物品必须与运行单上所列的品名相符，运输工具要符合安全要求，并指派专人押运，押运人员不得少于2人。装卸运输人员应按装运废弃危险化学品的性质，佩戴相应的防护用品，装卸时必须轻装轻卸，严禁摔拖、重压和摩擦，不得损毁包装容器，并注意标志，堆放稳妥。运输车辆必须保持安全车速，保持车距，严禁超车、超速和强行会车。运输易燃、易爆危险化学品时，运输车辆的排气管应装阻火器，并悬挂"危险品"标志[11]。

1. 具有爆炸性的不明危险化学品废物

严禁与氧化剂、自燃物品、酸、碱、盐类、易燃可燃物金属粉末和钢材等混运，点火器材、起爆器材不得与炸药、爆炸性药品以及发射药、烟火等其他爆炸品混运。行车时间和路线必须经公安部门批准。起运时包装要完整，装载应稳妥，装车高度不可超过栏板，车速应加以控制，避免颠簸、震荡。铁路运输禁止溜放。

2. 废弃的压缩气体与液化气体

转移时必须戴好钢瓶上的安全帽。钢瓶一般应平放，并应将瓶口朝向同一方向，不可交叉；高度不得超过车辆的防护栏板，并用三角木垫卡牢，防止滚动。

3. 具有易燃性的液态不明危险化学品废物

转移操作（包括运输、泵送和罐装等）尽量避免在高温时刻进行（热天可选择在早晚），转移过程中要有良好的接地装置，防止静电积聚。运输槽车应有接地链，槽内应设有孔隔板以减少震荡产生的静电。

若以船运方式转移，配装位置应远离船员室、机舱、电源、火源等部位，舱内电器设备应防爆，通风筒应有防火星装置。严禁用木船、水泥船散装易燃液体。

4. 易燃性固态不明危险化学品废物、自燃性不明危险化学品废物和遇湿易燃性不明危险化学品废物

（1）易燃性固态不明危险化学品废物　若以船运方式转移，配装位置应远离船员室、机舱、电源、火源、热源等部位，通风筒应有防火星装置。

（2）自燃性不明危险化学品废物　转移时应按各品种的性质区别对待，严禁与其他危险化学品废物混运。若以船运方式转移，配装位置应远离机舱、电源、火源、热源等部位，要有良好的通风设备；三乙基铝、铝铁熔剂严禁配装在甲板上；铁桶包装的易燃化学品废物（黄磷除外）与铁器部位及每层之间应用衬垫牢固，防止摩擦、移动。

（3）遇湿易燃性不明危险化学品废物　转移时，不得与其他危险化学品废物，特别是酸类、氧化剂、含水物质、潮解性物质混运，亦不得与消防方法相抵触的物品同车、船运输。

5. 具有氧化性的不明危险化学品废物和有机过氧化物

运输时应单独装运，不得与酸类、易燃物品、自燃物品、遇湿易燃物品、有机物、还原剂等同车混装。

不同品种的氧化剂也应分类运输。有机过氧化物不得与无机氧化剂混运，亚硝酸盐类、亚氯酸盐类、次亚氯酸盐类均不得与其他氧化剂混运，过氧化物

应专车运输。

6. 具有毒性的不明危险化学品废物

有毒品不得与其他种类的物品（包括非危险品）混运，特别是与酸类及氧化剂应严格分开运输。严禁与食品或食品添加剂混运。有毒品在转移前，应先检查并确保包装容器的完整性和密封性。转移过有毒品的车船必须彻底清洗、消毒。

船运时，配装位置应远离卧室、厨房，易燃性有毒品应与机舱、电源、火源等部位隔离。卸货时，船边应挂安全网加帆布，防止有毒品落水污染水源。

7. 具有腐蚀性的不明危险化学品废物

酸类腐蚀品不得与氧化物、H 发孔剂、遇湿易燃物品、氧化剂等混装。

采用船运方式转移时，强酸性腐蚀品应尽量配装在甲板上，捆扎牢固。

参考文献

[1] Shriverlake L C, Ligler F S. Field analytical methods for hazardous wastes and toxic chemicals [C] //Proceedings of a Specialty Conference Sponsored by the Air & Waste Management Association, Las Vegas N. V (USA), January 29-31. 1997.

[2] 王罗春，何德文，赵由才. 危险化学品废物的处理 [M]. 北京：化学工业出版社，2006.

[3] 王炎，陈利平，陈网桦. 易燃易爆危险化学品 DSC 鉴别方法的研究 [J]. 安全与环境工程，2018，25（2）：143-149.

[4] 冯真真，车礼东，刘宝，等. 液体危险化学品鉴定的方法研究 [J]. 浙江化工，2014，45（6）：46-48.

[5] 郑丽娟，王高升，许丹红，等. 熔点处于室温附近危险化学品的分类鉴定及安全储运 [J]. 安全，2016（2）：42-45.

[6] 范杨，陈震. 危险化学品泄漏事故定性侦检 [J]. 消防科学与技术，2018，37（1）：125-128.

[7] Mage L, Baati N, Nanchen A F, et al. A systematic approach for thermal stability predictions of chemicals and their risk assessment: Pattern recognition and compounds classification based on thermal decomposition curves [J]. Process Safety and Environmental Protection, 2017, 110: 43-52.

[8] Lee J H, Lee J M, Kang Y I L. Field identification and spatial determination of hazardous chemicals by Fourier transform infrared imaging [J]. Instrumentation Science & Technology, 2016, 44 (5): 504-520.

[9] Malkiewicz Katarzyna, Andersson Patrik, Nordberg Anna, et al. Human experts' judgment of chemicals reactivity for identification of hazardous chemicals [J]. Toxicology Letters, 2009, 189: S243.

[10] 蔡凤英，王志荣，李丽霞. 危险化学品安全 [M]. 北京：中国石化出版社，2017.

[11] 王凯全. 危险化学品运输与储存 [M]. 北京：化学工业出版社，2017.

第四章

危险化学品的污染预防

第一节　危险化学品污染事故应急监测

一、危险化学品泄漏事故泄漏源的追踪

1. 泄漏源快速追踪的意义

化学品泄漏事故属于重大工业事故，会对工作场所的工人造成直接损害，也会对工作场所附近区域造成损害。发展中国家的化工厂一般邻近住宅区，化学品泄漏事故的发生极有可能引发二、三级重大灾害。在事故初期掌握泄漏源的准确信息并迅速响应，对于减少化学品泄漏事故造成的二次和三次伤害非常重要。表 4-1 为韩国龟尾市和美国得克萨斯州氢氟酸泄漏事故情况对比。从表 4-1 可以得知，尽管美国得克萨斯州的氢氟酸泄漏量是韩国龟尾市的 3 倍，但事故的损害程度却大大低于韩国龟尾市，其原因是美国得克萨斯州的第一步应急响应更有效。韩国龟尾市氢氟酸泄漏是在事故发生后 8h 才被堵住的，在距离泄漏点 2km 半径范围内发生了二次和三次伤害；而在美国得克萨斯州，由于采取了系统的应急响应，氢氟酸泄漏是在事故发生后 8min 即被堵住了。

表 4-1　韩国龟尾市和美国得克萨斯州氢氟酸泄漏事故情况对比[1,2]

项目	韩国龟尾市 2013 年氢氟酸泄漏事故	美国得克萨斯州 1987 年氢氟酸泄漏事故
氢氟酸泄漏量/t	8	24
泄漏停止时间	事故发生 1h 和 30min 后试图关闭泄漏阀；事故发生 8h 后气体停止泄漏	事故发生 8min 后气体停止泄漏
排空时间	事故发生 27min 开始排空	20min 内彻底排空
氢氟酸浓度	第 2 天 9:30,1μL/L；估计,5~10μL/L	事故发生 1h 后,10μL/L
人员伤亡	5 人死亡;18 人住院;13000 人接受筛查	死亡人数为 0;95 人住院;939 人接受筛查

所以开发泄漏源快速追踪系统，有助于高精度确定泄漏源位置、类型和尺寸，提高应急响应的成功率，可以减轻事故伤害的蔓延。

2. 泄漏源追踪方法的发展

目前跟踪或预测泄漏源位置的方法，绝大多数为基于流体动力学和数据分析方法（如数据模式识别与统计技术）的逆矢量跟踪方法。

Marques 等人[3]将平均风矢量、横风矢量和瞬时风矢量合成为跟踪矢量，将移动传感器跟踪羽流的步骤分为四步，设置每一步应用的比例常数，使跟踪更加高效。

Ishida 等人[4]提出一种用于定位泄漏源的跟踪矢量的推导方法，此方法将逆风矢量和泄漏物质的浓度场矢量合成跟踪矢量，需移动传感器并更新测定的物理量，从测量数据生成跟踪矢量，移动传感器沿着生成的跟踪矢量移动以确定泄漏源位置。

Pisano 等人[5]将目标函数设置为高斯扩散方程计算值与传感器的测量值的误差，将移动传感器方向移动设计成可以使目标函数（误差）最小化的方向，以确定泄漏源位置。

Zhang 等人[6]基于流体动力学的欧拉法和拉格朗日法，分别提出了准可逆性（QR）模型和拉格朗日可逆性（LR）模型，模型假设泄漏物质分布的信息可在给定时间获得，通过计算反向空间分布数据确定泄漏源位置。

以上所列逆矢量跟踪方法，需要移动传感器或密集布置传感器网格能够监测区域内的物质分布，因为必须更新跟踪泄漏源位置所需的数据，以更新跟踪路径上的跟踪向量。对于一些使用移动传感器有难度的有限空间，难以应用逆矢量跟踪方法。如果区域内包括一些使浓度梯度迅速变化的地形特征，当传感器沿跟踪矢量移动时，就可能成为跟踪源位置的障碍。

基于机器学习算法的泄漏源预测模型可以克服以上逆矢量跟踪方法的缺点，因为它是基于模式分析的，来自固定传感器的数据足以设计泄漏源定位预测系统，而且还可避免安装单独的可移动传感器的成本和难度。此预测模型可以应用于有限的空间，有可能大大缩短移动传感器跟踪泄漏源所需的时间。

机器学习模型，包括人工神经网络（ANN）和随机森林（RF），尤其在通过数据学习解决分类问题方面显示出无与伦比的性能。基于此，有研究者尝试利用机器学习来识别泄漏源，出现了一些关于利用人工神经网络获取泄漏源信息的研究报道。Rege 等[7]提出了一个通过人工神经网络查找单个泄漏源来估算硫化氢和氨排放速率的模型，这个三层人工神经网络是使用包含七个变量的数据库进行训练的，七个变量是指下风向浓度、风速、下风向距离、侧风向距离、环境气温、相对湿度和大气稳定性。Reich 等人[8]提出了一个估算小时排放率和相应的泄漏有效高度的模型，此模型是通过三层人工神经网络获取泄漏源信息的。Singly 等人[9]提出了一个预测地下水中污染物流动的模型，通过人工神经网络学习三种泄漏源的计算流体动力学（CFD）模拟结果来预测每个泄漏源的泄漏率。Li 等人[10]在 21 根埋在地下的管道中安装了 105 个传感器，进行泄漏试验，利用试验数据和网络训练了一个反向传播网络，来预测21 根管道中泄漏源的位置。

在以上人工神经网络泄漏源信息方面的研究基础上，Cho 等人[11]和 Kim 等人[12]提出了一种构建泄漏源跟踪系统的方法，此法应用泄漏事故情景计算流体动力学（CFD）模拟数据训练人工神经网络（ANN）模型和随机森林（RF）模型，然后利用边界监测数据来追踪化工厂的化学品泄漏源。此法仅需使用少量的固定式传感器即能精确追踪化学品泄漏源，能克服逆矢量跟踪方法需移动传感器而带来的高受伤害风险和高成本问题，适用于化学品泄漏源的实时追踪。

3. 基于边界监测的传感器网格泄漏源追踪系统的设计

基于边界监测的传感器网格泄漏源追踪系统的工作原理如下：如果发生化学品泄漏，工厂边界上的传感器检测到化学品泄漏并发出警报，同时每个传感器位置泄漏物质的测量浓度数据被传输至综合监控系统，泄漏时泄漏浓度随风速和风向的变化提供给经过训练的泄漏源追踪系统，工厂管理人员和应急响应人员将通过泄漏源追踪系统得到前五个疑似泄漏源位置及其发生概率的信息。此系统仅需使用固定式传感器即足以操作追踪系统，而不用沿着羽流追踪监测。

基于边界监测的传感器网格泄漏源追踪系统的工作流程见图 4-1。由于存在高风险和成本因素，难以通过真实工厂的实际泄漏试验获得足够的化学品泄漏事故情景数据，所以将化学品泄漏事故情景计算流体力学（CFD）模拟数据作为机器学习算法的训练和测试数据集。

4. 化学品泄漏事故情景计算流体力学（CFD）模拟

用于 DNN（Deep Neural Network，深度神经网络）和 RF 分类器训练的数据，来自 Cho 研究过的化学品泄漏事故场景的 CFD 模拟结果[13]，CFD 模拟是在韩国 Yeosu 的一个目标化工厂（图 4-2）进行的，事故场景能够代表实际泄漏事故的不同情况。选择了 640 个场景进行 0~750s 的实时模拟，场景由40 个潜在泄漏源位置和 16 个风向组成（图 4-3），在模拟中将泄漏设定为在100s 时发生（图 4-4）。

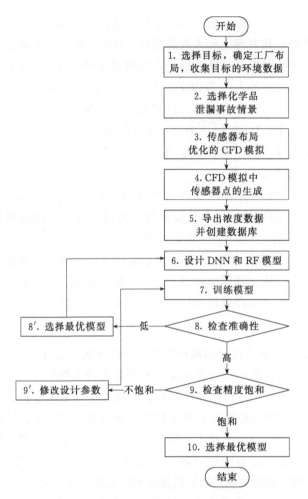

图 4-1　泄漏源追踪系统工作流程图

图 4-2　Yeosu 化工厂：化学品泄漏 CFD 模拟的目标

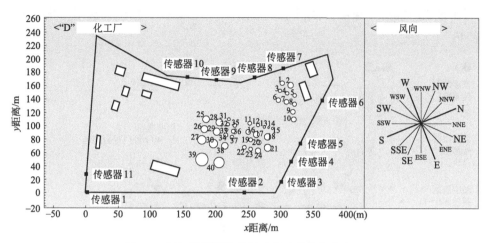

图 4-3　标记泄漏源的位置及传感器的优化布置

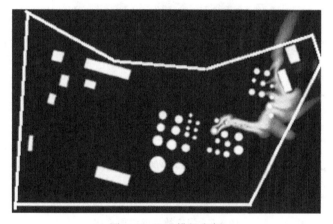

图 4-4　CFD 模拟实例

根据模拟结果得到的传感器的最小数目是 11 个，这 11 个传感器的最优布置位置见表 4-2。

表 4-2　最优布置传感器的坐标

传感器顺序	#1	#2	#3	#4	#5	#6	#7	#8	#9	#10	#11
x 坐标/m	0.05	242.50	306.00	325.22	339.87	336.18	304.25	260.89	200.63	158.83	2.13
y 坐标/m	0.00	0.00	26.23	63.57	92.03	143.15	186.21	172.43	168.28	172.44	30.74

5. 深度神经网络和随机森林分类法建模

使用 CFD 模拟得到的 11 个传感器的浓度数据、风速和风向数据，对六种时间序列深度神经网络（DNN）结构和三种随机森林（RF）结构进行训练，得出最优的模型，深度神经网络原理见图 4-5，随机森林分类法示意图见图 4-6。

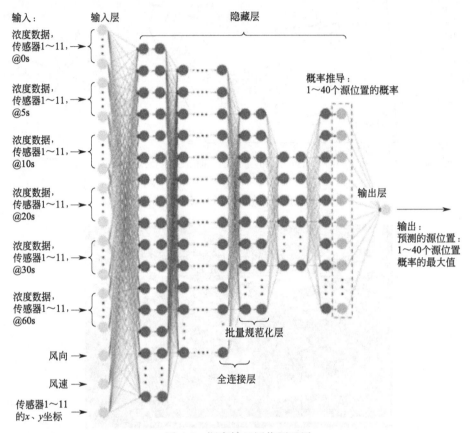

图 4-5 深度神经网络原理图

在深度神经网络（DNN）模型上使用 25 个隐藏层，在随机森林（RF）模型上使用 100 个决策树，对 40 个潜在泄漏源位置中的最可能的泄漏源进行分类，预测精度分别达到 75.43％和 86.33％，分类错误的泄漏源也非常接近实际泄漏位置。如果将排序前五的潜在泄漏源作为预测泄漏源集，则深度神经网络（DNN）模型和随机森林（RF）模型的误差分别仅为 4.50％和 3.35％。

二、危险化学品污染事故应急监测网络的布局优化

1. 突发性危险化学品大气污染事故应急监测网络的布局优化
针对空气污染物日常监测网络的布局优化研究较多，目前比较成熟的有多

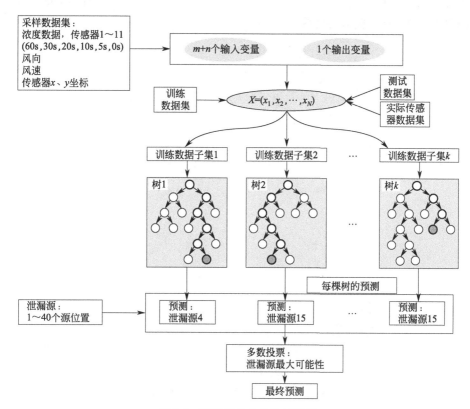

图 4-6　随机森林分类法示意图

目标优化模型[14,15]、模糊聚类分析[16,17]、插值布局技术[18]、模型模拟[19,20]、相关分析[21]等,其监测范围仅限于城市或工业园区。

不同于日常监测,突发危险化学品大气污染应急监测一般在较小规模和较短时间内进行,应急监测布局必须考虑影响大气污染特征的几个具体因素,如气象(风速和风向)和地形特征,应急监测布局尽可能要求做到布点少且能准确监测到所有敏感点,以节省用于应急监测的资源。

目前针对突发危险化学品大气污染应急监测网络布局优化的研究很少,下面以六氟化硫(SF$_6$)泄漏为例,介绍一种基于扩散模型、模糊评价与后优化分析的突发性大气污染事故应急监测网络的优化布局方法[22]。

(1)六氟化硫(SF$_6$)泄漏试验　在内蒙古自治区的科尔沁草原进行了SF$_6$泄漏试验,试验场所位于北纬 45.8°、东经 122.7°,试验场所西面为山,东面为草原,海拔高度约为 660m(图 4-7)。试验中,SF$_6$气体在离地面约10m 高的源点持续释放,释放速率为 30kg/h[图 4-7(a)]。在下风向区域以主导风向为中轴线设计了一个扇形监测布置方案，共布置了 34 个监测点，监测高度为 1.5m，覆盖角度为 60°。

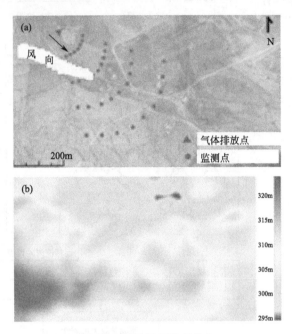

图 4-7　试验场所地理信息
(a) 试验监测点分布图；(b) 地形高程图

(2) 基于扩散模型、模糊评价与后优化分析的应急监测网络的优化布局方法原理

① 危险化学品大气扩散模型　以气体泄漏点为坐标原点，建立坐标系，主导风向为 45°方向，将气象条件分为 5 类（表 4-3），用高斯扩散模型计算污染物浓度分布。

表 4-3　气象条件的分类

气象条件	风速/(m/s)	风向/(°)	大气压/hPa	发生概率/%
类型 1	6.4	328.6	978.3	12.5
类型 2	5.6	335.6	978.2	30.7
类型 3	6.2	338.9	978.4	12.3
类型 4	5.8	342.1	978.5	37.3
类型 5	5.8	351.3	978.6	7.0

$$C_{iwp} = \frac{Q}{2\pi U_w \sigma_y \sigma_z} \exp\left(-\frac{y^2}{2\sigma_y^2}\right) \left\{ \exp\left[-\frac{(z-H)^2}{2\sigma_z^2}\right] + \exp\left[-\frac{(z+H)^2}{2\sigma_z^2}\right] \right\}$$

$$\text{(4-1)}$$

$$C_{ip} = \sum_{w=1}^{5} \xi_w C_{iwp} \tag{4-2}$$

式中，i 为网格单元编号；Q 为 SF_6 的泄漏源强，mg/s；U_w 为气象条件 w 下的风速，m/s；σ_y 和 σ_z 分别为水平和垂直方向上的统计正常羽流的弥散系数；H 为泄漏源离地有效高度，m；C_{ip} 为网格单元 i 的综合评价污染物浓度，mg/m^3；ξ_w 为气象条件 w 的发生概率；C_{iwp} 为气象条件 w 下网格单元 i 平均污染物浓度，mg/m^3。

② 监测点优化的模糊综合评价方法　综合考虑网格密度、气体浓度梯度、地表粗糙度、气体空间分布特征和环境敏感点分布 5 个评价指标，利用评价矩阵量化不确定性，评价 SF_6 泄漏的网格化扩散区域。模糊综合评价方法的主要步骤如下。

a. 建立判断矩阵。

$$\boldsymbol{A}_{m \times n} = (a_{ij})_{m \times n} \tag{4-3}$$

式中，i 和 m 表示网格，$i = 1, 2, 3, \cdots, m$；j 和 n 表示评价指标，$j = 1, 2, 3, \cdots, n$。

b. 将判断矩阵标准化，得到标准化矩阵。

$$\boldsymbol{B}_{m \times n} = (b_{ij})_{m \times n} \tag{4-4}$$

式中，$b_{ij} = \dfrac{a_{ij} - a_{\min}}{a_{\max} - a_{\min}}$，$a_{\max}$ 和 $a_{\min}$ 分别为同一指标下各单元的最佳值和最差值。

c. 确定 5 个评价指标的熵权和综合权集。

第 j 个指标的熵

$$H_j = -\frac{1}{\ln m}\left(\sum_{i=1}^{m} f_{ij} \ln f_{ij}\right) \tag{4-5}$$

$$f_{ij} = \frac{b_{ij}}{\sum\limits_{i=1}^{m} b_{ij}} \tag{4-6}$$

当 $f_{ij} = 0$ 时，$f_{ij} \ln f_{ij} = 0$。

当它满足条件 $\sum\limits_{i=1}^{m} W_{ij} = 1$ 时，第 j 个指标的熵权为

$$W_j = \frac{1-H_j}{n - \sum_{j=1}^{m} H_j} \tag{4-7}$$

根据 n 个指标的熵权确定权重指标矩阵

$$\boldsymbol{Z}_{m \times n} = (z_{ij})_{m \times n} \tag{4-8}$$

式中，$z_{ij} = b_{ij} W_j$，$i \in m$，$j \in n$。

d. 建立网格单元模糊评价矩阵。

将评价集设为 $E = \{e_1, e_2, e_3, e_4, e_5\}$，例如 $E = \{$优，良，中，差，很差$\}$；基于网格单元 i 的评价指标集 z_{ij} 和评价指标 j，利用评价集的隶属函数和评价集 E，建立评价指标 j 的模糊子集；利用等腰三角形隶属函数，建立网格单元 i 的模糊评价矩阵 $\boldsymbol{R}_i$。

e. 利用 $V_i = A R_i$，计算综合评价模糊子集，并使模糊子集标准化；然后，根据综合评价权重最大值的选取原则，筛选评价网格单元。

③ 后优化分析技术　以一种分层凝聚算法作为后优化分析技术，对模糊综合评价方法的分析结果进行优化。利用欧氏距离聚类法进行标准化转换，计算在区域内的网格单元之间的距离或差异，将距离或差异最小的两个网格单元组成一组。

所采用的层次聚集分析法具体步骤如下：

a. 将网格单元视为区域中的一个类，利用欧氏距离聚类法计算网格单元间的距离或差异。

$$\mathrm{dis}(a,b) = \sqrt{\sum_{i=1}^{n} (a_i - b_i)^2} \tag{4-9}$$

式中，$a = (a_1, a_2, \cdots, a_n)$ 和 $b = (b_1, b_2, \cdots, b_n)$ 为网格布局示例；n 为潜在监测单元的数量。

b. 将距离或差异最小的两个网格单元分组为一个新类别，其他单元仍旧聚在同一类中。

c. 计算新类别和其他类别的欧氏距离。

d. 重复第 b 和第 c 步，直至网格单元的所有类别最终都归为一个类。

（3）应急监测布局优化方案的评价　基于监测覆盖率、最佳监测点内插污染物浓度平均值和示踪气体扩散区内的全部网格污染物浓度平均值之间的相对偏差，对应急监测布局优化方案进行评价。

① 计算最优监测布局方案的覆盖率

$$\theta = \frac{1}{N_{\text{total}}} \sum_{s=1}^{S} N_s' \times 100\% \tag{4-10}$$

式中，s 为最佳监测点的数目；θ 为最优监测布局方案的覆盖率，%；N_{total} 为潜在监测单元的数量；N'_s 为与最佳监测点对应的有效监测网格单元数。

② 计算最优监测布局方案的准确率

$$\eta = \left(\frac{1}{N_s}\sum_{s=1}^{S}C_s - \frac{1}{N_{total}}\sum_{i=1}^{I}C_i\right)\Big/\frac{1}{N_{total}}\sum_{i=1}^{I}C_i \times 100\% \qquad (4\text{-}11)$$

式中，$S \in I$，$s = 1, 2, \cdots, S$；η 为最优监测布局方案的准确率，%；C_s 为最佳监测点的浓度，mg/m^3；C_i 为示踪气体扩散区内的网格污染物浓度，mg/m^3。

（4）基于扩散模型、模糊评价与后优化分析的应急监测网络的优化布局结果　根据高斯扩散模型和 SF_6 示踪气体的扩散特性，计算各网格单元 SF_6 气体的 $10min$（采样时间）扩散浓度，将单元序列号分配给 SF_6 气体覆盖的主要网格单元，确定监测点的潜在监测单元数。最后确定了 63 个网格单元（图 4-8）。

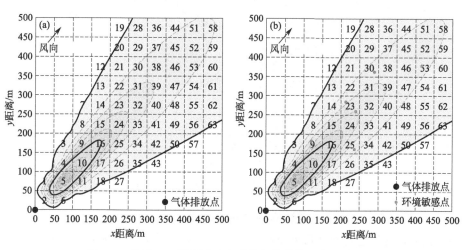

图 4-8　现场 SF_6 泄漏试验中示踪气体扩散区的网格设置

（a）情景 1（无环境敏感点）；（b）情景 2（有环境敏感点）

从无环境敏感点与有环境敏感点两个分析场景中的监测点优化布局方案可以看出，两个分析场景中的监测点分布均匀，且覆盖了不同扩散浓度梯度。在有环境敏感点的情景中，环境敏感点所在的网格单元被优先选择为优化监测方案中的监测点，这与应急监测中常规的监测点布置原则相一致。随着监测点数量的增加，在无环境敏感点的情景中，监测点布局分布与主导风向对称，而在有环境敏感点的情景中这种对称性很差。这可能有两方面的原因：①监测点的潜在布局区域的确定是基于高斯扩散模型得出的扩散浓度，而在稳定的气象条件下模拟的污染物扩散呈现对称分布；②有环境敏感点的情景考虑了环境敏感点分布对监测点布局的影响。

两个分析情景布局方案的监控效果的变化特征见图 4-9。在情景 1 中，监测覆盖率-监测点数曲线的拐点出现在监测点数为 6 处；在情景 2 中，监测覆盖率-监测点数曲线的拐点出现在监测点数为 6～8 处。尽管监测覆盖率随着监测点数的增加而增大，但相对偏差也随监测点数的增加而增大，考虑到可能的监控设备限制和更多的监测点将产生更高的成本，确定两种情景的最优监测点数为 7，此时两种情景的监测覆盖率分别为 76.2％和 61.9％，相对偏差分别为 14.6％和 -12.2％。

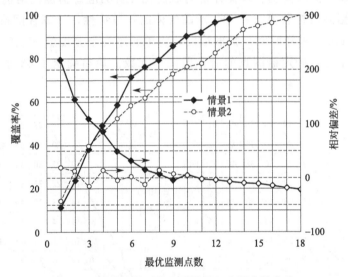

图 4-9　两种情景下的监测结果与监测点数曲线

2. 河流泄漏事故应急监测网络的布局优化

在突发性危险化学品污染事故的应急决策过程中，必须制定健全的应急监测策略。目前应急监测策略主要是行政性的，通常关注如何组织一个应急监测小组，只有极少数的策略能为制定应急监测计划的工作人员提供一个操作管理工具。通常情况下，应急监测点的选择基本上取决于相关工作人员的经验，他们往往凭经验在常规水质监测点之间增加监测点，由此制定的应急监测网络缺乏科学性。Shi 等人[23]将信息论与污染物迁移模型相结合，基于离散熵理论精确设计了一个适用于河流化学品泄漏事故的应急监测网络，此监测方案具有实施成本低且能精确反映污染迁移过程的特点。以下介绍基于离散熵理论的河流化学品泄漏事故应急监测网络的精确设计的理论基础、设计框架和应用案例。

（1）信息统计学基础 信息理论是应用数学、电气工程和计算机科学的一个分支，研究领域涉及信息的量化、存储和通信。信息熵是信息理论中最重要的概念之一，可以定义为事件概率分布的信息量。随机变量 X 的信息熵是衡量其分散程度或不确定度的量，信息熵越高，随机变量的离散度越大。边际熵 $[H(X)]$ 为变量的潜在信息，可以按式(4-12)计算。

$$H(X) = -\sum_{i=1}^{n} p(x_i) \ln p(x_i) \tag{4-12}$$

式中，$x_i(i=1, 2, \cdots, n)$ 为离散变量（X）的值；$p(x_i)$ 为离散发生概率；$\ln p(x_i)$ 为状态 $x_i(x_i \in X)$ 的信息内容。

联合熵 $H(X,Y)$ 包含了 X 和 Y 中的全部信息内容，可以按式(4-13)计算：

$$H(X,Y) = H(X) + H(Y) \tag{4-13}$$

相互熵 $T(X,Y)$ 为 X 和 Y 之间的冗余或相互信息（如传递信息），可以按式(4-14)计算：

$$T(X,Y) = \sum_{i=1}^{n} \sum_{j=1}^{m} p(x_i, y_j) \ln \left[\frac{p(x_i, y_j)}{p(x_i)p(y_j)} \right] \tag{4-14}$$

式中，$p(x_i, y_i)$ 为 X 和 Y 的联合概率。

信息传递指数（ITI）是从一个变量传递到另一个变量的标准化信息，能直接有效评估两个随机变量的相关性，可以按式(4-15)计算：

$$ITI = \frac{T(X,Y)}{H(X,Y)} \tag{4-15}$$

（2）设计框架 随机变量 X 和 Y 为污染物浓度分布的两种不同状态，如穿透曲线（BTC）。穿透曲线的前缘和峰值是描述污染物羽流传输最重要的两个指标，分别表明污染物羽流的到来和最高的污染风险。根据 Jobson[24] 的回归分析，前缘移动时间一般约为达到峰值浓度行程时间的 89%。

在这里用熵表示潜在监测点穿透曲线（BTC）的信息量，首先根据时间跨度将穿透曲线分成相同数量的子集[25]，然后计算各子集的离散概率 $[p(x)]$，一个监测点的穿透曲线的离散概率之和为 1。

① 空间信息传递指数（SITI） 空间信息传递指数（SITI）是每个位置的信息传递指数（ITI），其与污染物排放点的距离的关系式可以表示为

$$SITId = (SITI_0 - SITI_{min}) \exp(-kd) + SITI_{min} \tag{4-16}$$

式中，$SITI_0$ 是传递指数提供的初始信息量，通常等于 1；$SITI_{min}$ 为河段末端最小信息传递指数；d 是到化学品泄漏点的距离，km；k 是信息传递衰减率。

监测点的位置可以根据最优信息传递指数的经验原理来确定，即两个相邻

监测点的空间信息传递指数小于 10％。

② 时间信息传递指数（TITI） 监测点位置确定后，接下来应该确定采样时间。采样时间间隔不同，得到的穿透曲线也不同，即穿透曲线捕捉的污染物迁移信息不同。理论上来说，时间网格和采样频率越细，反映污染物迁移的监测数据越精确，但监测成本也越高。实际工作中，应在监测成本和采样频率之间保持适当的平衡。

指定监测点的时间信息传递指数（TITI）是两个不同采样时间间隔的两条穿透曲线（BTC）的信息传递指数（ITI），时间信息传递指数（TITI）随采样时间间隔变化，可以表示为

$$TITI(\Delta T_r)=2TITI(\Delta T_0)\exp(-k\Delta T_r)-TITI(\Delta T_0) \qquad (4-17)$$

式中，$TITI(\Delta T_r)$ 为时间间隔为 ΔT_r 时的时间信息传递指数；$TITI(\Delta T_0)$ 为初始时间信息传递指数，设置为 1；k 是信息传递衰减率。

指定监测点的采样时间间隔（τ_{TITI}）可以按式(4-18) 计算。

当 $TITI(\Delta T_0)-TITI(\Delta T_r)\geqslant 10\%$ 时

$$\tau_{TITI}=\Delta T_r \qquad (4-18)$$

③ 根据污染物穿透曲线（BTC）的谱分析优化采样频率 因为 10％法则 [式(4-18)] 是经验公式，所得采样时间间隔可能很粗糙，所以有必要对采样时间间隔进行优化。根据 Shannon 采样定理，为了不失真地恢复原始信号，采样频率应该不小于原始信号频谱中最高频率的 2 倍。在这里利用 Shannon 采样定理与谱分析（信赖域傅里叶变换）优化采样时间设计，采样时间间隔应该不大于峰值浓度和前缘之间的时间跨度 τ_{BTC} [式(4-19)]。

$$\tau_{BTC}=\frac{0.11dD_a}{0.152D_a+8.1(D_a')^{0.595}Q}, D_a'=\frac{\sqrt{g}D_a^{1.25}}{Q_a} \qquad (4-19)$$

式中，D_a 为流域面积，m^2；Q_a 为年平均河道流量，m^3；Q 为监测点在监测时的流量，m^3；D_a' 为流域的无量纲量；g 为重力加速度。

谱分析广泛地应用于水文时间序列分析中[26]，傅里叶变换是周期信号分析中常用的一种方法，用 Fourier 周期函数逼近穿透曲线，可以在测定采样时间间隔时捕捉到穿透曲线周期函数的最小周期 [式(4-20)]。

$$F(x)=a_0+a_1\cos(\omega x)+b_1\sin(\omega x)+\cdots+a_n\cos(n\omega x)+b_n\sin(n\omega x) \qquad (4-20)$$

假设不同时间间隔的穿透曲线，在满足拟合优度大于 0.99 条件下，可以转化为有限个正余弦周期函数，这样这些周期函数的最大频率可以按式(4-21) 计算。

$$\tau_{Fourier}=\frac{\pi}{n\omega} \qquad (4-21)$$

τ_{Fourier} 是傅里叶函数最小周期的一半；n 是满足拟合优度大于 0.99 条件的周期函数的个数。

最佳采样频率和时间间隔可以按式(4-22) 计算：

$$\tau = \min(\tau_{\text{TITI}}, \tau_{\text{BTC}}, \tau_{\text{Fourier}}) \tag{4-22}$$

式中，τ 为监测采样时间间隔，min；τ_{BTC} 是穿透曲线的峰值浓度和前缘之间的时间跨度，min；τ_{TITI} 是时间信息传递指数（TITI）下降到 0.90 的时间间隔。

④ 监测网络设计流程　突发性危险化学品泄漏河流应急监测网络设计的整个过程见图 4-10。泄漏情景确定后，首先应用水质模型计算浓度场[27]，通

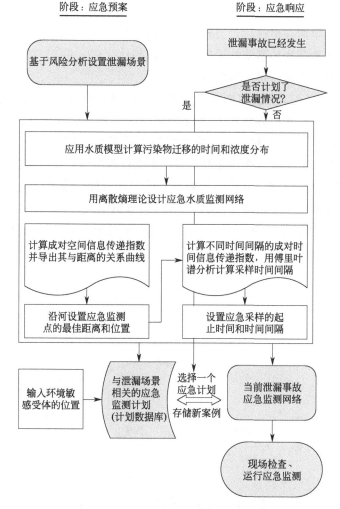

图 4-10　预案和现场响应的应急监测网络的精确设计框架

常用一维水质模型来模拟河流中污染物的迁移；然后将穿透曲线转化为数学中的概率分布，计算其离散信息熵与时空信息传递指数，这里将两个相邻的监测时空尺度的最优信息传递指数定为10%；再将警戒区环境敏感受体考虑进去，就形成对应于给定的泄漏场景的应急监测计划。如果泄漏发生了，决策者可以使用筛选技术，例如基于案例的推理，去匹配案例库中最相关的场景；当实际泄漏情景超出了准备方案的范围时，则开始监控网络的初步设计。

（3）应用案例：松花江硝基苯泄漏事件　2005年11月13日13:45～15:00，吉林省吉林市吉林化工厂发生爆炸，约100t的苯、苯胺、硝基苯与消防水的混合物进入松花江，选定的研究范围为从白旗监测站（距泄漏点75km）到松花江村监测站（距泄漏点155km）。

发生硝基苯泄漏事件后，吉林省环保局马上启动了紧急监控，开始在国家常规监测站监测苯和硝基苯的浓度。在羽流到达之前，每2h取样一次；在羽流通过每个横截面时，每小时取样一次。

图4-11是硝基苯泄漏案例中空间信息传递指数沿水流方向递减情况。空间信息传递指数沿水流方向从1.00下降到0.56，根据信息传递指数在两个相邻监测点下降10%的原则，除国家常规监测站外应再增加两个应急监测点，一个监测点位于白旗和后岗村之间，另一个点位于后岗村和榆树苗之间。对于所有监测点，根据时间信息传递指数确定的采样时间间隔为240min，根据污染物穿透曲线确定的时间跨度为450min，谱分析定义的周期函数的最大频率为60.5min，实际上采用60min。这与当地省级环保局历史采样时间间隔一致。

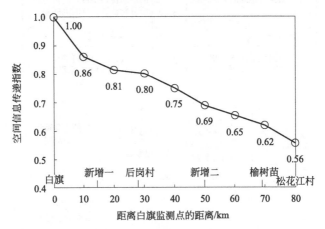

图4-11　硝基苯泄漏案例中空间信息
传递指数沿水流方向递减情况

三、危险化学品污染事故应急监测方法

危险化学品事故具有突发性、延时性、长期性、高损性等多种特性，这对应急处置提出了很高要求。进行正确应急处置的前提是需要快速、准确地获得相关化学品的分布信息。因此，危险化学品应急检测技术必须具备高灵敏度、强分辨能力、响应速度快等特点。

按照检测器的工作原理，可以将检测技术分为基于物质本身理化性质、基于化学反应、基于生化反应 3 类分析方法[28]。

1. 基于物质本身理化性质的分析方法

此类分析方法一般无需添加额外试剂，而是根据物质分子本身的结构特点对其进行特异性检出，主要包括拉曼、红外、荧光、磷光等光谱分析方法，色谱/质谱联用法等，具有准确性高、选择好、灵敏度高、对检测物无损害的特点。

（1）光谱法　物质的粒子吸收特定光波后发生能级跃迁，会发射或吸收特定波长的光能，形成特定的光谱，根据物质的特定光谱可以分析物质的结构和组成。光谱法分析速度快、无需纯样品，但对标准样品要求较高、需要不断更新建模且仪器价格昂贵。

① 拉曼光谱法　拉曼光谱检测法是根据分子自身振动、转动时产生的特定波长的散射光谱来研究物质结构的一种检测方法。拉曼光谱检测技术作为一种检测易燃易爆危险品的有效手段，可以广泛应用于安检排爆、爆炸物现场快速检测、卡口和安全通道安全检查等工作中。

吴辉阳[29]采用便携式拉曼光谱仪快速准确地鉴定出了硝酸钾和过氧化氢两种常见无机爆炸物，以及硝酸铵、硝化纤维素和三硝基甲苯（TNT）三种常见有机爆炸物。Chen 等[30]研发了一种便携式硅基表面增强拉曼光谱分析平台，平台核心部件为银纳米颗粒修饰的硅晶片芯片，可用于痕量三硝基甲苯（TNT）炸药的检测，检测下限低至 1pmol/L（约 45.4fg/cm^3），相对标准偏差小于 15%；检测 10^{-8} mol/L 浓度水平的环境样品，仅需 1min 左右的数据采集时间。

② 红外光谱法　红外光谱法的原理是分子吸收红外光能量，引起分子中振动能级和转动能级的跃迁，因此又称分子振动光谱。黄立贤等[31]研制了液晶可调滤光片的近红外光谱成像系统，通过特征波段优选的方法，有效压缩了光谱通道数，极大地提高光谱扫描成像速度和图像处理速度，初步实现了对易燃易爆液体的静态目标和低速运动目标的实时远程探测。利用该系统可以在不

同环境下对易燃易爆液体进行检测，对静态目标检测精度为 100％，对速度小于 0.2m/s 的运动目标检测精度高于 95％。

Tsao 等[32]在一家半导体生产厂的臭气排放事件调查中，用多通道傅里叶变换红外光谱仪同时检测了 15 种有机物，这 15 种有机物为氨、乙酸丁酯、臭氧、丙二醇甲醚醋酸酯、一氧化二氮、乙炔、全氟乙烷、六氟化硫、四氟化碳、硅烷、甲醇、1,1,1,2-四氟乙烷、丙酮、二氯二氟甲烷和三氟化氮，其检测限分别为 0.01μg/L、0.9μg/L、0.1μg/L、0.3μg/L、0.08μg/L、0.06μg/L、0.01μg/L、0.001μg/L、0.01μg/L、0.0095μg/L、0.3μg/L、0.45μg/L、3.7μg/L、0.03μg/L 和 0.01μg/L。

③ 荧光光谱法　荧光检测法利用具备荧光性物质的特征荧光光谱及其强度来定性、定量分析物质。

Sun 等[33]研发了一种可用于硝基芳香炸药残留物的快速、现场和可视检测的荧光纸传感器，可以在紫外灯下肉眼观察到荧光猝灭现象，反应时间 <10μs，重复使用 10 次后荧光恢复率大于 75％。

Yan 等[34]用螺环［芴-9,9'-蒽］（SFX）和功能性四苯乙烯（TPE）合成高效聚集诱导发射（AIE）示踪物（TPE-SFX），利用示踪物 TPE-SFX 具有典型的聚集诱导发射（AIE）特征、高固体荧光量子产率和良好的热稳定性，将定量滤纸用 TPE-SFX 溶液染色，制成炸药定量分析的荧光滤纸，能用于爆炸物的快速、高灵敏度探测。通过荧光图像灰度变化分析，可定量检测苦味酸（2,4,6-三硝基苯酚，PA），检测限达到 0.12nmol/L/cm^2。荧光滤纸只需用一种简单环保的实用方法即水清洗即可轻松回收，而且荧光滤纸具有良好的热稳定性，可承受高达 100℃的高温。

Zhong 等[35]以 6-二乙氨基喹啉-2-甲醛和丙二腈为原料，合成了 2-乙烯基取代基的二乙氨基喹啉衍生物，衍生物的吸收波长为 500nm，与 CN$^-$ 反应前的荧光发射波长为 614nm，与 CN$^-$ 反应后的荧光发射波长为 494nm。加入 CN$^-$，614nm 处的发射荧光强度迅速减弱，494nm 处的发射荧光强度缓慢增强（图 4-12），其原因是此衍生物与 CN$^-$ 的反应分两步进行（图 4-13），第一步为快速反应，第二步为慢速反应。合成的 2-乙烯基取代基的二乙氨基喹啉衍生物可以用于 CN$^-$ 的快速检测。

Tang 等[36]通过 1-乙炔基芘对 UIO-66-NH$_2$ 的高效反应合成一种新型的强荧光性金属有机骨架化合物 UIO-66-Py，其荧光强度明显强于 UIO-66-NH$_2$。烈性炸药 2,4,6-三硝基苯酚与 UIO-66-Py 的选择性反应，可导致 UIO-66-Py 的荧光猝灭，据此可以实现 2,4,6-三硝基苯酚的快速检测。对于 0.203mmol/L 的 2,4,6-三硝基苯酚，UIO-66-Py 荧光猝灭效率达 85％，检出

限为 $4.5×10^{-7}$ mol/L。

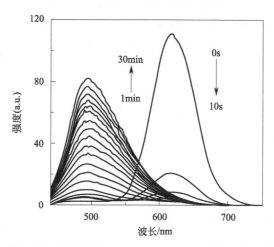

图 4-12 10μmol/L 衍生物的乙腈溶液中加入 10μmol/L CN⁻前后荧光光谱随时间变化情况

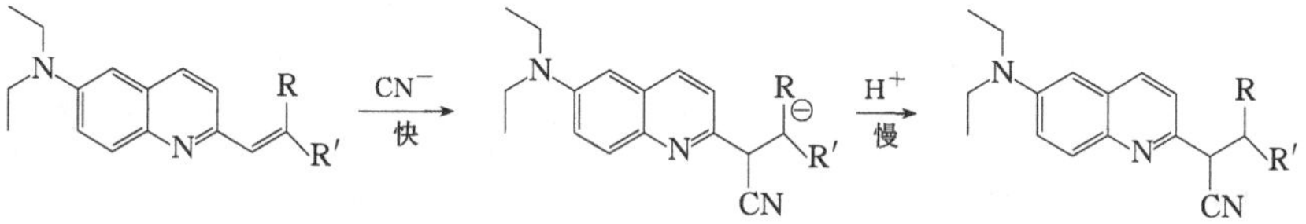

图 4-13 衍生物与 CN⁻的两步反应机理

④ 磷光光谱法 基于重金属配合物的磷光探针是较热门的磷光分析手段，具有寿命较长、斯托克斯位移较大、发射波长可调节、无荧光干扰等优点。马丽晶[37]研发了一种可检测 Hg^{2+} 的铱配合物磷光探针 Ir(^{1}L)$_2$(btn)，利用硫原子与汞原子间较强的相互配位作用，在汞离子存在的条件下，取代磷光探针中的 Ir，从而猝灭探针磷光，Hg^{2+} 的检测限达到 $1.979×10^{-5}$ mol/L。

⑤ 太赫兹特征光谱法 太赫兹（THz）波是指频率在 $0.1\sim10$ THz（波长为 $3000\sim30\mu$m）范围内的电磁波，太赫兹（THz）波的波段能够覆盖半导体、等离子体、有机体和生物大分子等物质的特征谱，太赫兹（THz）技术可广泛应用于雷达、遥感、国土安全与反恐、高保密的数据通信与传输、大气与环境监测、实时生物信息提取以及医学诊断等领域。大量有机分子转动和振动跃迁、半导体的子带和微带能量在太赫兹（THz）范围，可用于"指纹"识别和结构表征。与红外光谱相比，太赫兹特征光谱对很多大分子来说更易分辨，可很好地用于鉴别毒品和爆炸物等。

Hossain 等[38]以 Zeonex 为原料制备了光子晶体光纤化学传感器，该传感器可用于检测人造的神经毒剂沙林（sarin）、索曼（soman）和塔本（tabun），在1.8THz 频率下，相对灵敏度分别提高了 92.84％（sarin）、93.45％（soman）和 94.4％（tabun），限制损失很小，仅为 $1.71×10^{-14}$ cm^{-1}。

太赫兹技术是一种检测隐藏爆炸物的实用工具，太赫兹波段的吸收峰通常比中红外波段的吸收峰低很多，使得太赫兹（THz）敏感度相对较低；但对于许多非极性介质材料，太赫兹波较可见光或红外线具有更高的穿透力，这对于封盖或包装内隐藏的爆炸物的探测是很关键的。以皇家爆破炸药（RDX，六氢化-1,3,5-三硝基-1,3,5-三嗪）为例，在约 0.82THz 处，在大气层中所有障碍的背后总是观察到皇家爆破炸药（RDX）的漫反射吸收峰（图 4-14)[39]。

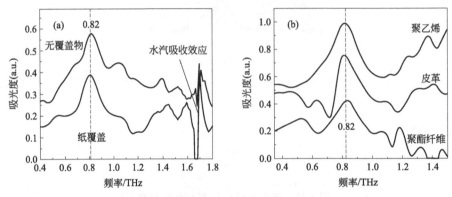

图 4-14　在相对湿度为 20％的大气中测得的漫反射吸收光谱
(a) 裸露的 RDX 和被纸覆盖的 RDX；(b) 被聚乙烯、皮革、聚酯纤维覆盖的 RDX

(2) 色谱/质谱联用法　气相色谱可高效分离混合物，质谱可以根据碎片离子的分布对物质的结构进行判断，色谱/质谱联用技术能够结合两者的优势，对复杂化学组分进行分离鉴定和定量检测。吹扫捕集/气相色谱/质谱法操作简单，毒性低，能够快速、灵敏、准确地测定水中痕量苯甲醚和 8 种苯系物的含量。

赵慧琴等人[40]采用吹扫捕集/气相色谱/质谱法，同时测定了水中苯甲醚和苯、甲苯、乙苯、对二甲苯、间二甲苯、异丙苯、邻二甲苯、苯乙烯等 8 种苯系物，检出限达到 0.15μg/L，相对标准偏差在 0.61％～4.44％之间。

现场便携式气相色谱/质谱法可用于危险化学品的识别，如化学战剂 VX 及其降解产物。Smith 等人[41]采用带透射四极杆和柱状离子阱质谱检测器的现场便携式气相色谱仪，根据色谱保留指数数据与离子/分子相互作用，成功分离鉴定了化学战剂 VX 及其降解产物，降解产物包括 2-(二异丙基氨基) 乙烷硫醇、2-(二异丙基氨基乙基) 乙基硫醚、2-(二异丙基氨基乙基) 异丙基硫醚、二（二异丙基氨基乙基）硫化物和二（二异丙基氨基乙基）二硫化物。

Smith 等人[42]采用 SPME 采样与现场便携式 GC-MS 系统，配以用交流电源和电解产生的氢气载气，能在 3min 内完成含有化学战剂混合物（沙林、N,N-二甲基乙酰胺、苯酚、索曼、硫芥子气、甲基膦酸环己酯）的分离和检测，取样时间为 1min。

2. 基于化学反应的分析方法

此类分析方法是以化学反应为基础，通过反应的颜色、电流、发光强度等变化来分析检测样品，包括比色法、电化学法、化学发光分析法等，具有响应速度快、环境污染小、样品用量少等特点[28]。

（1）比色法　比色法是通过测量有色溶液颜色深度来确定待测组分含量的方法，可实现对目标物的裸眼识别，具有更强的实用性，多用于重金属离子、有毒气体、有机化合物等的测定。

采用量子点双比色荧光传感器检测三硝基甲苯（TNT）炸药简单易行，选择性高，其原理[43]是：比率荧光探针由两个不同大小的量子点组成，产生红色荧光的大量子点嵌入在二氧化硅纳米粒子中，而二氧化硅纳米粒子的表面附着在发射绿色荧光的小量子点上，三硝基甲苯与小量子点的结合会使其荧光猝灭，从而引起颜色变化。

Kim 等[44]将一系列化学反应染料做成化学传感器阵列，利用染料与气体和蒸气相互作用时发生的颜色变化，在 2min 内成功地监测了 $\mu L/L$ 级浓度水平的 SO_2、NH_3、HCl 和 Cl_2 四个有毒工业化学品，适用于危险化学品事故的快速报警。

Ramar 等[45]利用 β-环糊精功能化银纳米粒子（β-CD AgNPs），基于肉眼和分光光度法测定了金属汞离子，β-环糊精功能化银纳米粒子在 400nm 处显示出表面等离子体共振（SPR）带，加入 Hg^{2+} 后，400nm 处的 SPR 谱带强度减弱，且发生蓝移。利用此法检测 Hg^{2+}，方便、简单、选择性强、灵敏度高，Hg^{2+} 检测限为 $37.50 \times 10^{-9} mol/L$。

（2）伏安法　通过预电解将被测物质电沉积到电极上，然后施加反向电压使富集在电极上的物质重新溶出，根据反应过程得到的伏安特性曲线来进行定量分析的方法称为伏安法。孙萍等[46]以同位镀汞法修饰玻碳电极，采用差分脉冲阳极溶出伏安法，对铅、镉两种离子进行测定，铅与镉的检出限分别达到 $0.54g/L$ 和 $0.79g/L$。该差分脉冲阳极溶出伏安法具有灵敏度高、仪器设备简单、操作简便、污染小、能重复测量等优点，是一种高效、廉价的重金属浓度检测方法。

（3）电化学传感器法　电化学传感器法主要原理是基于待测物的电化学性质并将待测物化学量转变成电学量，从而进行传感检测。纳米材料的介入在很大程度上提升了传感器的稳定性和灵敏度，从而提高了电化学分析性能。Zinoubi 等[47]用纳米纤维状纤维素修饰的工作电极，利用微分脉冲阳极溶出伏安法检测 Cu、Pb、Cd、Hg，检测限达到 5.10×10^{-8} mol/L。

（4）化学发光分析法　化学发光分析法是指发生化学反应导致电子跃迁产生一定波长的光，根据某时刻的发光强度或者发光总量来确定组分含量。张仟春等人[48]根据三氯乙烯在纳米 In_2O_3 表面发生催化发光反应的原理，设计了对三氯乙烯特异性识别的催化发光传感器，检出限为 $8.0 mg/m^3$。

3. 基于生化反应的分析方法

此类方法利用被测物与生物体之间的特异性反应，将获得的光、电、热等信号转化为待测样品浓度，包括生物化学试纸法和生物传感器法，具有特异性好、携带方便，易于实现实时、原位、在线连续监测等优点[28]。

（1）生物化学试纸法　生物化学试纸法是结合化学显色反应和生物技术的一种新型试纸法，主要分为发光细菌试纸法、免疫层析试纸法和酶抑制试纸法。杨波等人[49]通过单克隆抗体标记胶体金，研发了可检测水样中 Cd 的胶体金免疫层析试纸，能满足水质环境中对 Cd 痕量检测的需求。

（2）生物传感器法　生物传感器以生物活性单元作为敏感元件，将敏感元件与信号转换元件结合，从而高选择性地检测目标检测物。与传统技术相比，生物传感器法具有检测时间短、选择性好、无需专业人员操作等优点。

① 酶传感器　酶催化特定底物发生化学反应，从而使特定生成物的量有所增减，用能把这类物质量的改变转换为电信号的装置和固定化酶耦合，即组成酶传感器。Wei 等[50]利用有机磷农药对乙酰胆碱酯酶活性的抑制作用，研发了一种基于乙酰胆碱酯酶的生物传感器，此生物传感器对杀螟松和敌敌畏的检测限分别为 4.40pg/L 和 1.50pg/L。

② 免疫传感器　免疫传感器是基于抗原抗体之间的特异性亲和反应进行检测的一类生物传感器，相比于传统的免疫分析技术，免疫传感器可进行快速、灵敏、特异性强的定量分析。免疫传感器应用于农药检测已经得到了广泛的研究与快速的发展。利用石墨烯修饰丝网印刷碳电极制备的基于阻抗滴定法的电化学免疫传感器，可用于对硫磷的定量检测，检测限可达到 0.052ng/L，且能在 50d 内保持稳定[51]。

③ 电化学 DNA 生物传感器　电化学 DNA 生物传感器是最有发展前景的

一类 DNA 传感器，它是由生物大分子 DNA 结合电化学转换器形成的一种新型传感器，具有电极制备简单、受环境干扰少、可检测浑浊样品等优点，在痕量重金属离子检测方面有很好的应用前景。电化学 DNA 生物传感器是将 DNA 分子作为敏感元件固定在换能器上组成的分析器件。单链的寡聚核苷酸序列，因其具有灵活性好、检测对象广泛、稳定性好、分子量小等优点，而成为了最常用的敏感元件；换能器主要以玻碳电极、金电极、碳糊电极为主，换能器将重金属离子与核酸之间的特异性识别作用转化为可观测到的电信号，从而实现对重金属离子的定量检测。DNA 修饰电极测定 Pb^{2+} 主要是基于 G-四联体与 Pb^{2+} 特异性的结合作用，以亚甲基蓝为指示剂，采用富含鸟嘌呤的 ss-DNA 修饰的金电极为工作电极，通过方波极谱法可以检测溶液中痕量 Pb^{2+}，检出限可达到 34.7nmol/L[52]。

第二节　危险化学品污染事故应急处置

一、危险化学品污染事故应急处置技术预案的制定

当发生涉及危险化学品的火灾、泄漏等事故时，往往会造成环境污染，形成突发环境污染事件。针对突发危险化学品污染事故制定完善、科学的应急预案，可以最小的人力和物力缩小环境污染影响范围，减轻环境污染影响程度。应急预案包括应急管理行政预案和应急处置技术预案。

应急处置技术预案的编制，应该综合考虑整个应急处置过程，内容涵盖相似历史案例筛选、应急处置技术筛选和应急处置材料筛选三部分[53]。

下面以水源污染事故为例，介绍应急处置技术筛选的过程，并以实际案例加以说明。

1. 相似历史案例筛选

相似历史案例筛选，是在诸多成功的历史案例中通过某种方法筛选出与当前污染事件最相似的一个或几个案例，以借鉴其应急处置的方法和经验。

要完成相似历史案例筛选，需根据历史上突发水污染事件的资料，首先设定对筛选影响较大的属性指标，建立水污染应急处置技术筛选历史案例库框架结构，然后通过整理归纳，建立水污染应急处置技术筛选历史案例库。

水污染应急处置技术筛选历史案例库建立以后，当污染事件突然发生

时，输入污染事件的基本信息，如污染物类型、污染物来源、污染物超标倍数、与下游取水口距离等，从案例库中匹配相似度最高的一个或几个历史案例，作为可能采用的应急处置技术，为下一步的应急处置技术筛选做好充分的准备。

基于案例推理的方法（CBR）是相似历史案例筛选的特别有效工具，CBR模型的一个主要步骤是检索过去类似于污染情景的案例，对在这些情况下使用相应的处理技术进行评估[54-56]，即参考历史应急处置过程中的经验，确定替代方案的技术可行性。

层次分析法（AHP）是将决策问题按总目标、各层子目标、评价准则直至具体的备选方案的顺序分解为不同的层次结构，然后用求解判断矩阵特征向量的办法，求得每一层次的各元素对上一层次某元素的优先权重，最后采用再加权求和的方法递阶归并各备选方案对总目标的最终权重，此最终权重最大者即为最优方案。层次分析法可以很好地解决从备选方案中选择较优者的问题。

近年来，随着对水污染应急处置相似历史案例筛选研究的不断深入，诸多专家和学者对传统的方法进行了各种改进，又探索出多种新的复合筛选方法，如将熵权法、G1法等融入案例推理法（CBR）或层次分析法（AHP）之中。

下面以水源污染事故为例，介绍基于熵权 G1 法的 CBR 相似历史案例筛选方法的步骤[57]。

CBR 是一种基于经验问题对当前问题求解的技术，包括案例检索、案例复用、案例修正和案例保留 4 个步骤。能否从 CBR 过程中获得满意的解，案例检索是其核心。目前常用的案例检索策略有 3 种：最近相邻检索策略、归纳推理策略以及知识引导策略。这里采用 CBR 系统的常用算法最近相邻检索策略。

案例检索过程需要确定各影响因素的权重，通常可根据人工经验进行设定。G1 法是一种群体决策过程中确定属性权重的数学方法[58]，基于熵权 G1 法的层次分析法（CBR）较传统的层次分析法计算量明显减少，并在赋权过程中主客观相结合，更具客观性和合理性。考虑到各专家之间的差异对属性权重的影响，采用一个广泛使用的非参数系数，即 Spearman 等级相关系数（ξ），来定义专家权重。

（1）相似属性的选择　选择了 5 个相似的属性作为执行案例检索的匹配条件，标准的可能值和相应的属性类型见图 4-15。

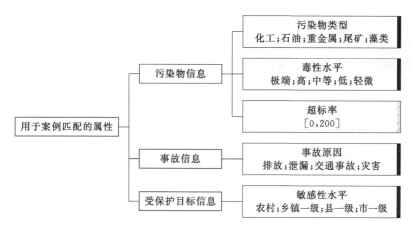

图 4-15 案例匹配标准体系

（2）属性权重的计算

① 专家个体的属性权重计算

a. 按重要性排列属性。在 G1 法中，首先按每个专家的降序排列属性，根据 $Y_i = \{y_1, y_2, \cdots, y_i\}$ 中属性之间的顺序关系可以得到 $y_1^* > y_2^* > \cdots > y_i^*$，然后专家给出合理的 r_i 值（表 4-4），r_i 值代表 y_{i-1}^* 与 y_i^* 的重要性之比值。

表 4-4 成对比较中的尺度

r_i	意义	r_i	意义
1.0	y_{i-1}^* 与 y_i^* 同等重要	1.6	y_{i-1}^* 显然比 y_i^* 更重要得多
1.2	y_{i-1}^* 比 y_i^* 稍微重要一点	1.8	y_{i-1}^* 比 y_i^* 绝对更重要
1.4	y_{i-1}^* 显然比 y_i^* 更重要		

b. 属性权重计算。y_i^* 的权重 w_m 按式（4-23）计算。

$$w_m = \left(1 + \sum_{i=2}^{m} \prod_{k=i}^{m} r_k\right)^{-1} \qquad (4\text{-}23)$$

Y_i 中每个属性的权重按式（4-24）计算。

$$w_{i-1} = r_i w_i \quad (i = m, m-1, \cdots, 2) \qquad (4\text{-}24)$$

② 理想排名的建立　应用均值逼近（MVA）的统计方法，按照以下步骤对属性进行理想排序。

a. 将每个专家的属性排名结果转化为得分。

$$R_{ik} = m - r_{ik} + 1 \quad (k = 1, 2, \cdots, p) \qquad (4\text{-}25)$$

式中，m 表示属性总数；R_{ik} 表示第 i 个属性在第 k 个专家排序中的得分；r_{ik} 表示第 i 个属性在第 k 个专家排序中的排名。

b. 按式(4-26)对所有属性进行重新排序。

$$\overline{R}_i = \frac{1}{p}\sum_{k=1}^{p} R_{ik} \quad (i=1,2,\cdots,m) \tag{4-26}$$

式中，$\overline{R}_i$ 表示第 i 个属性在重新排序中的得分，$\overline{R}_i$ 值越高，属性 i 越好；如果一些属性的 $\overline{R}_i$ 值相同，则按式(4-27)确定对应的顺序关系。

$$\varphi_i = \sqrt{\frac{1}{p}\sum_{k=1}^{p}(R_{ik}-\overline{R}_i)^2} \tag{4-27}$$

③ 专家权重的确定　假设第 k 个专家的理想属性排序与属性序列关系分别为 $A_0=(a_{10}, a_{20}, \cdots, a_{m0})$ 和 $A_k=(b_{1k}, b_{2k}, \cdots, b_{mk})$，这两个属性序列的相似性按式(4-28)计算。

$$\xi_{0k} = 1 - 6\sum_{i=1}^{m}(a_{i0}-b_{ik})^2/[m(m^2-1)] \quad (k=1,2,\cdots,p) \tag{4-28}$$

所以第 k 个专家的权重为

$$w^{(k)} = \xi_{0k}\Big/\sum_{k=1}^{p}\xi_{0,k} \tag{4-29}$$

④ 属性综合权重的计算　p 个专家给出的每个属性的综合权重按式(4-30)计算。

$$w_i = \sum_{k=1}^{p} w^{(k)} w_i^{(k)} \quad (i=1,2,\cdots,m) \tag{4-30}$$

式中，$w_i^{(k)}$ 为第 k 个专家给第 i 个属性的权重。所以，五位专家根据式(4-23)～式(4-30)计算得到的案例中匹配标准系统中的每个属性的权重见表4-5。

（3）案例之间相似性的度量　利用距离加权近邻算法按式(4-31)来计算案例之间相似性。

表 4-5　属性的综合权重

项目	E1	E2	E3	E4	E5	MVA	φ_i	排序	w_i
	0.2439	0.1951	0.2196	0.1707	0.1707				
污染类型(C1)	0.3445	0.2329	0.3371	0.3071	0.2299	4.6		1	0.2952
毒性水平(C2)	0.1767	0.1792	0.2593	0.1523	0.2529	3.4		3	0.2042
超标率(C3)	0.2297	0.3028	0.1852	0.2193	0.2090	3.8		2	0.2289
事故原因(C4)	0.1133	0.1493	0.0950	0.1828	0.1340	1.6	0.80	5	0.1317
敏感性水平(C5)	0.1359	0.1357	0.1235	0.1385	0.1742	1.6	0.49	4	0.1401

$$\text{Sim}(I,R) = \sum_{i=1}^{m} f(I_i, R_i) w_i \Big/ \sum_{i=1}^{m} w_i \tag{4-31}$$

对于符号属性：$\quad f(I_i, R_i) = \begin{cases} 1 & \text{当 } I_i = R_i \text{ 时} \\ 0 & \text{当 } I_i \neq R_i \text{ 时} \end{cases} \tag{4-32}$

对于数字属性：$\quad f(I_i, R_i) = 1 - \dfrac{|I_i - R_i|}{L_{\max i} - L_{\min i}} \tag{4-33}$

式中，$L_{\max i}$ 和 $L_{\min i}$ 为 I_i 与 R_i 的最大值和最小值。

（4）相似阈值的确定　采用留一法检索技术，结合式（4-31），按式（4-34）计算相似阈值。

$$\sigma = \min_{I \leqslant m} (\max_{R \leqslant n} [\text{Sim}(I,R)]) \tag{4-34}$$

式中，n 为历史案例的数量；m 为提交的新案例数量（$n-1$）。

据此可以选出相似度高于阈值的案例，然后将与这些案例相对应的处理技术提炼出来用于应急处置技术筛选。

2. 应急处置技术筛选

应急处置技术筛选，是对由相似历史案例筛选得到的相似性大于相似阈值的案例所对应的应急处置技术进行再次筛选、排序和评估，最终得出最佳的应急处置技术。

在以往的水污染应急处置技术筛选研究中，吴华军[59]采用综合多属性决策分析法（MADM），对河流水污染控制方案进行了筛选研究；Shi 等[60]利用基于层次分析法（AHP）的群决策方法对山西长治浊漳河苯胺污染事件的应急处置技术进行了筛选；时圣刚等[61]采用基于层次分析法（AHP）的群决策方法对专家评分数据进行了处理，降低了评估过程中专家的主观性对评估结果的影响，结合评分标准最终获得最佳的应急处理处置技术方案；曲建华等[62]构建了基于威胁度判定的应急处置技术筛选和评估模型，并通过广西龙江镉污染事故实例对评估模型进行了验证分析。吴彤等[63]基于联合使用模糊层次分析法（FAHP）和模糊逼近理想解的排序方法（FTOPSIS），提出溢油应急处置方案综合评判筛选模型（FAHP-FTOSIS）。Shi 等人[60]利用改进的层次分析法加权各种评价标准，对化学污染进行了技术适宜性分析；Liu 等人[65]提出了一种包括一组初步评价标准权重的基于灰色关联分析（GRA）的模糊方法，对化学品泄漏污染的处理技术进行排名。曲建华等[66]采用层次分析法（AHP）构建了包含 12 个评价指标的地表水源突发污染威胁度评估指标体系，用以预判突发污染对水源地的威胁程度；构建了由 19 个评价指标组成的应急处置技术评估指标体系，依据不同等级的威胁度，确定出与其对应的评估指标权重值；基于多重指标体系的联合评估，确保了筛选评估体系的科学性，所构建的筛选评估体系可对应急处置技术方案进行快速、准确的评估，为应急专家决策提供有效的技术支撑。

突发性水源污染最佳应急处置技术的确定，是一个很复杂的过程，污染威胁程度不同，评价标准的侧重点应该有所不同，对于威胁程度较高的突发性水源污染，最重要的标准是技术性能；对于威胁程度相对较低的突发性水源污染，应更加重视处理成本这一标准。所以，在对可行水污染应急处置技术进行技术评价之前，先确定威胁的等级，然后确定多组技术评估标准权重。

另外，最优应急技术的确定，是一个多准则多专家决策（MCMEDM）问题，需要采纳专家的不同意见，在综合考虑各种评价标准基础上，做出最合理的选择[67,68]。

模糊数学主要研究对象的不确定性与不精确性问题，对于不确定性决策问题同样可以利用模糊数学来解决。模糊数一般可以分为三角模糊数和梯形模糊数，现在的研究容许有非正规（non-normal）模糊数的存在，此类的模糊数又可称为一般模糊数（generalized fuzzy numbers）。

Chen 等[69]提出的一般区间值梯形模糊数（GIVTFN），具有确保决策信息完整性的卓越能力，能在评估技术时尽可能参考各种标准，因此在解决多准则多专家决策（MCMEDM）问题中得到了广泛的应用。

由于专家们的研究领域不同，拥有问题领域的专业知识有限，所以有必要为每个专家定义权重，以在专家意见汇总过程中反映出相应意见的重要性。

近年来有研究者提出了几种用于聚合个人意见的聚合算子，如 GIVTFN加权聚合算子、GIVTFN 有序加权聚合算子。这些聚合算子只考虑每个区间值模糊数的自重要度，没有关注大多数专家达成共识的重要性。一种改进的基于 Hamming 的有序加权聚集（HOWA）运算，能形成集体决策环境，强调持类似观点的大多数专家的重要性，使个人偏好的不一致性最小化。

Yoon 和 Hwang[70]提出的模糊逼近理想解的排序方法（TOPSIS），因为易于掌握和应用，是目前应用最广的多准则决策问题的求解方法，其原理是寻找最接近理想参考点的替代方案和离反理想参考点最远的替代方案，对多属性决策问题的可选方案进行排序。与区间值模糊数结合的 TOPSIS 方法，在处理不明确或不确定的决策信息时，拥有系统的计算程序和显著的优点，非常适用于解决多准则多专家决策（MCMEDM）问题中备选方案的排序问题。

这里基于案例推理的方法（CBR）和区间值梯形模糊逼近理想解的排序方法（TOPSIS），结合一种改进的基于 Hamming 的有序加权聚集（HOWA）运算，以确定最佳处置技术方案。

（1）突发性水源污染威胁水平的确定

① 威胁评估标准体系的构建　在这一阶段必须首先建立威胁评估标准体系，以确定突发性污染对水源的潜在威胁程度，各项标准的权重由五位专家运用 G1 法得出（见图 4-16）。

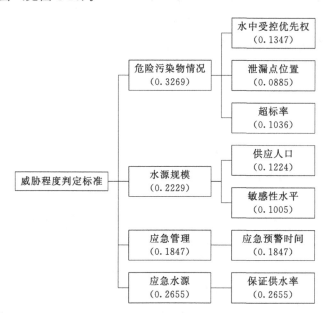

图 4-16　确定威胁程度的评估标准体系

② 评分标准的制定　因为每项标准的值都可以根据实际污染情况准确地得到，这里可以应用专家评分法（表 4-6）按照式(4-35)获取污染的潜在威胁值。

$$S = \sum_{k=1}^{p} \sum_{i=1}^{m} w^{(k)} w_i^{(k)} \eta_i^{(k)} \tag{4-35}$$

式中，$\eta_i^{(k)}$ 为第 k 个专家给第 i 项标准的评分。

表 4-6　威胁评估标准体系的评分标准

标　准	评　分			
	1	3	6	10
C1 水中受控优先权	非优先污染物	—	—	优先污染物
C2 泄漏点位置	非潜在保护区	潜在保护区	二级保护区	关键保护区
C3 超标率/%	<5	(5,50)	(50,100)	≥100
C4 供应人口/万	<5	(5,10)	(10,50)	≥50
C5 敏感性水平	农村水源	镇级水源	县级水源	城市水源

续表

标　　准	评　　分			
	1	3	6	10
C6 应急预警时间/h	<2	(2,3)	(3,4)	≥4
C7 保证供水率/%	(80%,100%]	(40%,80%]	(10%,40%]	≤10%

③ 威胁等级的标准间隔分区　为了对应国务院 2015 年提出的应急环境事故四级响应，根据五个临界值划分了四个威胁等级（图 4-17），即

如果 $\eta_i = 0$，则 $S_{(1)} = S_{(\min)} = 0$；

如果 $\eta_i = 1$，则 $S_{(2)} = 1$；

如果 $\eta_i = 3$，则 $S_{(3)} = 2.5959$；

如果 $\eta_i = 6$，则 $S_{(4)} = 5.1918$；

如果 $\eta_i = 10$，则 $S_{(5)} = S_{(\max)} = 10$。

图 4-17　威胁等级间隔

（2）每个威胁等级的最优应急处置方案的筛选

① 评价标准的选择　在此选取了技术、经济、社会文化和环境方面的 10 项评价标准，属性类型分为"收益"和"成本"（图 4-18）。

② 多组标准权重的计算　邀请了五位来自学术界、工业界和政府的专家，对评价标准的秩相关和每个威胁等级 r_i 的合理值进行判断打分，根据式（4-23）～式（4-30）得到对应不同的威胁等级的四组技术评价指标权重。

③ 一般区间值梯形模糊判断矩阵　针对应急处置技术选择的基于多准则分析的多专家决策，由一组标准 $C_i = \{C_1, C_2, \cdots, C_m\}$、一组技术 $T_j = \{T_1, T_2, \cdots, T_n\}$ 和一组专家 $E_k = \{E_1, E_2, \cdots, E_p\}$ 组成。用与每个专家（E_k）提供的每项标准（C_i）有关的模糊数给技术（T_j）定等级，多准则多专家决策（MCMEDM）问题用 $\overline{\overline{A}}_k$ 表示如下：

$$\overline{\overline{A}}_k = [\overline{\overline{a}}_{ijk}]_{m \times n} \tag{4-36}$$

这里，$[\bar{\bar{a}}_{ijk}] = [\bar{\bar{A}}^{L}_{ijk}, \bar{\bar{A}}^{U}_{ijk}] = [(\bar{\bar{a}}^{L}_{ijk1}, \bar{\bar{a}}^{L}_{ijk2}, \bar{\bar{a}}^{L}_{ijk3}, \bar{\bar{a}}^{L}_{ijk4}; \omega^{L}_{ijk}), (\bar{\bar{a}}^{U}_{ijk1}, \bar{\bar{a}}^{U}_{ijk2}, \bar{\bar{a}}^{U}_{ijk3}, \bar{\bar{a}}^{U}_{ijk4}; \omega^{U}_{ijk})]$，其一般区间值梯形模糊数（GIVTFN）特征见图 4-19。

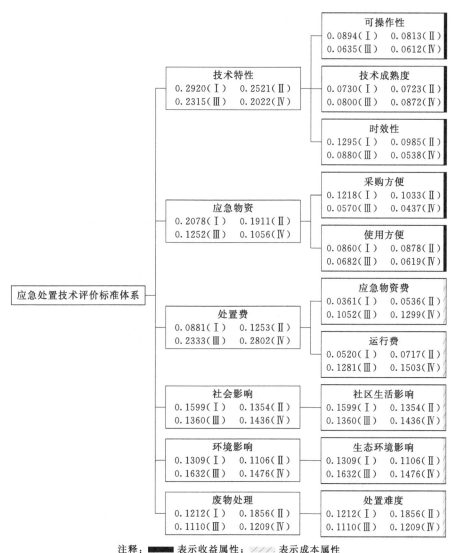

注释：▬▬表示收益属性；▨▨表示成本属性

图 4-18　水源污染应急处置技术评价标准体系

从图 4-19 可以看出，ω^{L}_{ijk} 和 ω^{U}_{ijk} 分别代表一般梯形模糊数 $\bar{\bar{A}}^{L}_{ijk}$ 和 $\bar{\bar{A}}^{U}_{ijk}$ 的最大隶属度，一般梯形模糊数 $\bar{\bar{A}}^{L}_{ijk}$ 和 $\bar{\bar{A}}^{U}_{ijk}$ 是由第 k 个专家针对技术方案 T_j 的 i 标准提出的。判断矩阵中 $\bar{\bar{a}}_{ijk}$ 的可能的语言变量以及相应的模糊集见表 4-7。

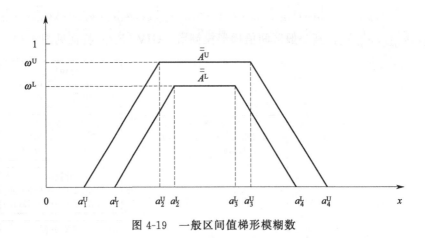

图 4-19　一般区间值梯形模糊数

表 4-7　9 个语言变量以及相应的模糊集

语言变量	广义区间值梯形模糊数
非常差(AP)	$[(0.00,0.00,0.00,0.00;0.8),(0.00,0.00,0.00,0.00;1.0)]$
很差(VP)	$[(0.00,0.00,0.02,0.07;0.8),(0.00,0.00,0.02,0.07;1.0)]$
差(P)	$[(0.04,0.10,0.18,0.23;0.8),(0.04,0.10,0.18,0.23;1.0)]$
中等差(MP)	$[(0.17,0.22,0.36,0.42;0.8),(0.17,0.22,0.36,0.42;1.0)]$
中等(F)	$[(0.32,0.41,0.58,0.65;0.8),(0.32,0.41,0.58,0.65;1.0)]$
中等好(MG)	$[(0.58,0.63,0.80,0.86;0.8),(0.58,0.63,0.80,0.86;1.0)]$
好(G)	$[(0.72,0.78,0.92,0.97;0.8),(0.72,0.78,0.92,0.97;1.0)]$
很好(VG)	$[(0.93,0.98,1.00,1.00;0.8),(0.93,0.98,1.00,1.00;1.0)]$
非常好(AG)	$[(1.00,1.00,1.00,1.00;0.8),(1.00,1.00,1.00,1.00;1.0)]$

④ 规范化模糊判断矩阵　为了确保评价标准语言评分的兼容性，按照式（4-37）对模糊判断矩阵进行规范化处理。

$$\bar{\bar{R}}_k = [\bar{\bar{r}}_{ijk}]_{m \times n} \quad (i=1,2,\cdots,m;j=1,2,\cdots,n) \qquad (4-37)$$

式中

$$\bar{\bar{r}}_{ijk} = \left[\left(\frac{\bar{\bar{a}}^L_{ijk1} - a^-_i}{a^+_i - a^-_i}, \frac{\bar{\bar{a}}^L_{ijk2} - a^-_i}{a^+_i - a^-_i}, \frac{\bar{\bar{a}}^L_{ijk3} - a^-_i}{a^+_i - a^-_i}, \frac{\bar{\bar{a}}^L_{ijk4} - a^-_i}{a^+_i - a^-_i}; \omega^L_{ijk} \right), \right.$$

$$\left. \left(\frac{\bar{\bar{a}}^U_{ijk1} - a^-_i}{a^+_i - a^-_i}, \frac{\bar{\bar{a}}^U_{ijk2} - a^-_i}{a^+_i - a^-_i}, \frac{\bar{\bar{a}}^U_{ijk3} - a^-_i}{a^+_i - a^-_i}, \frac{\bar{\bar{a}}^U_{ijk4} - a^-_i}{a^+_i - a^-_i}; \omega^U_{ijk} \right) \right] \qquad (4-38)$$

对于收益属性，$a^+_i = \max_j(a^U_{ijk4})$，$a^-_i = \min_j(a^L_{ijk1})$

$$\bar{\bar{r}}_{ijk} = \left[\left(\frac{a^{\mathrm{L}}_{ijk4}-a^{-}_i}{a^{+}_i-a^{-}_i}, \frac{a^{\mathrm{L}}_{ijk3}-a^{-}_i}{a^{+}_i-a^{-}_i}, \frac{a^{\mathrm{L}}_{ijk2}-a^{-}_i}{a^{+}_i-a^{-}_i}, \frac{a^{\mathrm{L}}_{ijk1}-a^{-}_i}{a^{+}_i-a^{-}_i}; \omega^{\mathrm{L}}_{ijk} \right), \right.$$
$$\left. \left(\frac{a^{\mathrm{U}}_{ijk4}-a^{-}_i}{a^{+}_i-a^{-}_i}, \frac{a^{\mathrm{U}}_{ijk3}-a^{-}_i}{a^{+}_i-a^{-}_i}, \frac{a^{\mathrm{U}}_{ijk2}-a^{-}_i}{a^{+}_i-a^{-}_i}, \frac{a^{\mathrm{U}}_{ijk1}-a^{-}_i}{a^{+}_i-a^{-}_i}; \omega^{\mathrm{U}}_{ijk} \right) \right] \quad (4\text{-}39)$$

对于成本属性，可将 $\bar{\bar{a}}_{ijk}$ 规范化为闭区间 [0，1]，表示为

$$\bar{\bar{r}}_{ijk} = \left[(r^{\mathrm{L}}_{ijk1}, r^{\mathrm{L}}_{ijk2}, r^{\mathrm{L}}_{ijk3}, r^{\mathrm{L}}_{ijk4}; \omega^{\mathrm{L}}_{ijk}), (r^{\mathrm{U}}_{ijk1}, r^{\mathrm{U}}_{ijk2}, r^{\mathrm{U}}_{ijk3}, r^{\mathrm{U}}_{ijk4}; \omega^{\mathrm{U}}_{ijk}) \right]$$
$$(4\text{-}40)$$

⑤ 专家权重计算　专家权重的定义是有序加权聚集（HOWA）运算的一个重要问题，包括以下三个主要步骤。

a. 应用著名的 Hamming 距离估计任意两个模糊判断矩阵之间的相似程度。

$$\psi(\bar{\bar{r}}_{ijk}, \bar{\bar{r}}_{ijl}) = 1 - \frac{1}{8}(|\omega^{\mathrm{L}}_{ijk}r^{\mathrm{L}}_{ijk1}-\omega^{\mathrm{L}}_{ijl}r^{\mathrm{L}}_{ijl1}| + |\omega^{\mathrm{L}}_{ijk}r^{\mathrm{L}}_{ijk2}-\omega^{\mathrm{L}}_{ijl}r^{\mathrm{L}}_{ijl2}| +$$
$$|\omega^{\mathrm{L}}_{ijk}r^{\mathrm{L}}_{ijk3}-\omega^{\mathrm{L}}_{ijl}r^{\mathrm{L}}_{ijl3}| + |\omega^{\mathrm{L}}_{ijk}r^{\mathrm{L}}_{ijk4}-\omega^{\mathrm{L}}_{ijl}r^{\mathrm{L}}_{ijl4}| + |\omega^{\mathrm{U}}_{ijk}r^{\mathrm{U}}_{ijk1}-\omega^{\mathrm{U}}_{ijl}r^{\mathrm{U}}_{ijl1}| +$$
$$|\omega^{\mathrm{U}}_{ijk}r^{\mathrm{U}}_{ijk2}-\omega^{\mathrm{U}}_{ijl}r^{\mathrm{U}}_{ijl2}| + |\omega^{\mathrm{U}}_{ijk}r^{\mathrm{U}}_{ijk3}-\omega^{\mathrm{U}}_{ijl}r^{\mathrm{U}}_{ijl3}| + |\omega^{\mathrm{U}}_{ijk}r^{\mathrm{U}}_{ijk4}-\omega^{\mathrm{U}}_{ijl}r^{\mathrm{U}}_{ijl4}|) \quad (4\text{-}41)$$

b. 计算第 k 个专家与其他专家的第 j 个备选方案的总体评估信息的平均相似度。

$$\lambda_j(E_k) = \frac{1}{m(p-1)} \sum_{\substack{l=1 \\ l \neq k}}^{p} \sum_{i=1}^{m} \psi(\bar{\bar{r}}_{ijk}, \bar{\bar{r}}_{ijl}) \quad (4\text{-}42)$$

c. 得到第 k 个专家对专家组中第 j 个备选方案中的权重。

$$\delta_j^{(k)} = \lambda_j(E_k) \Big/ \sum_{l=1}^{p} \lambda_j(E_l) \quad (j=1,2,\cdots,n) \quad (4\text{-}43)$$

⑥ 所有专家判断矩阵的聚合　根据 HOWA 运算与相关专家权重矩阵，将每个专家判断矩阵聚合成式(4-44)的加权模糊集合偏好决策矩阵。

$$\bar{\bar{V}}_k = [\bar{\bar{v}}_{ijk}]_{m \times n} \quad (i=1,2,\cdots,m; j=1,2,\cdots,n) \quad (4\text{-}44)$$

式中

$$\bar{\bar{v}}_{ij} = \mathrm{HOWA}(\bar{\bar{v}}_{ij1}, \bar{\bar{v}}_{ij2}, \cdots, \bar{\bar{v}}_{ijp}) = \left[\left(\sum_{k=1}^{p}(r^{\mathrm{L}}_{ijk1}\delta_j^{(k)}), \sum_{k=1}^{p}(r^{\mathrm{L}}_{ijk2}\delta_j^{(k)}), \right. \right.$$
$$\sum_{k=1}^{p}(r^{\mathrm{L}}_{ijk3}\delta_j^{(k)}), \sum_{k=1}^{p}(r^{\mathrm{L}}_{ijk4}\delta_j^{(k)}); \min_k \omega^{\mathrm{L}}_{ijk} \right),$$
$$\left(\sum_{k=1}^{p}(r^{\mathrm{U}}_{ijk1}\delta_j^{(k)}), \sum_{k=1}^{p}(r^{\mathrm{U}}_{ijk2}\delta_j^{(k)}), \sum_{k=1}^{p}(r^{\mathrm{U}}_{ijk3}\delta_j^{(k)}), $$

$$\sum_{k=1}^{p} (r_{ijk4}^{\mathrm{U}} \delta_j^{(k)}) ; \min_k \omega_{ijk}^{\mathrm{U}})]$$

$$= [(v_{ij1}^{\mathrm{L}}, v_{ij2}^{\mathrm{L}}, v_{ij3}^{\mathrm{L}}, v_{ij4}^{\mathrm{L}}; \omega_{ij}^{\mathrm{L}}), (v_{ij1}^{\mathrm{U}}, v_{ij2}^{\mathrm{U}}, v_{ij3}^{\mathrm{U}}, v_{ij4}^{\mathrm{U}}; \omega_{ij}^{\mathrm{U}})]$$

$$(4\text{-}45)$$

⑦ 方案排序　此阶段运用模糊逼近理想解的排序方法（TOPSIS）找到最佳方案，分以下四步进行。

a. 识别 FPIRS(A^+) 和 FNIRS(A^-)。

$$A^+ = ([(\bar{\bar{v}}_1^{\mathrm{L}})^+, (\bar{\bar{v}}_1^{\mathrm{U}})^+], [(\bar{\bar{v}}_2^{\mathrm{L}})^+, (\bar{\bar{v}}_2^{\mathrm{U}})^+], \cdots, [(\bar{\bar{v}}_i^{\mathrm{L}})^+, (\bar{\bar{v}}_i^{\mathrm{U}})^+])$$

$$= ([(1,1,1,1;1), (1,1,1,1;1)], [(1,1,1,1;1), (1,1,1,1;1)], \cdots,$$

$$[(1,1,1,1;1), (1,1,1,1;1)])$$

$$(4\text{-}46)$$

$$A^- = ([(\bar{\bar{v}}_1^{\mathrm{L}})^-, (\bar{\bar{v}}_1^{\mathrm{U}})^-], [(\bar{\bar{v}}_2^{\mathrm{L}})^-, (\bar{\bar{v}}_2^{\mathrm{U}})^-], \cdots, [(\bar{\bar{v}}_i^{\mathrm{L}})^-, (\bar{\bar{v}}_i^{\mathrm{U}})^-])$$

$$= ([(0,0,0,0;1), (0,0,0,0;1)], [(0,0,0,0;1), (0,0,0,0;1)], \cdots,$$

$$[(0,0,0,0;1), (0,0,0,0;1)])$$

$$(4\text{-}47)$$

b. 将每个备选 T_j 与 FPIRS 和 FNIRS 的加权距离分别定义为 $[(D_j^{\mathrm{U}})^+, (D_j^{\mathrm{L}})^+]$ 和 $[(D_j^{\mathrm{U}})^-, (D_j^{\mathrm{L}})^-]$。

$$(D_j^{\mathrm{L}})^+ = \sum_{i=1}^{m} d(\bar{\bar{v}}_{ij}, (\bar{\bar{v}}_i^{\mathrm{L}})^+) w_i \qquad (4\text{-}48)$$

$$(D_j^{\mathrm{U}})^+ = \sum_{i=1}^{m} d(\bar{\bar{v}}_{ij}, (\bar{\bar{v}}_i^{\mathrm{U}})^+) w_i \qquad (4\text{-}49)$$

式中，w_i 为第 i 项评价标准的权重。

同样，从负理想方案中分离出来的结果是

$$(D_j^{\mathrm{L}})^- = \sum_{i=1}^{m} d(\bar{\bar{v}}_{ij}, (\bar{\bar{v}}_i^{\mathrm{L}})^-) w_i \qquad (4\text{-}50)$$

$$(D_j^{\mathrm{U}})^- = \sum_{i=1}^{m} d(\bar{\bar{v}}_{ij}, (\bar{\bar{v}}_i^{\mathrm{U}})^-) w_i \qquad (4\text{-}51)$$

式中，距离算法定义为

$$d(\bar{v}_a^{\mathrm{L}}, \bar{v}_b^{\mathrm{L}}) = \sqrt{\frac{1}{5} [(v_{a1}^{\mathrm{L}} - v_{b1}^{\mathrm{L}})^2 + (v_{a2}^{\mathrm{L}} - v_{b2}^{\mathrm{L}})^2 + (v_{a3}^{\mathrm{L}} - v_{b3}^{\mathrm{L}})^2 + (v_{a4}^{\mathrm{L}} - v_{b4}^{\mathrm{L}})^2 + (\omega_a^{\mathrm{L}} - \omega_b^{\mathrm{L}})^2]}$$

$$(4\text{-}52)$$

c. 计算各方案的相对贴近系数。

$$CC_j^{\mathrm{L}} = \frac{(D_j^{\mathrm{L}})^-}{(D_j^{\mathrm{L}})^+ + (D_j^{\mathrm{L}})^-} \qquad (4\text{-}53)$$

$$CC_j^U = \frac{(D_j^U)^-}{(D_j^U)^+ + (D_j^U)^-} \tag{4-54}$$

CC_j 的综合值为

$$CC_j = \frac{CC_j^L + CC_j^U}{2} \tag{4-55}$$

d. 根据相对贴近系数 CC_j 对所有备选方案 $T_j (j = 1, 2, \cdots, n)$ 进行排序，CC_j 值越大，排名越靠前。

3. 应急处置材料筛选

水污染应急处置技术确定之后，必然要用到应急处置材料。目前，常用的水污染应急处置技术有吸附、混凝、氧化、中和等多种，而每一种技术中又包含多种应急材料。例如，对于吸附技术来说，吸附材料中包括活性炭、活性氧化铝、硅藻土等多种；而对于混凝技术，混凝材料则更多，大体上可分为有机混凝剂和无机混凝剂两大类。事实上，大多数情况下，会将两种或两种以上技术一起配合使用，也就是说，在应急时要同时使用两类或两类以上的应急处置材料。当污染事件突然发生且应急处置技术已经确定时，如何从诸多的应急处置材料中快速而准确地筛选出最适宜当前污染事件和应急处置技术的处置材料或材料组合，以往基本上是靠专家及决策者的经验或简单的现场试验来确定，主观性较强。

目前的应急材料筛选基本上是通过试验测试对比处理效果，缺少系统的水污染应急处置材料筛选的决策模型。可用于应急处置材料筛选的方法有层次分析法（AHP）、案例推理法（CBR）、模糊综合评价法（FCE）等。利用多案例推理法（MCBR）可以快速准确确定污染控制和处置材料，显著改善环境污染应急处置的效率与效果。

Liu 等[71] 结合水污染事件均存在差异性这一显著特点，采用基于差异驱动的案例修正策略（DDRS），建立了基于差异驱动修正策略的多重案例推理模型（DDRS-MCBR），对应急处置技术中可采用的应急处置材料进行深度筛选，能科学指导应急处置材料的选择和分配，具有广泛的应用前景。

基于差异驱动修正策略的多重案例推理模型（DDRS-MCBR）工作流程见图 4-20，建模过程如下。

（1）案例修正库的生成　假设案例特征向量的个数为 m，即 $f_i = \{f_1, f_2, \cdots, f_m\}$。对案例库中的那些案例（特征向量 f_i，排定的组号 k），通过基于混沌蚁群优化算法的投影寻踪聚类模型转换，生成案例修正库$CBR_A (f_i) = \{CBR_A(f_i = f_i(1)), \cdots, CBR_A(f_i = f_i(k))\}$。聚类处理后，每一个特征向量对应一个案例修正库$CBR_A(f_i)$，重点是重新聚类原始案例库的每个特征向量。

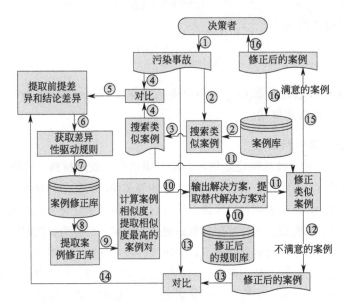

图 4-20　基于差异驱动修正策略的多重案例推理模型（DDRS-MCBR）工作流程

（2）提取案例修正库　假设污染事故为"A"，从案例库中选取案例"B"，案例"B"与污染事故"A"的相似性最高。假设"m"个特征向量与污染事故"A"有一些特征值差异，如果相似案例"B"为 j，则 $f_j \in f_i$（$1 \leqslant j \leqslant m$）。每一个特征向量对于"A"和"B"分别有不同的 f_j 值，提取相应的案例库$CBR_A(f_j = f_{cj})$和$CBR_B(f_j = f_{sj})$，这里 f_{cj} 是污染事故"A"中特征向量 f_j 的特征值，f_{sj} 是案例"B"中特征向量 f_j 的特征值。

（3）计算案例相似度　对于具有差异的特征值 f_j，计算两个案例修正库的相似度 $Sim(c_j, s_j)$，这里 $c_j \in CBR_A(f_j = f_{cj})$，$s_j \in CBR_B(f_j = f_{sj})$。

（4）获得替代方案　选定相似度最高的案例 $\max(Sim(c_j, s_j))$，输出相应的解决方案 $c_i = (a_{x_a}^{jc}, b_{x_b}^{jc}, \cdots, e_{x_h}^{jc})$ 和 $s_i = (a_{y_a}^{js}, b_{y_b}^{js}, \cdots, e_{y_h}^{js})$，分别从每个方案中提取不同的元素作为替代方案，如 $b_{x_b}^{jc} \leftrightarrow b_{y_b}^{js}$，$d_{x_f}^{jc} \leftrightarrow d_{y_f}^{js}$。

（5）修正具有最高相似度的案例　根据每个替换方案，分别替换最相似的案例"B"，得到修正后的方案 $CBR_A(f^1)$。

（6）修正后的方案 $CBR_A(f^1)$ 替代最相似的案例，生成修正后的案例。返回（3），继续修正有差异的第二个特征值，以得到修正后的方案 $CBR_A(f^2)$。如果依然存在许多不同的特征值，重复（3）～（5），直至得到最后的修

正后的方案 $CBR_A(f^j)$。

（7）案例修正后，如果输出的案例依然不能满足要求，将修正后输出的案例作为用于替代修正的源案例进行迭代计算，直到满足要求为止。

4. 案例一：突发性铊污染事故的应急处置技术筛选

（1）情景1：非常严重威胁水平下的铊污染响应　污染事故发生于2010年10月18日，地点是广东省。韶关冶炼厂向北江非法排放大量含铊废水，威胁清远和广州的供水安全。上游地区铊的最高浓度为 $1.03\mu g/L$，为标准的10多倍。运用案例推理法（CBR）的技术筛选工具，得到了八组可行的应急处置技术方案（表4-8）[57]。

表4-8　可行技术方案

代码	方案
T1	{筑坝与人工导流}+{添加石灰+δ-MnO$_2$吸附}+{水处理厂强化混凝}
T2	{引水稀释}+{添加液体苛性碱+过硫酸盐氧化}+{水处理厂强化混凝}
T3	{引水稀释}+{添加 NaOH + KMnO$_4$ 氧化}+{水处理厂强化混凝}
T4	{筑坝与人工导流}+{聚丙烯酰胺改性膨润土吸附}+{水处理厂强化混凝}
T5	{筑坝与人工导流}+{介孔分子筛吸附}+{水处理厂阳离子交换}
T6	{引水稀释}+{赤泥吸附}+{水处理厂强化混凝}
T7	{筑坝与人工导流}+{袋装活性炭吸附}+{水处理厂强化混凝}
T8	{筑坝与人工导流}+{袋装 NaOH 改性锯末吸附}+{水处理厂强化混凝}

邀请对污染事故进行了详细调查的五位专家，对可行方案进行情景适宜性分析。根据实际污染情况，污染威胁值首次计算为6.6553，说明污染对水源构成了严重威胁。因此，在评价阶段，采用与Ⅰ级威胁对应的评价标准权重，五位专家提供的方案的模糊评价见表4-9。最后根据式(4-37)～式(4-55)，得到各技术方案综合评价得分（见图4-21）。

表4-9显示，尽管第2个专家对于T3方案的意见与多数专家的一致意见相反，T3方案依然被确定为处理此情景中铊污染的最佳方法。由于其优越的技术性能，T3成为排名最高的备选方案，尽管其成本相对较高。

通过增加沿北江和西江两座水电站的流量，使污染物浓度迅速下降；投加 NaOH + KMnO$_4$，使 Tl$^+$ 氧化成不稳定的 Tl^{3+}，最后在七星岗水处理厂采用强化混凝技术去除 Tl^{3+}，铊离子浓度降至 $0.03\mu g/L$，满足饮用水源水质要求。很显然，利用开发的工具得到的最优技术方案，基本上和在实际处置过程中应用的应急计划一样。

表 4-9 五位专家（E1～E5）根据全部标准（C1～C10）给出的方案（T1～T8）模糊评价结果

项目	T1					T2					T3					T4				
	E1	E2	E3	E4	E5	E1	E2	E3	E4	E5	E1	E2	E3	E4	E5	E1	E2	E3	E4	E5
C1	MG	F	MG	G	G	MG	MG	MG	MG	VG	AG	F	AG	AG	AG	MG	F	MG	F	MG
C2	F	MP	MG	F	F	AG	G	F	MG	MG	AG	MG	AG	AG	AG	G	MG	F	F	MG
C3	F	MP	MG	MP	MG	MG	G	MG	F	F	AG	P	AG	AG	AG	F	F	F	MG	MG
C4	F	F	F	MG	MG	MG	G	G	G	G	AG	G	AG	VG	AG	MG	F	F	MP	MP
C5	MG	MG	MG	F	F	MP	MG	MG	MG	MG	AG	F	AG	AG	AG	F	VG	F	MG	MG
C6	F	MP	MP	MP	MP	MG	MG	F	F	F	G	P	MG	G	MP	G	G	G	VG	MG
C7	F	MP	P	MP	MP	MP	MP	MP	MP	MP	G	F	MG	G	F	MG	G	MG	MG	MG
C8	MP	MP	MP	P	P	F	F	F	P	P	P	P	MP	P	P	MP	MG	G	MG	MP
C9	MP	P	P	P	P	F	F	F	F	F	G	MG	MG	F	F	G	G	G	MG	G
C10	MP	MP	MP	MP	MP	MP	MP	MP	MP	MP	MG	MP	MG	F	MP	G	G	P	P	MG

项目	T5					T6					T7					T8				
	E1	E2	E3	E4	E5	E1	E2	E3	E4	E5	E1	E2	E3	E4	E5	E1	E2	E3	E4	E5
C1	MP	F	MP	F	F	MP	VG	F	F	F	F	MP	F	F	MG	MP	F	MG	MP	MP
C2	MP	F	MP	P	MP	MP	G	MP	P	P	F	MP	F	F	F	MP	MP	G	MP	F
C3	F	F	MP	P	P	P	VG	P	M	M	F	MP	MG	MG	F	F	F	G	MP	MP
C4	F	MP	MP	P	P	P	VG	P	M	M	F	MP	F	F	MP	F	F	G	MP	F
C5	MP	MP	F	P	F	P	P	P	P	P	F	MG	F	F	F	MP	MP	G	F	MP
C6	G	AG	MG	F	VG	MP	MP	MP	MP	MP	MG	F	F	MG	F	AP	AP	MP	AP	AP
C7	G	AG	MG	F	G	MP	MP	MP	P	P	MG	F	F	F	MG	AP	AP	F	AP	AP
C8	AG	P	F	MP	F	F	P	F	MP	MP	MP	MP	P	P	P	AP	AP	F	AP	AP
C9	AG	F	F	F	MG	F	F	F	F	F	MP	MP	P	P	P	P	P	F	P	P
C10	AG	F	P	F	F	P	F	F	F	F	P	P	P	P	P	P	P	F	P	P

注：AP，绝对差；P，差；MP，中等偏差；F，中等；MG，中等偏好；G，好；VG，非常好；AG，绝对好。

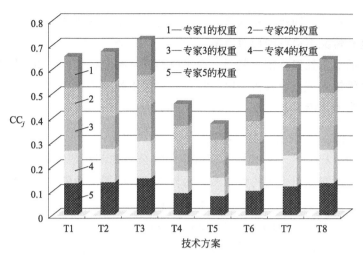

图 4-21　技术方案的排序（一）

（2）情景 2：轻微威胁水平下的铊污染响应　广西壮族自治区 2013 年 7 月 6 日合江附近的一家矿业公司突然排放含铊废水，引发了一起污染事故，铊离子的最高浓度为 $0.21 \mu g/L$，为标准的 2 倍多。

专家组对事故作了详尽的研究，得到事故的危险值为 0.9002，说明对肇庆市供水安全有轻微威胁。所以，将与Ⅳ级威胁对应的评价标准权重应用于此情景以帮助技术评估。因为可行方案的技术特点无法改变，几乎不随污染情况的变化而变化，所以专家提出的评估信息与表 4-9 相同。与情景 1 相比，在改变单一因素（如标准权重）的情况下，根据 CC_j 值对方案进行排序（图 4-22）[57]。

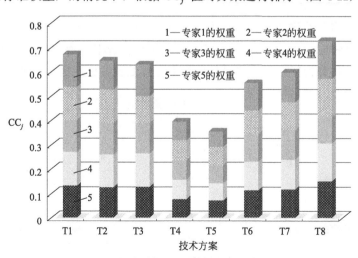

图 4-22　技术方案的排序（二）

由于污染的时间压力相对较低，因成本最低、技术性能中等，T8 方案被认为是这种情况下最好的应急方案。

推荐的应急处置方案：关闭云浮水电站泄洪闸以拦截污染团，同时建成两座袋装改性锯末坝以吸收污染物，最后在华侨水处理厂采用强化混凝技术彻底完成铊污染的去除。

5. 案例二：应急处置材料筛选

2012 年 12 月 31 日，山西省鹿城市一家公司的苯胺罐损坏，约 8.7t 苯胺泄漏进入浊漳河，对下游的饮用水源岳城水库造成严重污染威胁。岳城水库上游的浓度达到 8.43mg/L，超标 83 倍。Liu 等[71] 应用基于差异驱动修正策略的多重案例推理模型（DDRS-MCBR），对应急处置技术中可采用的应急处置材料进行了深度筛选，整个过程包括材料库的建立、案例库的建立、寻找与污染事故相似程度最大的案例、生成案例修正库、得到修正后的案例。

（1）材料库的建立　以添加混凝剂、活性炭拦坝技术为例，选择活性炭和混凝剂建立相应的活性炭和混凝剂泄漏控制和清理材料库（表 4-10）。

表 4-10　材料库

材料序列号	a. 活性炭	b. 无机混凝剂	c. 有机混凝剂
1	木质活性炭（WC）	聚合氯化铝（PAC）	聚丙烯酰胺（PAM）
2	煤质活性炭（CC）	聚合氯化铁（PFC）	硅藻土（DE）
3	椰子壳质活性炭（CSC）	聚合硫酸铝（PAS）	骨胶（BG）
4	坚果壳质活性炭（NSC）	聚合硫酸铁（PFS）	

（2）案例库的建立　在环境污染应急处置过程中，影响处理工艺的因素很多，如污染物超标倍数、浊度、UV_{254}、pH 等。选取影响重大的环境污染应急处置事件作为特征向量，建立环境污染应急处置案例库框架（图 4-23）。

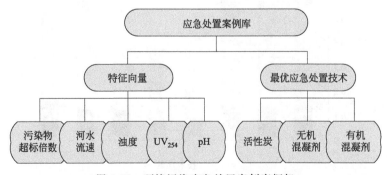

图 4-23　环境污染应急处置案例库框架

基于以上的环境污染应急处置案例库框架，选取影响应急处置工艺的特征向量的多种不同组合作为不同的试验案例，以获取对相应的案例有最好的处理效果的材料组合，将试验结果存档在环境污染应急处置案例库（表4-11）中。

表 4-11 案例库

案例序号	特征向量					最优应急处置技术		
	污染物超标倍数	河水流速/(m/s)	浊度/NTU	UV_{254}	pH	活性炭	无机混凝剂	有机混凝剂
1	10	0.5	25	1.2	7	CSC	PAC	PAM
2	10	0.9	45	2.4	11	CSC	PAS	PAM
3	50	0.1	5	0.3	3	CC	PAS	PAM
4	50	0.9	45	2.4	11	NSC	PAS	PAM
5	90	0.1	5	0.3	3	CSC	PFC	DE
6	90	0.5	25	1.2	7	WC	PFS	BG
7	50	0.1	25	1.2	7	CC	PFS	PAM
8	90	0.1	45	2.4	11	NSC	PFC	BG
9	10	0.5	5	0.3	3	CC	PFC	DE
10	90	0.5	45	2.4	11	CSC	PAC	BG
11	10	0.9	5	0.3	3	CSC	PFS	PAM
12	50	0.9	25	1.2	7	CSC	PFC	PAM
13	50	0.5	5	1.2	7	CC	PFC	BG
14	90	0.9	5	2.4	11	NSC	PFS	PAM
15	10	0.1	25	0.3	3	CSC	PAS	BG
16	90	0.9	25	2.4	11	CSC	PAC	DE
17	10	0.1	45	0.3	3	WC	PAS	PAM
18	50	0.5	45	1.2	7	NSC	PFC	PAM
19	50	0.5	25	0.3	7	WC	PFC	DE
20	90	0.9	45	0.3	11	CC	PAC	PAM
21	10	0.1	5	1.2	3	WC	PAS	DE
22	90	0.9	45	1.2	11	CSC	PFS	DE
23	10	0.1	5	2.4	3	WC	PAC	PAM
24	50	0.5	25	2.4	7	CC	PAC	DE
25	50	0.5	25	1.2	3	WC	PFS	PAM
26	90	0.9	45	4.5	3	NSC	PAS	DE
27	10	0.1	5	0.3	7	CSC	PFS	BG

续表

案例序号	特征向量					最优应急处置技术		
	污染物超标倍数	河水流速/(m/s)	浊度/NTU	UV_{254}	pH	活性炭	无机混凝剂	有机混凝剂
28	90	0.9	45	2.4	7	CSC	PAC	PAM
29	10	0.1	5	0.3	11	CSC	PFC	DE
30	50	0.5	25	1.2	11	CC	PAS	PAM

（3）寻找与污染事故相似度最大的案例　刘仁涛等[56]采用 CBR-MADM 两步筛选法得出此污染事故的最优应急处置技术为"活性炭吸附＋混凝剂"，污染事故特征向量和已搜索到的最大相似度案例序号为 18（表 4-12），对应的应急处置方案为 {NSC＋PFC＋PAM}。

表 4-12　污染事故特征向量和已搜索到的最大相似度案例（序号 18）

特征向量	污染物超标倍数	河水流速/(m/s)	浊度/NTU	UV_{254}	pH	方案	注释
污染事故	23.7	0.4	50	1.6	5.5	未知	
最大相似度案例	50	0.5	45	1.2	7	NSC＋PFC＋PAM	序号 18

（4）生成案例修正库　根据表 4-13 对比输出的相似案例和污染事故，特征向量的"污染物超标倍数"不属于分类标准中的同一类，所以用修正后的案例库 CBR_A（污染物超标倍数）进行替换。

根据案例库中的案例、（污染物超标倍数）特征向量和计划组号（三个班级），通过基于混沌蚁群优化算法的投影寻踪聚类模型转换，生成修正后的案例库（表 4-14）。

表 4-13　污染水体分类标准

特征向量	分类标准		
	I	II	III
污染物超标倍数	＜30	30～70	＞70
河水流速/(m/s)	＜0.3	0.3～0.7	＞0.7
浊度/NTU	＜15	15～35	＞35
UV_{254}	＜0.6	0.6～1.8	＞1.8
pH	＜5	5～9	＞9

表 4-14　污染物超标倍数修正后的案例库

案例序号	特征向量					应急处置技术			注释
	污染物超标倍数	河水流速/(m/s)	浊度/NTU	UV_{254}	pH	a 活性炭	b 无机混凝剂	c 有机混凝剂	
1	10	0.5	25	1.2	7	CSC	PAC	PAM	
2	10	0.9	45	2.4	11	CSC	PAS	PAM	一对可以互相替换的案例
9	10	0.5	5	0.3	3	CC	PFC	DE	
11	10	0.9	5	0.3	3	CSC	PFS	PAM	
15	10	0.1	25	0.3	3	CSC	PAS	BG	
17	10	0.1	45	0.3	3	WC	PAS	PAM	
21	10	0.1	5	1.2	3	WC	PAS	DE	
23	10	0.1	5	2.4	3	WC	PAC	PAM	
27	10	0.1	5	0.3	7	CSC	PFS	BG	
29	10	0.1	5	0.3	11	CSC	PFC	DE	
3	50	0.1	5	0.3	3	CC	PAS	PAM	
4	50	0.9	45	2.4	11	NSC	PAS	PAM	一对可以互相替换的案例
7	50	0.1	25	1.2	7	CC	PFS	PAM	
12	50	0.9	25	1.2	7	CSC	PFC	PAM	
13	50	0.5	5	1.2	7	CC	PFC	BG	
18	50	0.5	45	1.2	7	NSC	PFC	PAM	最相似案例
19	50	0.5	25	0.3	7	WC	PFC	DE	
24	50	0.5	25	2.4	7	CC	PAC	DE	
25	50	0.5	25	1.2	3	WC	PFS	PAM	
30	50	0.5	25	1.2	11	CC	PAS	PAM	

（5）得到修正后的方案　计算案例库 CBR_A（污染物超标倍数＝23.7）与案例库 CBR_A（污染物超标倍数＝50）的每个案例的相似度，得到一组相似度最高的案例（案例 2 和案例 4），两个案例输出的应急处置方案为 {CSC＋PAS＋PAM} 和 {NSC＋PAS＋PAM}。

在这两个类似的案例（案例 2 和案例 4）中，"CSC" 与 "NSC" 的区别是因为条件不同所引起的，可以用作彼此的替代方案对。所以，用"CSC"替换相似案例 18 中的方案{NSC＋PFC＋PAM}中的"NSC"，得到修正后的方案{CSC＋PFC＋PAM}（表 4-15）。

表 4-15　处置方案修正结果

项　　目	方案	注释
组相似案例	NSC＋PFC＋PAM	初试方案
修正方法	用"CSC"替换"NSC"	替换方案
污染事故	CSC＋PFC＋PAM	最终方案

二、危险化学品污染事故应急处理方法

突发性危险化学品污染事故按照污染物的性质主要可以分为三类[72]：①有毒有机物污染事故，如苯酚、硝基苯、农药等的泄漏，运输事故，工厂偷排等；②重金属污染事故，如涉及 Cr、Cd、As 等重金属的企业废水违法超标排放等；③溢油事故，如油罐车泄漏、输油管道爆炸、油船事故等。

1. 突发性危险化学品水污染应急处理策略

通常在河流中，按污染团的扩散程度，可以将其分为四个阶段：污染团出现→竖向混合完成→横向混合完成→纵向混合。在竖向混合完成前，污染团主要是沿水流方向进行推流迁移，伴随着湍流扩散；完成竖向混合后，受近河床剪切离散的影响，纵向弥散加强，污染团逐渐被拉伸成污染带；同时在横向继续扩散，直到横向混合完成（断面任意一点处污染物的浓度在断面平均浓度的 95％～105％之间）。

对于稳态排放的污染源，纵向弥散与推流迁移相比，其对污染物纵向混合传质的影响是可以忽略不计的；而对于瞬时排放的污染团，纵向弥散的强度是影响污染带长度的重要因素。

水体突发重金属污染团扩散的不同阶段所采取的应急处理策略归结为"围""追""堵""截"四部分[73]。

（1）"围"和"追"　污染团进入水体后，在尚未充分扩散前，宜采用"围"和"追"两种方式，即采用围栏、无纺布或是多级石灰堰等设施将污染团限定在一个小的区域内，流速小时可将污染区的水抽至安全地区处理（此即"围"），类似溢油污染应急处置时使用的围油栏，再用移动式处理设备追踪污染团并清除其中的污染物（此即"追"），类似 2006 年 10 月山西省昔阳县杨家坡水库水污染应急处置时所采用的环保疏浚船。

(2)"堵" 若污染物尚未完成横向混合,且沿河渠有引流的条件时,宜将污染带引入并堵在池塘、湿地等处进行静态处理(此即"堵"),如2009年1月山东临沂邳苍分洪道砷污染应急处置时,依托现状地形开挖导流沟,在导流沟内修建吸附坝,并布置抽排水设施。

(3)"截" 若污染物已完成横向混合,只能通过设置大流量、低流阻的吸附坝或混凝沉淀等方式对污染物进行截留削减(此即"截"),如2012年1月广西龙江镉污染事件,投加生石灰与聚合氯化铝沉淀混凝除镉。

2. 突发性危险化学品污染事故应急处理技术

(1)突发性有毒有机物污染的应急处理方法 目前处理突发性有机污染物的方法主要有吸附法、氧化分解等物理化学方法。

吸附法是利用活性炭等吸附材料去除水中苯系物、酚类、农药等有机污染物。

活性炭,因其低成本和优良的吸附能力,已被广泛地应用于低浓度水污染物去除领域。目前活性炭应用广泛,可应对60多种有机污染物。在2005年松花江水污染事故城市供水应急处理中,形成了PAC吸附水源水硝基苯及处理水厂砂滤池新增GAC滤层双重安全屏障的应急处理工艺,处理后硝基苯浓度满足水质标准[74]。

利用阳离子表面活性剂对阳离子交换膨润土进行改性,可以将膨润土对有机物的截留能力提高2~9倍,因而被广泛地用作有机污染物的有效吸附剂。天然膨润土和各种有机膨润土对苯胺、苯、甲苯、邻二甲苯、氯苯和硝基苯的截留能力见图4-24[75]。用十六烷基三甲基铵处理过的膨润土(CTMA-膨润土)吸附泄漏的有机液(分别为苯胺、苯、氯苯和硝基苯),液体体积为25mL,膨润土的投加量为200g/L,污染物很快被吸附,1min内吸附率超过50%,4min内吸附率超过80%,说明CTMA-膨润土可用于泄漏危险有机液体的扩散预防。

Ma等[76]利用高内相乳液和聚合成孔剂制备出分层多孔树脂,具有吸油速率快、吸油容量高的双重特点,可应用于泄漏有机污染物的应急处理。合成的Resin-HIPE-H/50[高内相乳液/高分子量大分子聚甲基丙烯酸丁酯/50%(质量分数)成孔剂]型树脂,对氯仿和甲苯的吸收能力分别为31.5 g/g和17.1 g/g,达到饱和吸附的时间仅需5min;树脂表现出压力下的高保油性,3000r/min下离心5min保油率超过90%;树脂可以多次再生重复使用,经过六次吸收/解吸循环后,吸附能力几乎不变。

与传统颗粒/粉末吸附剂相比,富有发达大孔结构的整体吸附剂对有机污染物都有很好的吸附性能，因具有低压力降、高透过率与高传质效率、性能稳定、容易制作、易回收等特点，在有机危险化学品污染的应急处理中有很好的应用前景。目前所研发的整体式吸附剂可以分为疏水改性海绵、炭气凝胶和炭泡沫三种。以聚氨酯海绵为牺牲模板，形成内部通道；以玉米淀粉和氧化锌分别为黏结剂和增强填料，使玉米淀粉、氧化锌、稻壳炭粉与水混合而成的均质膏体完全渗透进入聚氨酯海绵，干燥后在氮气气氛中 300～500℃ 条件下炭化，可得到整体式泡沫炭[77]。与活性炭相比，整体式泡沫炭对苯的吸附容量分别是商用活性炭和原料稻壳炭的 3.8 倍和 2.2 倍。

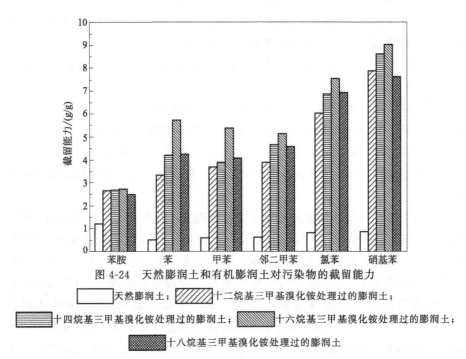

图 4-24　天然膨润土和有机膨润土对污染物的截留能力

□ 天然膨润土；▨ 十二烷基三甲基溴化铵处理过的膨润土；

▤ 十四烷基三甲基溴化铵处理过的膨润土；▨ 十六烷基三甲基溴化铵处理过的膨润土；

▨ 十八烷基三甲基溴化铵处理过的膨润土

吸附法可快速清除水体中的有毒有机污染物，但吸附材料多为颗粒状或者粉末状，直接投放于污染水域存在不易回收的问题，污染物无法从根本上去除。因此，吸附材料一般要被固定在编织网袋中，然后在河流的适当横截面采用吸附坝和移动吸附船的形式进行吸附应急处理，此法已成功应用于 2012 年浊漳河苯胺泄漏事故和 2009 年山东临沂含砷工业废水跨省污染下游江苏邳州邳苍分洪道事件的污染应急处理中。由于颗粒吸附剂紧密包装在袋子里，这项技术很容易在河流中造成快速的水头损失，河水流量大，吸附剂与污染物接触不良，导致吸附性能低。为了解决以上问题，有研究者研发了移动式液固循环流化床[78]、模块化振荡床吸附反应器[79]和活性炭拦截吸附网[80]。

液固循环流化床容易被船只或其他漂浮装置携带，作为一个模块化单元用于移动应急处置，它可以快速部署，操作简单。与固定床吸附工艺相比，流化床吸附工艺具有较高的吸附速率常数、较短的水力停留时间、较低的能耗和化学消耗。Zheng 等[78]设计了实验室规模液固循环流化床（图 4-25）和移动式工业规模应急处置流化床（工艺见图 4-26）。

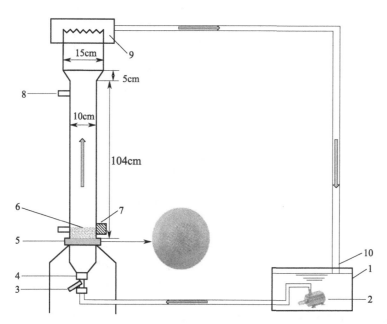

图 4-25　实验室规模液固循环流化床示意图

1—水箱；2—潜水泵；3—床入口的截止阀；4—床入口；5—多孔板分布器；
6—活性炭床层；7—出料口；8—压力孔；9—溢流口；10—床出口

在实验室规模液固循环流化床吸附试验中，所用椰壳颗粒活性炭粒径为 $10 \sim 30$ 目、比表面积为 $846.04 m^2/g$、密度为 $1241 kg/m^3$，苯胺初试浓度为 100 mg/L，临界流化速度（u_{mf}）为 0.0097 m/s，颗粒终端速度（u_t）为 0.056 m/s，最佳表观液速为 $3u_{mf}$，最佳吸附剂投加量 27 g/L，最佳条件下的动态吸附量为 70 mg/g。2012 年 12 月，位于长治市潞城市境内的山西天脊煤化工集团股份有限公司发生一起因输送软管破裂导致的苯胺泄漏事故，大约 8.7t 苯胺进入了漳河上游的浊漳河。Zheng 等[78]计算结果表明，如果采用图 4-26 的移动式工业规模应急处置流化床对污染的河水进行应急处理，仅需两排 10 个流化床，装置需装 1.73t 活性炭，吸附平衡时间为 0.5h，动态吸附量为 70 mg/g，36h 即可去除 8.7t 苯胺。

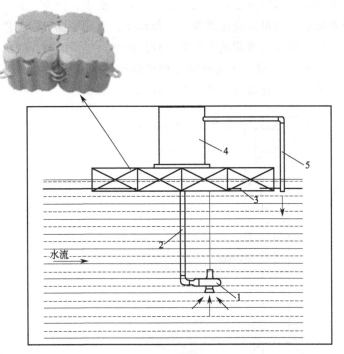

图 4-26　移动式工业规模应急处置流化床吸附工艺

1—潜水泵；2—进水管；3—浮排；4—液固循环流化床；5—排水管

Du 等[79]设计了模块化振荡床吸附反应器（图 4-27），振动传动装置转动吸附袋，使吸附剂流态化，增加外传质系数，可用于大流量污染水流的应急处理。当吸附剂袋装率为 50%（体积分数）、Cu（Ⅱ）初试浓度为 100mg/L、袋间距与水深之比等于 0.2、转动速度为 17r/min 时，树脂吸附能力达到 65.80mg/g，且 Cu（Ⅱ）的去除性能随着转动速度、吸收剂投加量、袋间距与水深之比的增加而提高。

此外，韩洪军等[80]设计了活性炭拦截吸附网（图 4-28），当突发性污染事故发生时，可对已经泄漏到水体中的污染物进行应急吸附处理。

氧化分解法是采用高锰酸钾、臭氧等氧化剂将水中有机污染物氧化去除。在 2007 年无锡自来水臭味事件应急处理中，科研人员在取水口投加高锰酸钾氧化甲硫醇，同时在水处理厂絮凝池前投加 PAC 吸附其他臭味物质及污染物，从而解决了自来水臭味问题[81]。但采用氧化分解法需向水体中投加化学药剂，容易造成水体二次污染，且残留的化学药剂需要进行后处理，使得该方法工艺复杂，操作烦琐，因此其用于自然水体污染的应急处理还有待于进一步研究。

（2）突发性重金属污染的应急处理方法　目前，针对突发性重金属污染事故的应急处理方法主要有化学混凝沉淀法及吸附法[82]。

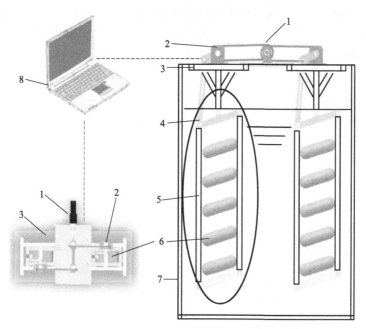

图 4-27　模块化振荡床吸附反应器示意图

1—电动机；2—驱动装置；3—支撑板；4—振荡传输装置；

5—悬挂器；6—滤袋；7—水箱；8—程序控制器

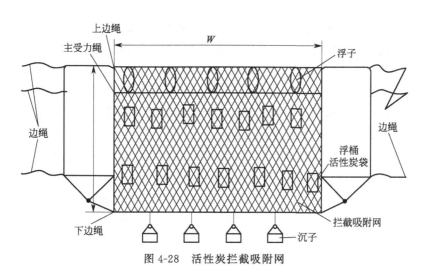

图 4-28　活性炭拦截吸附网

化学混凝沉淀法适合于水处理厂水中重金属的应急去除，但针对自然水体调节 pH 不太实际,向水体中添加酸碱会造成水体二次污染,加剧水污染的严重程度。混凝沉淀必须将污染水域隔离开来,混凝沉淀物的回收及混凝沉淀后水体的后续处理等都十分烦琐,对于流动水体,该方法的适用性更有限。

吸附法工艺简单、效果稳定,尤其适用于大流量低污染物含量的去除,是应对突发性重金属水污染事故首选的应急处理技术[82]。用于重金属污染水体处理的吸附剂有颗粒活性炭、黏土(海泡石、膨润土、沸石等)、飞灰、碳纳米管、纤维素、壳聚糖、氧化石墨、螯合纤维等,大多存在高成本、难回收和含金属污泥易污染的问题。

壳聚糖是由甲壳动物外壳中的甲壳素脱乙酰化得到的一种生物聚合物,是一种具有抗菌性能、可生物降解的可再生材料,因其化学结构中存在氨基和羟基而具有很高的金属吸附能力,壳聚糖的改性及其在重金属污染水体吸附处理方面的研究近年来一直受到关注。

Yan 等[83]通过壳聚糖与醚化剂氯乙酸的醚化反应,制备得到表面羧甲基化壳聚糖水凝胶珠,能对 Cu^{2+} 进行选择性吸附,吸附能力达到 130.23mg/g。Chen 等[84]制备了三辛基铵羧甲基壳聚糖(Aliquat 336 功能化壳聚糖)吸附剂,其 Pb^{2+} 吸附能力达到 143 mg/g。Niu 等[85]以棉纤维为基材,通过三亚乙基四胺和羧甲基壳聚糖的功能化改性,研发出一种复合改性吸附剂,其 Cu^{2+} 和 Pb^{2+} 的吸附能力分别为 95.24mg/g 和 144.93mg/g。Ellendersen 等[86]以商用壳聚糖为原料采用泡沫层法制备得到了壳聚糖泡沫生物聚合物,可以高效去除有机和无机污染物(极性和非极性),其密度小,可以悬浮在污染水体表面,有利于吸附污染物后的泡沫生物聚合物的收集,可用于紧急情况和因自然或人为原因造成的水污染事故,如储存池坝体的倒塌而引起的采矿废水排放。将 0.5g 壳聚糖泡沫生物聚合物吸附剂投加于 100mL pH 为 4.0~7.0 的模拟废水中,废水中 Fe^{3+}、Ag^+、Cu^{2+}、Pb^{2+} 和 Cr^{3+} 的初始浓度均为 400mg/L,壳聚糖泡沫生物聚合物可以吸附所有这些金属离子,吸附 24h 后,水体中的金属离子浓度均低于 0.6mg/L。

此外,超滤技术可以用于低浓度 Cd^{2+} 的污染水体的应急处理。Meng 等[87]采用超滤技术处理低浓度 Cd^{2+} 的模拟污染废水,试验结果表明滤膜截留分子量、Cd^{2+} 浓度、溶液 pH 值、离子强度对 Cd^{2+} 的去除率均有影响,当废水中腐殖酸浓度为 10mg/L 时,在最佳 Cd 去除条件下,超滤将进水 Cd^{2+} 浓度从 1.0mg/L 降至 0.019mg/L。

(3)突发性油类污染的应急处理方法 突发性油类污染的应急处理方法主要有物理回收法和化学方法 2 种。

① 物理回收法 在溢油事故处理中实际应用的物理处理法有以下三种[88]。

　　a. 围栏法　石油泄漏到海面后，应首先用围栏将其围住，阻止其在海面扩散，然后再设法回收。围栏应具有滞油性强、随波性好、抗风浪能力强、使用方便、坚韧耐用、易于维修、海生物不易附着等性能。围栏既能防止溢油在水平方向上的扩散，又能防止原油凝结成焦油球，在海面垂直方向上的扩散。

　　b. 撇油法　撇油法是在不改变石油的物理化学性质的基础上将石油回收，当前常用的撇油器有吸式撇油器、吸附式撇油器和重油撇油器。吸式撇油器主要有真空撇油器、韦式撇油器、涡轮撇油器，吸附式撇油器可以分为带式撇油器、鼓式撇油器、毛刷式撇油器、圆盘式撇油器、拖把式撇油器，重油撇油器是用来去除高黏稠石油和乳化油水混合物的。

　　c. 吸油法　吸油法主要用在靠近海岸和港口的海域，用于处理小规模溢油。制作吸油材料的原料有高分子材料、无机材料和纤维三种，高分子材料包括聚乙烯、聚丙烯、聚酯等，无机材料有活性炭、硅藻土、珍珠岩、浮石和膨润土等，纤维有稻草、麦秆、木屑、草灰、芦苇等。

　　超疏水材料具有优异的吸油性能，Zhu 等[89]采用阳离子聚合法制成一种超疏水磁性聚二乙烯基苯（PDVB）纳米纤维，是一种含 Fe_3O_4 纳米颗粒的中空纳米纤维。在 50mL 模拟柴油污染废水中加入 0.01g 磁性 PDVB 纳米纤维，当油初始浓度大于 3000mg/L 时，饱和吸附容量为 12.3g/g。将此材料应用于实际焦化废水处理，当油的初始浓度为 2500mg/L 时，油的去除率达到 54%，吸附容量为 12.1g/g；当油的初始浓度为 100~250mg/L 时，吸附后油的浓度小于 10mg/L，油的去除率超过 90%（图 4-29）。

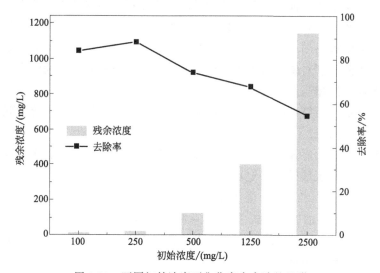

图 4-29　不同初始浓度下焦化废水中油的吸附

吸油法使用亲油性的吸油材料回收油类，是解决油污染的根本方法。2009年3月11日，绵阳市发生突发性柴油污染事故，绵阳市水务集团采用吸油毡等对柴油进行物理吸附和拦截，水处理厂采用PAC深度处理强化水质应急处理，确保了水质安全[90]。

② 化学方法 用于处理油污染的化学试剂有分散剂、凝油剂、破乳剂、助燃剂和黏性添加剂等[88]。

溢油分散剂是由表面活性剂、渗透剂、助溶剂、溶剂等组成的均匀透明液体。分散剂可以减少石油和水之间的表面张力，使溢油在水面乳化形成O/W型乳状液，利用分散剂可将油污分散成极微小的油滴（1~70μm），增大其与微生物接触的表面积，同时降低油污的黏性，减弱其黏附于沉积物、水生生物及海岸线的机会[91,92]。溢油分散剂一般用量为溢油的1%~20%（质量分数），它使用方便，效果不受天气、海水状况影响，是在恶劣条件下处理溢油的首选方法，目前在国内被广泛用于处理常规溢油事故，但是分散剂可能破坏生态环境，其使用受到了严格的控制。

凝油剂可使石油胶凝成黏稠物或坚硬的果冻状物。其优点是毒性低，不受风浪影响，能有效防止油扩散。

破乳剂是可用于破坏油水混合物，加速石油生物降解的生物修复化合物。

目前，分散剂对水生态环境的影响还不明确，其使用也受到了严格的控制。也可以采用各种助燃剂，使大量溢油在短时间内燃烧完[91]，但这种方法对海洋生态平衡造成不良影响，并且浪费能源。

燃烧法是采用各种助燃剂，使大量溢油能在短时间内燃烧完的方法。燃烧法无需复杂装置，处理费用低。但是考虑到燃烧产物对海洋生物的生长和繁殖的影响，对附近船舶和海岸设施可能造成损害，而且燃烧时产生的浓烟也会污染大气，因此处理对象一般为大规模的溢油和北冰洋水域的石油污染，处理地点一般为离海岸相当远的公海[88]。

在实际溢油污染事故中，溢油的应急处理往往是采用物理与化学联合处理的方法。2000年11月14日广州港31号灯浮附近水域发生"11·14"重大船舶溢油污染事故，溢油主要分布在珠江口内伶仃岛正北方、矾石水道和马洲至马湾之间，事故水域受到一定程度的污染，海面风力等级为3~4，海水水速范围为1.12~2.42km/d，溢油黏度为$(1.0~2.0) \times 10^{-3} m^2/s$。事故溢油230$m^3$，对船舶溢油进行篱式围栏-稻草吸油材料-传统分散剂的联合处理，溢油清除共历时6d，回收污油水50t、油垃圾276.5t，使事故对珠江口水域的污染损害降低到最低限度。

（4）水利工程技术在突发性水污染事故处理中的应用 通过水利工程技术

对水资源在时间和空间上的调度运用，可快速减轻突发性水污染事故的危害。一般来讲，水利工程在处置突发水污染事故中可选择采取以下方式来减轻污染，改善水质^[93]。

①"放"水或称"泄"水　该方式主要通过水利工程的调度，启动水污染发生河段上游水利工程闸门泄水或加大水污染发生河段上游水利工程的下泄流量，以达到稀释污染带、污染团或使污染带、污染团快速通过某一敏感水域（如城市供水水源地），如2005年"11·3"松花江重大水污染事件通过丰满水库和尼尔基水库应急调水（其中丰满水库最大泄流量达到$1000m^3/s$），大大稀释了污染物浓度，缓解了下游的压力；2006年"1·5"洛河水污染事件应急处置中，将小浪底水库下泄流量由$275m^3/s$加大到$600m^3/s$等，这对污染团稀释、降低污染物浓度起到了积极的作用。

放水冲污或稀释污染团，对水污染事件处置一般具有良好的效果。但在平时河道污染较重、河道内沉积污染物较多的情况下，也可能效果有限。2006年9月8日，湖南省岳阳县城饮用水源地新墙河发生水污染事件，从上游大量调水稀释，2d后取水口砷浓度仍然居高不下。经进一步核查，发现大量含砷污染物沉淀在新墙河底泥中，调水冲刷后，底泥中存积多年的砷污染物释放出来。

②"停"水　该方式主要通过水利工程的调度，关闭水利工程闸门或下降水利工程闸门，减少或断止水污染发生河段上游水利工程的下泄流量，减缓污水团或污染带向下游推进的流速，为下游采取污染物拦截、采取处置措施争取时间。如，2006年"1·5"洛河水污染事件应急处置中，黄河水利委员会通过水量调度，关闭污染源上游伊河陆浑水库、洛河故县水库，减缓了污水团在洛河的推进速度，为河南省采取污染物拦截、处置油污争取了时间，使污染物进入支流下游和黄河数量减少。

③"引"水　"引"水，是调度其他水域的水到另一水域，以达到稀释污染团、改善水质的目的。

④"拦"污或"引"污　"拦"污或"引"污是针对一些毒性较大、难以处理及污染物浓度特高的污染团，采取的一种应急处置方法。该方法主要是通过下闸关闭水利工程使污染团暂时缓存在某一河段，或采取引流方式将污染团引出流动水域，利用岸边有利洼地将污染团暂时缓存，然后进行处理的一种方式。无论"拦"污或"引"污方式的使用，均将给污水暂时存放水域或地域内及周边的居民生活生产及生态环境造成影响，采用时应非常慎重。

三、典型危险化学品污染的应急处理

1. 铊污染事故的应急处理

铊是一种新兴的污染物，随着含铊矿石采冶水平的提高，铊将成为一种常见的水环境污染物。铊有 Tl(Ⅰ) 和 Tl(Ⅲ) 两种氧化状态，Tl(Ⅲ)/Tl(Ⅰ) 的标准电极电位为 1.25V，所以 Tl(Ⅰ) 在热力学上更稳定，也是自然界中主要的 Tl 物种。铊对哺乳动物的毒性高于汞、铅、铬、铜，美国环保局饮用水标准中铊的最大污染水平为 $\leqslant 2\mu g/L$，二级最大污染物标准为 $\leqslant 50\mu g/L$。由于污染水体中 Tl(Ⅰ) 浓度极低，水溶性高且通常伴有锌(Ⅱ)、铅(Ⅱ)、铜(Ⅱ)、镉(Ⅱ) 重金属离子存在（表 4-16）[94]，当其他重金属处理达标时，Tl 的浓度依然远高于其最高排放水平，所以 Tl 的去除一直面临诸多技术难题。适合于 Tl(Ⅰ) 污染应急处理的潜在技术方案有 $KMnO_4$ 氧化＋CaO 沉淀与絮凝＋强化絮凝、过硫酸盐氧化和铁絮凝＋强化絮凝、K_2FeO_4＋强化过滤、负载 FeOOH 的 MnO_2 纳米复合材料吸附和基于零价铁的类 Fenton 技术[95]。

表 4-16　采矿废水污染水体水质（pH＝2.5）

元素	Cu	Fe	Mn	As	Cd	Co	Ni	Pb	Tl
浓度/(mg/L)	46	263	13	1.1	0.82	0.55	0.18	0.11	0.032

（1）$KMnO_4$ 氧化＋CaO 沉淀与絮凝＋强化絮凝　废水水质见表 4-16。首先向 500mL 废水中加入 0.5g CaO，调节 pH 值为 6.9 ± 0.4，生成铁和铝的氢氧化物沉淀，静置 1h；取 400mL 上清液，分别加入与废水中 Mn^{2+} 反应所需的 1/4、1/2、1 倍化学计量的 $KMnO_4$，随即加入 0.01gCaO 调节 pH 为 9.5 ± 0.3[94]。加入 1/4 化学计量的 $KMnO_4$，不能有效去除 Tl。加入 1/2、1 倍化学计量的 $KMnO_4$：处理后 $Tl\leqslant 2\mu g/L$，达到 EPA MCL 标准；但 Mn 的浓度超过 $50\mu g/L$，没有达到美国 EPA 饮用水二级标准（SMCL 标准）。

（2）过硫酸盐氧化和铁絮凝＋强化絮凝　Fe^{2+}-$S_2O_8^{2-}$ 类 Fenton 系统通过胶体氢氧化铁的吸附作用和 Fe^{2+}-$S_2O_8^{2-}$ 系统的氧化沉淀作用可以高效去除废水中的 Tl，在 Tl 污染废水的应急处理方面具有良好的应用潜力。Li 等人[96] 将此系统用于处理氧化锌生产厂家的实际废水，废水中 Tl、Na、Cd 和 Zn 的浓度分别为 $(451\pm86)\mu g/L$、$(110\pm89)mg/L$、$(23.2\pm1.7)mg/L$ 和 $(171\pm21)mg/L$，当 Fe^{2+} 和 $S_2O_8^{2-}$ 的投加量为 3mmol/L 和 5mmol/L、混凝 pH 为 10 时，在 25℃下反应 30min 后，出水中 Tl 的浓度低于地方排放限值（$5\mu g/L$），处理吨水所需的试剂费用仅为 1.77 美元。

（3）K_2FeO_4＋强化过滤　K_2FeO_4 可将 Tl(Ⅰ) 氧化为 Tl(Ⅲ)，同时

还原生成铁颗粒，铁颗粒粒径范围为 $10\sim100\text{nm}$，中性 pH 条件下带负电荷，铁颗粒可通过共沉淀或表面吸附作用去除 Tl（Ⅲ）。利用 K_2FeO_4 处理 Tl 污染的河水，Tl（Ⅰ）初始浓度为 $1\mu\text{g/L}$、K_2FeO_4 投加量为 5mg/L，20℃下以 120r/min 搅拌 30min 后，Tl（Ⅰ）去除率超过 90%，处理后 Fe 的浓度低于 0.3mg/L，Tl 与 Fe 指标满足 GB 5749—2006《生活饮用水卫生标准》[97]。

（4）负载 FeOOH 的 MnO_2 纳米复合材料吸附　Fe/Mn 摩尔比为 1:2 的负载 FeOOH 的 MnO_2 纳米复合材料，比表面积达到 $192\text{m}^2/\text{g}$，可以通过吸附氧化作用除去水中的痕量 Tl（Ⅰ）。原水 Tl（Ⅰ）初始浓度为 1mg/kg，pH=7.0，材料投加量为 0.4g/L，30℃下以 150r/min 搅拌，吸附平衡时间短于 4min，Tl（Ⅰ）的最大吸附容量达到 450mg/g，处理后的 Tl 与 Fe 指标满足 GB 5749—2006《生活饮用水卫生标准》[98]。

（5）基于零价铁的类 Fenton 技术　Fenton 或类 Fenton 技术可以同时去除废水中的有机污染物和重金属，与过氧化氢偶联的零价铁可以为 Fenton 反应持续供应铁源作为催化剂，能有效地破坏有机污染物，同时通过氧化、沉淀和吸附作用实现金属 Tl 的去除，基于零价铁的类 Fenton 技术可以作为处理 Tl 污染的一种应急方法。Li 等人[99] 采用基于零价铁的类 Fenton 技术处理了实际工业废水和受污染的珠江河水，零价铁平均粒径 $1.8\mu\text{m}$，比表面积 $0.188\text{m}^2/\text{g}$。实际工业废水来源于 2 家氧化锌生产厂。一家采用 HCl 萃取工艺，废水氯离子浓度大于 4000mg/L，铊的浓度范围为 $(11.5\pm1.6)\text{mg/L}$；另一家采用氨萃取工艺，废水氨氮浓度大于 2000mg/L，铊的浓度范围为 $(12.6\pm1.8)\text{mg/L}$。受污染的珠江河水铊的浓度为 $50\mu\text{g/L}$。采用基于零价铁的类 Fenton 技术处理以上三种废水，废水初始 pH 为 2.8，零价铁投加量为 3.78g/L，H_2O_2/Fe^0 摩尔比为 6.84，DTPA（二亚乙基三胺五乙酸）/Tl 摩尔比为 15，絮凝沉淀的 pH 为 10.5。处理结果表明：对于采用 HCl 萃取工艺制备氧化锌所产生的废水，Tl 的去除率为 $(80.3\pm3.5)\%$，TOC 去除率为 $(70.1\pm4.2)\%$；对于采用氨萃取工艺制备氧化锌所产生的废水，Tl 的去除率为 $(96.7\pm1.0)\%$，TOC 去除率为 $(51.3\pm4.8)\%$；对于污染的珠江河水，TOC 去除率为 $(74\pm2.2)\%$，处理后水中 Tl 浓度为 $(0.091\pm0.010)\mu\text{g/L}$，Tl 指标满足 GB 5749—2006《生活饮用水卫生标准》[99]。

此外，铊污染潜在应急技术方案还有零价铁＋H_2O_2 的类 Fenton 技术、MnO_2 吸附＋石英砂过滤技术、MnO_2 吸附＋$Al_2(SO_4)_3$ 混凝技术、钠离子交换＋活性氧化铝吸附技术，以及美国环保局推荐的钠离子交换＋活性氧化铝吸附技术[95]。

2. Cr（Ⅵ）污染事故的应急处理

$FeCl_3/NaBH_4$ 处理系统将还原和吸附/共沉淀性能集于一体，具有去除效率高、反应和沉淀时间短、适用 pH 范围宽、原料易得等特点，可应用于 Cr（Ⅵ）污染事故的应急处理[100]。

$FeCl_3/NaBH_4$ 系统去除 Cr（Ⅵ）的机理包括化学还原和吸附/共沉淀，首先 $FeCl_3$ 发生水解。

$$Fe^{3+} + H_2O \longrightarrow FeOH^{2+} + H^+$$

$$FeOH^{2+} + H_2O \longrightarrow Fe(OH)_2^+ + H^+$$

$$Fe(OH)_2^+ + H_2O \longrightarrow Fe(OH)_3 + H^+$$

水解产生足够多的 H^+，为 $NaBH_4$ 将 Cr（Ⅵ）还原为 Cr（Ⅲ）提供了强酸环境。

$$2Cr_2O_7^{2-} + 3BH_4^- + 19H^+ \longrightarrow 4Cr^{3+} + 3H_3BO_3 + 6H_2 \uparrow + 5H_2O$$

$$Cr_2O_7^{2-} + 4BH_4^- + 10H_2O \longrightarrow 2Cr(OH)_3 \downarrow + B_4O_7^{2-} + 13H_2 \uparrow + 4OH^-$$

$$2Cr_2O_7^{2-} + 12BH_4^- + 29H_2O \longrightarrow 4Cr(OH)_3 \downarrow + 3B_4O_7^{2-} + 42H_2 \uparrow + 10OH^-$$

同时，$FeCl_3$ 水解生成的带正电荷的产物吸附 Cr（Ⅵ）。最后，Fe（Ⅲ）与 Cr（Ⅲ）发生共沉淀，生成 Cr-Fe 复合氧化物/氢氧化物。

25℃下 $FeCl_3/NaBH_4$ 系统的最佳处理条件为：初始 pH 值 3.5～6.0、Fe（Ⅲ）/Cr（Ⅵ）摩尔比 1.0∶1 和 $FeCl_3/NaBH_4$ 摩尔比 1∶3.0。Cr（Ⅵ）的去除率随 pH 值降低、$FeCl_3/NaBH_4$ 摩尔比的减小以及 Fe（Ⅲ）/Cr（Ⅵ）摩尔比的增大而显著上升（见图 4-30、表 4-17、图 4-31）[100]，完全反应时间仅需 3min。

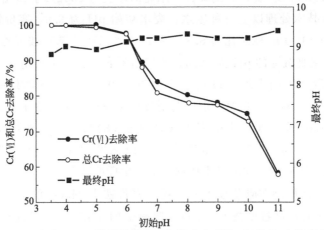

图 4-30　$FeCl_3/NaBH_4$ 处理系统中 pH 值对 Cr（Ⅵ）和总 Cr 去除率的影响

［Cr（Ⅵ）初始浓度 50mg/L，Fe（Ⅲ）浓度 55 mg/L，$FeCl_3/NaBH_4$ 摩尔比 1∶3.0］

表 4-17 FeCl₃/NaBH₄ 处理系统中 FeCl₃/NaBH₄ 摩尔比对 Cr(Ⅵ) 去除率的影响
[Cr(Ⅵ) 初始浓度为 50 mg/L，Fe (Ⅲ) 浓度为 55mg/L，初始 pH＝4.0]

样品	FeCl₃/NaBH₄ 摩尔比	Cr(Ⅵ) 去除率/%	反应后 pH 值	实验现象	Zeta 电位 /mV	颗粒物 直径/nm
1	1∶0①	9.5	2.9	溶液-溶胶-沉淀	−1.96±1.44	114.9
2	1∶0.6	62.2	3.0	溶胶②	26.43±1.95	165.5
3	1∶1.2	92.8	3.3	溶胶②	29.02±1.48	302.2
4	1∶1.8	99.7	3.9	溶胶②	36.61±1.80	322.6
5	1∶2.4	99.8	8.2	沉淀	—	—
6	1∶3.0	99.9	8.6	沉淀	—	—

①仅加入 55mg/L 的 Fe(Ⅲ)；②加入 NaOH 将 pH 调至 8 左右。

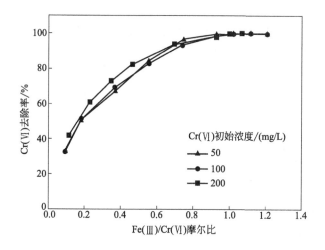

图4-31 FeCl₃/NaBH₄ 处理系统中不同 Cr(Ⅵ)浓度下 Fe(Ⅲ)/Cr(Ⅵ)
摩尔比对 Cr(Ⅵ)去除率的影响(FeCl₃/NaBH₄摩尔比 1∶3.0,初始 pH＝4.0)

3. 有机磷农药和化学毒剂的应急处理

一种由磁铁矿颗粒和氧化铈纳米晶体表面层组成的新型的磁分离复合材料（反应性吸附剂，$CeO_2/\gamma\text{-}Fe_2O_3$），可以用来快速降解有机磷农药甲基对硫磷和化学毒剂梭曼（soman）神经毒气、S-(2-二异丙基氨乙基）甲基硫代膦酸乙酯（VX）神经性毒剂。煅烧温度 300～400℃制备的反应性吸附剂具有很高的降解效率，室温下半反应时间不超过 10min（图 4-32、图 4-33）[101]，同时能保持良好的磁性，有利于吸附剂的分离和重复利用。

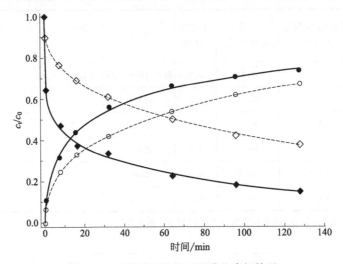

图 4-32　吸附剂对甲基对硫磷的降解情况

实线为甲基对硫磷在庚烷中；虚线为甲基对硫磷在乙腈中。钻石形状为甲基对硫磷（反应物）；

圆圈形状为 4-硝基苯酚（产物）

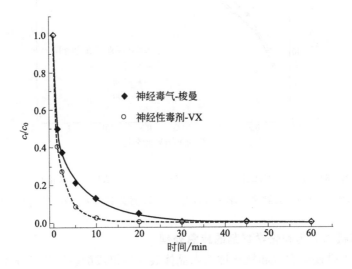

图 4-33　吸附剂对化学毒剂的降解情况（300℃煅烧温度，壬烷介质中）

CeO_2 反应性吸附剂能加速有机磷农药（甲基对硫磷、毒死蜱、二氯芬硫磷、苯氯磷和原硫磷）和化学毒剂 [梭曼（soman）神经毒气、S-（2-二异丙基氨乙基）甲基硫代膦酸乙酯（VX）神经性毒剂〕的分解[102]。CeO₂反应性吸附剂能使农药分子中 P—O—芳基键快速断裂（图 4-34），从而明显加速甲基对硫磷的分解。在合适的非水溶剂（庚烷、乙腈、丙酮）中，铈能加速 C—O—芳基键的断裂，使有机磷农药和有机磷类型的化学毒剂在 10~100min 内完成分解，而在水介质中则需要数小时或数天才能完成。有机磷农药的降解率主要与碳酸铈的煅烧温度有关，其最佳煅烧温度为 500℃。

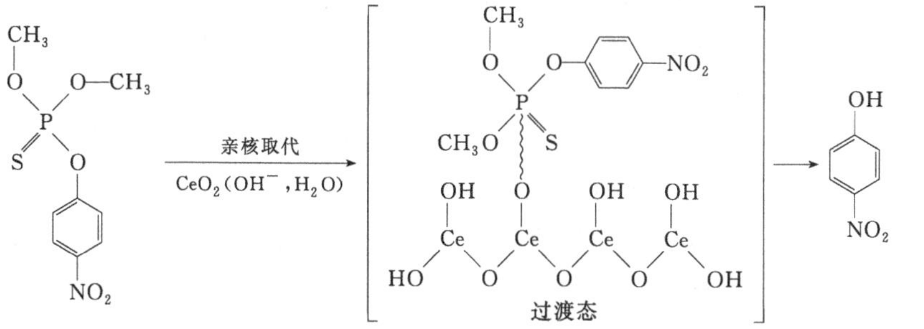

图 4-34　甲基对硫磷的降解途径

4. 含油乳化液废水的应急处理

乳化液被普遍用于机械加工、金属压延等行业，作为机器零配件的切削、研磨等过程的冷却剂、润滑剂或传递压力的介质。乳化液在循环使用多次后，会发生不同程度的酸败变质，性能降低，需进行更换，形成废乳化液。乳化液废水的主要成分为机械油或矿物油、乳化剂、防腐剂、表面活性剂等，具有高度分散稳定性、化学成分复杂、污染物浓度高且不易降解、处理难度大等特点。

刘钢等[103]采用二级破乳/混凝-砂滤-活性炭吸附组合工艺（图 4-35）处理受某铝电子公司废乳化液污染的鱼塘废水，废水 COD 为 380~497mg/L，石油类含量为 6.81~21.9mg/L，COD 和石油类物质的去除率分别为 82.9% 和 99.6% 以上，出水满足 GB 3838—2002 中的Ⅲ类标准要求。

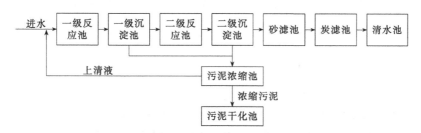

图 4-35　二级破乳/混凝-砂滤-活性炭吸附组合工艺

第三节　危险化学品的回收

一、有机溶剂废液的回收利用

以乙腈、甲醇、异丙醇、正丁醇、乙醇、正己烷、二氯甲烷、四氢呋喃、丙酮、甲基叔丁基醚、乙酸乙酯、正庚烷、正丙醇、二甲基亚砜、N，N-二甲基甲酰胺等为主要组分的高浓度有机溶剂废液，具有较高的循环利用价值。针对不同的有机溶剂废液的组成特点，根据废液浓度、所混合的其他溶剂类型及物性，采用如图 4-36 所示的一种或几种技术的组合进行预处理，再采用如图 4-37 所示的一种或多种纯化集成技术进行分离提纯，可回收得到工业级别甚至色谱级别高纯溶剂[104]。

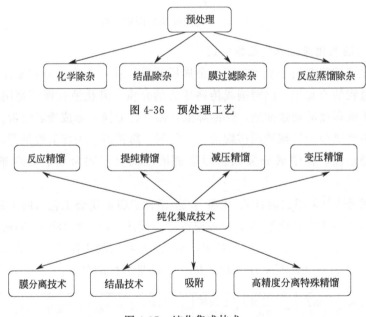

图 4-36　预处理工艺

图 4-37　纯化集成技术

1. 乙腈废液的回收

乙腈又名甲基氰，最主要的用途是作为有机溶剂，适用于医药、石油、化工、生物等众多领域。用于医药行业中，可作为甾族类药物的再结晶的反应介质，是维生素 B1、香料制造的中间体。用于石油工业中，通常作为溶剂从石油烃中除去焦油，可以作为酚类等物质的溶剂。在化工行业中，可作为合成纤维、抽提丁二烯以及某些特殊涂料的溶剂，也可以用于乙胺、乙酸等的合成。用于药物分析上，能够作为流动相配制高效液相色谱，乙腈与水形成的二元共沸混合物（含乙腈质量分数84％，沸点76℃）常常用于需要高介电常数的极性溶剂。用于油脂工业中，一般作为动植物油抽提的溶剂。

同时，乙腈还是色谱分析中最优秀的色谱溶剂，但其制造提纯工艺也是最困难、最复杂的。目前国内用普通工艺提纯的色谱级乙腈产品，其生产过程对环境污染严重，质量却远远没有达到要求，较长时间以来乙腈制造提纯工业的发展与其造成的环境污染的矛盾一直十分突出。

在乙腈的使用过程中，会不可避免地产生高浓度的乙腈废液。常压下乙腈与水形成二元共沸物，恒沸点温度76℃，含水16％（质量分数），因此不能通过常规的精馏方法进行分离。乙腈废液现有的回收工艺主要有萃取精馏、变压精馏和渗透汽化。

萃取精馏是在混合物中加入第三种物质，即萃取剂或溶剂，通过改变原有组分的挥发度而实现分离的特殊精馏方法。萃取剂要求其沸点比混合物中组分的沸点高得多，并不与混合物中各组分形成共沸物，易于回收。萃取精馏可以处理复杂的原料组成，适合小批量处理，且操作简单，适合制药生产中乙腈废液的回收分离。

变压精馏采用高压和低压双塔串联的方式分离共沸物，与萃取精馏相比具有不引入杂质和节能的优点，但是该方法需要冷源和加压设备，操作复杂，设备投资高。

渗透汽化是一种新兴的膜分离技术，渗透汽化使用的是致密膜、有致密皮层的复合膜或非对称膜。原料液进入膜组件，流过膜面，在膜后侧保持低压。由于原液侧与膜后侧组分的化学位不同，原液侧组分的化学位高，膜后侧组分的化学位低，所以原液中各组分将通过膜向膜后侧渗透。因为膜后侧处于低压，所以组分通过膜后即汽化成蒸气，蒸气用真空泵抽走或用惰性气体吹扫等方法除去，使渗透过程不断进行。原液中各组分通过膜的速率不同，透过膜快的组分就可以从原液中分离出来。

采用萃取精馏、变压精馏和渗透汽化技术对高浓度乙腈废液进行回收，可以得到质量浓度大于99.0％（质量分数）的工业级乙腈产品和质量浓度大于99.9％（质量分数）的色谱级乙腈产品，既可回收利用乙腈，节约乙腈废液高昂的处理费用，又可以避免乙腈产品制造提纯过程带来的环境污染问题。

（1）含质量分数50％乙腈废液的回收　含50％（质量分数）乙腈废液来自农药企业。废液采用萃取与精馏工艺结合进行处理回收，原料先经过调质后进入精馏塔共沸精馏，而后采用加入萃取剂进行萃取、精馏、提纯，生成质量浓度大于 99.0％（质量分数）的工业级乙腈产品，萃取剂回收循环利用，其回收工艺流程见图 4-38[104]。

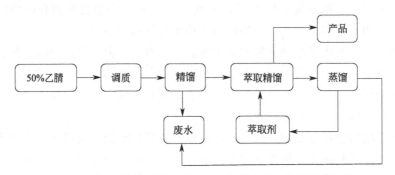

图 4-38　含 50％（质量分数）乙腈废液回收工艺流程示意图

50％（质量分数）乙腈废液从原料罐区用泵经管道打入装置区的原料中间罐，再通过位差由原料中间罐放入调质釜，浓硫酸（或氢氧化钠溶液）通过位差由高位槽流入调质釜，50％（质量分数）乙腈废液经加酸（或碱）调质后用泵经管道进入精馏塔。定期清理调质釜残余，调质釜残余由塔釜排入危险废物收集桶，作为危险废物处置。调质过程废气进入装置区废气处理系统处理。

精馏塔引入 0.3MPa 蒸汽加热进行精馏，塔顶蒸出乙腈（乙腈质量分数 80％左右、水分等质量分数小于 20％的混合液）进入半成品中间罐。当塔底乙腈质量分数小于 0.05％时，将塔釜尾料排入废水池或作为危险废物处置。塔釜进料过程和精馏初期产生的废气进入装置区废气处理系统处理。

半成品中间罐中含乙腈 80％左右（质量分数）的半成品通过位差控制一定流量由塔中进入萃取精馏塔，同时萃取剂用泵控制一定流量通过管道从上部进入萃取精馏塔（萃取剂与 80％乙腈质量比 2:1），塔釜引入 0.3MPa 蒸汽加热，塔顶温度 83℃，塔顶蒸出符合产品标准的乙腈放入成品中间罐。

塔底物料（乙腈质量分数＜1％，主要为萃取剂）用泵经管道打入萃取剂回收蒸馏釜，启动真空系统，将塔釜真空压力抽至 30mmHg（1mmHg＝133.322Pa，下同），塔釜引入 0.3MPa 蒸汽加热，塔顶蒸出少量乙腈和水返回半成品中间罐回收其中少量乙腈。塔釜物料（萃取剂，85℃）用泵经管道通过热交换器降温至 40℃打入萃取剂罐回用于萃取精馏单元。塔釜进料过程、精馏初期和抽真空过程产生的废气进入装置区废气处理系统处理。

（2）含质量分数 20％乙腈废液的回收　含质量分数 20％乙腈废液来自医药企业。废液原料调质后进入连续液液萃取塔进行萃取提纯，乙腈随萃取剂进入萃取相，经精馏塔初蒸分离萃取剂和乙腈，粗乙腈经吸附、调质后进入精馏塔得到质量浓度大于 99.9％（质量分数）的色谱级乙腈产品。含质量分数 20％乙腈废液回收工艺流程见图 4-39[104]。

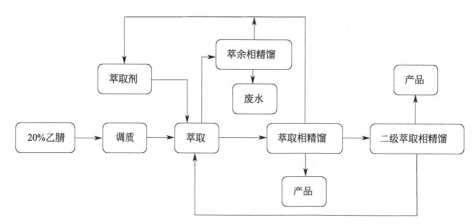

图 4-39　含质量分数 20％乙腈废液回收工艺流程示意图

含质量分数 20％乙腈废液从原料罐区用泵经管道打入装置区的调质釜，浓硫酸（或氢氧化钠溶液）通过位差由高位槽流入调质釜。含质量分数 20％乙腈废液经加酸（或碱）调质后以一定的流量从萃取塔下部泵入萃取塔。定期清理调质釜残余，调质釜残余由塔釜排入危险废物收集桶，作为危险废物处置。调质过程废气进入装置区废气处理系统处理。

萃取剂由萃取剂罐泵入萃取塔（20％乙腈与萃取剂质量比为 1∶0.8）进行萃取处理。萃取塔顶出来的萃余相（含乙腈质量分数小于 2％，萃取剂质量分数小于 2％）通过位差流入萃余相精馏单元，回收少量的乙腈和萃取剂。塔釜引入 0.3MPa 蒸汽加热，塔顶蒸出含有萃取剂与乙腈等组分的混合液，将其返回含质量分数 20％乙腈废液调质釜，保持塔釜温度 105℃，并取样检测，当塔底组分乙腈质量分数小于 0.05％时停塔，将塔釜尾料排入废水池。精馏初期产生的废气进入装置区废气处理系统处理。

萃取单元釜底的萃取相自流经管道进入萃取相中间槽，然后经预热后泵入萃取相精馏单元。塔釜引入蒸汽加热，塔顶蒸出萃取剂回萃取剂罐。当萃取相精馏单元釜底萃取剂含量小于 100mg/kg、塔釜温度 83.5℃时，塔釜物料（主要为乙腈）用泵经管道通过热交换器打入蒸馏釜，蒸馏釜夹套引入 0.3MPa 蒸汽加热，蒸馏出乙腈由 83℃经冷凝至 30℃左右用泵经管道打入成品精馏单元，经过一段时间运行后，蒸馏釜的尾料经泵打入原料中间罐。成品精馏塔符合要求的成品进入成品罐（成品精馏塔成品与再提纯尾料比例约为 10∶1），并定期对塔釜尾料进行清理，由塔釜排入危险废物收集桶，作为危险废物处置。以上精馏或蒸馏工艺初期产生的废气进入装置区废气处理系统处理。

（3）乙腈废液循环利用实例　以 2014 年海南某企业成功实施了乙腈废液的循环利用为例。

乙腈废液中乙腈溶剂的质量分数约为 20%，其余为水和少量杂质。1t 这样的废液处理后得到质量达标可以重新回用的乙腈溶剂占废液中所含溶剂质量分数的 70%，约合 140kg，一次溶剂资源回收利用率达到 70% 以上；并且得到富含溶剂但质量指标暂时不能达到回用溶剂质量标准，可经再次精馏达到质量标准的头尾料溶剂，约合 60kg，二次溶剂资源回收利用率可以达到 80% 以上。

废液处理过程中可以循环利用的水（或可以直接排放的水）约合 800kg，得到不能重复利用但可委外处理的其他废弃物 5～10kg。

回用的 140kg 乙腈，按 17000 元/t 回用乙腈价值计算，则回用的乙腈价值为 2380 元；头尾料溶剂折合 12000 元/t 计算回用价值，则头尾料回用的乙腈价值为 700 元。即 1t 废液中回收的乙腈溶剂价值为 3000 元，废液的有效利用率较高，溶剂、可循环利用（或达标排放）的水量达到废液总量的 95%（质量分数）以上。

2. 甲醇废液的回收

甲醇是化学工业中重要的基本有机原料，是制造医药、农药、塑料、合成纤维及有机化工产品如合霉素、杀虫剂、杀蜗剂、磺胺类、氯甲烷、甲醛、甲胺、醋酸、硫酸二甲酯等多种有机产品的原料，也是合成 DMT、甲酯和丙烯酸甲酯等的重要原料。甲醇还是重要的溶剂，通常甲醇是一种比乙醇更好的溶剂，可以溶解多种无机盐，可用作醋酸纤维素、胶黏剂、涂料、生物碱、染料、清漆、虫胶、油墨、乙基纤维素、聚乙烯醇缩丁醛等的溶剂，还可用作汽车防冻液、金属表面清洗剂和酒精变性剂等。

85%（质量分数）甲醇废液采用蒸馏-精馏组合工艺（见图 4-40）进行回收提纯，同时回收其中的氨和苯胺组分[104]。原料废液经调质后进入氨回收精馏塔进行减压蒸馏粗提，塔顶蒸出氨气和甲醇，用 30%～40%（质量分数）硫酸为吸收液回收氨，粗甲醇再进入精馏塔精馏，可以得到质量浓度为 99.5%（质量分数）的工业级甲醇产品。

85%（质量分数）甲醇废液由装置中间罐通过位差进入调质釜，浓硫酸通过位差由高位槽流入调质釜。废液经加酸调质后自流经管道进入氨回收精馏塔。定期清理调质釜残余，调质釜残余由塔釜排入危险废物收集桶，作为危险

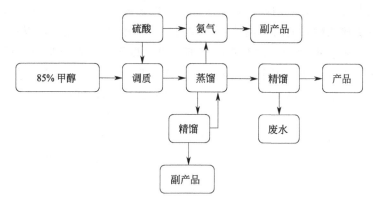

图 4-40　85％（质量分数）甲醇废液回收工艺流程示意图

废物处置。调质过程废气进入装置区废气处理系统处理。

氨回收精馏塔塔釜引入 0.3MPa 蒸汽加热，塔顶蒸出氨气和甲醇，氨气引入循环用 30％～40％（质量分数）硫酸为吸收液的吸收塔。吸收液达到一定的密度后，通过位差放入结晶釜冷却结晶、离心，得到副产品固体硫酸铵，母液回稀硫酸配制罐。塔顶氨气收集回收结束后，塔顶蒸出的甲醇进入半成品罐。

当氨回收精馏塔塔釜甲醇质量分数小于 1％时，塔釜物料用泵经冷却器打入分层槽。分层槽上层为苯胺，质量分数在 95％左右，通过位差经管道放入苯胺减压回收精馏塔塔釜，分层槽下层为水，排入废水池。关闭苯胺回收精馏塔氮封保护，启动真空系统，将苯胺回收精馏塔真空压力抽至 30mmHg，塔釜引入 0.3MPa 蒸汽加热。塔顶初期蒸出的水和少量甲醇回调质釜，塔釜为苯胺成品，泵入其成品中间槽。

半成品罐中的甲醇通过位差放入成品精馏塔进行精馏。塔釜引入 0.3MPa 蒸汽加热，塔顶蒸出的甲醇冷凝后进入成品中间罐，塔釜残液用泵经管道通过热交换器温度降到 40℃打入调质釜罐进行再提纯（成品与再提纯尾料质量比约为 10∶1）。塔釜进料过程、精馏初期和抽真空过程的废气进入装置区废气处理系统处理。

3. 异丙醇废液的回收

异丙醇是重要的化工原料和产品，主要应用于化工、制药、香料、塑料、涂料、化妆品等行业，作为有机原料和溶剂有着广泛用途。作为原料，是用于生产丙酮、异丙胺、过氧化氢、二异丁基酮、异丙醚、异丙基氯化物以及氯代脂肪酸异丙酯和脂肪酸异丙酯等化工产品的基础，也用于生产硝酸异丙酯、黄原酸异丙酯、亚磷酸三异丙酯、异丙醇铝等精细化工有机物，还可用于生产醋酸异丙酯、二异丙酮和麝香草酚等医药、农药产品以及汽油添加剂。

在工业上，作为溶剂使用，异丙醇是价廉物美的，其能够与水以任意比例混合，有着比乙醇强的对亲油性物质的溶解力，用途很广泛，可以作为涂料、纤维素、橡胶、虫胶、生物碱等的溶剂。也可以用于生产萃取剂、油墨、涂料、气溶胶剂等。还可用作防冻剂，脱水剂，调和汽油的添加剂，清洁剂，颜料生产的分散剂，印染工业的固定剂，玻璃和透明塑料的防雾剂等。

含质量分数 50％异丙醇废液采用蒸馏/精馏与渗透汽化膜相结合的工艺（见图 4-41）回收提纯异丙醇，将废液原料经调质后送入共沸精馏塔蒸馏，而后由再沸器汽化，经渗透汽化膜提纯，再进入常压精馏塔进行进一步提纯，得到质量浓度为 99.5％（质量分数）的异丙醇产品[104]。

图 4-41　含质量分数 50％异丙醇废液回收提纯工艺流程示意图

有机溶剂废液从原料罐区进入装置中间罐，再由装置中间罐通过位差进入调质釜，加浓硫酸（或氢氧化钠溶液）进行调质。废液经加酸或碱调质后，通过位差由调质釜放入蒸馏/精馏塔塔釜。定期清理调质釜残余，调质釜残余由塔釜排入危险废物收集桶，作为危险废物处置。调质过程废气进入装置区废气处理系统处理。

引入 0.3MPa 蒸汽加热，根据目标成分性质，控制蒸馏/精馏塔压力。当塔底目标组分质量分数小于 0.05％时，将塔釜尾料排入废水池或作为危险废物处置。塔釜进料过程和抽真空产生的废气进入装置区废气处理系统处理。

开启真空泵，半成品中间罐物料用泵控制一定流量经管道进入再沸器汽化，通过调节再沸器的加热蒸汽量，控制汽化后物料蒸气的压力小于 1kgf/cm^2（1kgf＝9.80665N，下同）进入渗透膜，经渗透膜处理的物料蒸气经冷凝后再进入成品精馏塔进行提纯，经减压从渗透膜出来的含水 97％（质量分数）以上的渗透液经冷凝收集后到一定量，通过位差经管道回蒸馏/精馏单元，回收渗透液中少量目标组分。

成品精馏塔釜引入 0.3MPa 蒸汽加热，塔顶蒸出含水 15％（质量分数）左右的物料，收集到一定量后回汽化渗透膜装置提纯。当塔釜目标组分质量分数大于 99.8％、含水小于 0.05％（质量分数）时，塔釜物料用泵经管道通过热交换器物料冷却至 40℃打入成品中间罐。塔釜进料、精馏初期过程和抽真空产生的废气进入装置区废气处理系统处理。

二、无机危险化学品废物的回收

1. 含银废液中银的回收利用

目前，莫尔法是测定可溶性氯化物中氯含量普遍采用的化学分析方法，这种方法是以 K_2CrO_4 为指示剂，用 $AgNO_3$ 标准溶液直接滴定待测试液中的 Cl^-，终点产物为 AgCl 白色沉淀和微量的 Ag_2CrO_4 砖红色沉淀。为了减少环境污染，必须对实验废弃液进行处理。许亚兰等人[105]分别使用石墨、甲醛、锌粉对废液中的氯化银进行还原和回收，同时用回收的银成功地制备了硝酸银和高锰酸银（见图 4-42），既回收到贵重金属银，又消除环境污染。所制备的高锰酸银主要用作防毒面具的吸毒剂，也可利用高锰酸银作为原料，合成多孔纳米材料等。

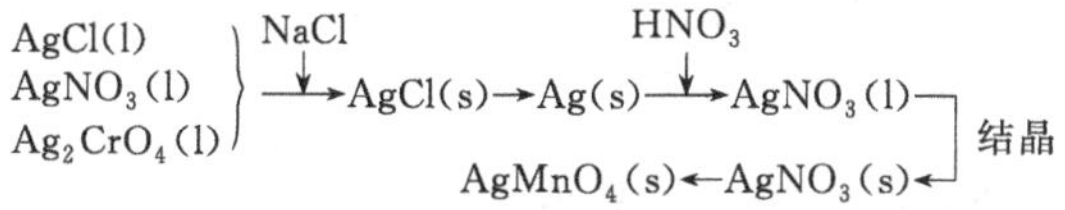

$$\left.\begin{array}{l} AgCl(l) \\ AgNO_3(l) \\ Ag_2CrO_4(l) \end{array}\right\} \xrightarrow[\ ]{NaCl} AgCl(s) \rightarrow Ag(s) \xrightarrow[\ ]{HNO_3} AgNO_3(l) \ \left.\begin{array}{l} \\ \\ \end{array}\right\}结晶$$
$$AgMnO_4(s) \leftarrow AgNO_3(s) \leftarrow$$

图 4-42　回收莫尔法测氯含银废液制备 $AgMnO_4$ 的工艺流程

（1）废液中 AgCl 的提取　将待回收的含银废液倒入烧杯中，边搅拌边加入 NaCl 溶液至溶液变清，使银以氯化物形式沉出，将清液由烧杯上部以倾斜法倒出，沉淀进行抽滤，滤饼用质量分数 0.02％的 NaCl 溶液洗涤后，将 AgCl 沉淀取出，在烘干箱中于 100℃干燥 1.0h，可得 AgCl 固体。

（2）AgCl 还原制备银

① 高温石墨还原法　称取 5.0g 石墨粉，放入坩埚底部，再将 5.0g Na_2CO_3 和 10.0g AgCl 的研细混合物放其上，当高温电炉温度升至 500℃时，将坩埚放入高温电炉，继续升高温度至 1050℃并保持 15min 后停止加热，冷却后取出坩埚，用热水洗涤 NaCl、Na_2CO_3 和未反应的炭粉，用蒸馏水将银块冲洗干净后称重。

② 甲醛还原法　取 5.0g NaOH 固体溶于 200mL 蒸馏水中，边搅拌边加入 10.0g AgCl 固体，然后加质量分数 37％的甲醛溶液 5mL，立刻发生放热反应，混合物变黑。继续搅拌 1h 至混合物上层为茶色时冷却，过滤，银粉洗至无 Cl^- 为止。

③ 锌粉置换法　称取 2.0g AgCl 固体放入烧杯中，加入 10mL 浓氨水使其溶解，再加入 0.5g 锌粉，静置 10h，海绵状单质银沉于烧杯底部，加入过

量的稀 HCl 以除去过量的锌粉，过滤，用蒸馏水充分洗涤得到银粉。

高温石墨还原法、甲醛还原法、锌粉置换法的银回收率分别为 99.28%、98.73% 和 90.46%。

（3）制备 $AgNO_3$　向制备的银中加入适量的质量分数 35%～40% HNO_3 溶液，在通风橱内加热煮沸至银溶解完全且溶液变澄清为止，将制得的 $AgNO_3$ 溶液在通风橱内小心蒸发浓缩至干，固体用水和乙醇混合溶剂重结晶。待结晶完全后，减压过滤，结晶用少量无水乙醇洗涤 1 次，并继续在减压装置上抽气至接近干燥，然后在 60℃ 下真空干燥 2h，称其质量。$AgNO_3$ 的产率为 97.42%。

（4）制备 $AgMnO_4$　准确称取一定量（<10.00g）$AgNO_3$ 溶于 50mL 蒸馏水中，再将相应摩尔质量的 $KMnO_4$ 溶于 250mL 蒸馏水中并过滤，将两种溶液混合并加热至 80℃，加一滴浓 HNO_3，保温 30min 后冷却，析出的 $AgMnO_4$ 中仍含有 K^+，故将 $AgMnO_4$ 制成 80℃ 的热溶液，慢慢冷却使之析出结晶，并用布氏漏斗减压过滤，放入真空干燥箱干燥，得到 $AgMnO_4$ 针状晶体。$AgMnO_4$ 的产率为 67.06%。

2. 硫化物沉淀法回收危险化学品中的重金属

重金属硫化物一般溶解度低，特别在酸性条件下也难以溶出，因此重金属硫化物具有较强的稳定性。除此之外，重金属硫化物一般具有较强的疏水性，因此，可以利用浮选的方式加以分离回收。

3. 其他无机危险化学品的回收利用

表 4-18 列出了一些无机危险化学品的回收利用方法。

表 4-18　一些无机危险化学品的回收利用方法[64,106]

序号	废弃化学品名称	回收利用方法
1	钡、金属钛粉（水质量分数≥25%）、锌粉	恢复材料的原状态，重新使用
2	碲、高铼酸铵、锆粉、镉、铪、镍、砷、锶、铊、锑粉、硅粉（非晶形的）、五氯化钽、硒粉、铝粉（无涂层的）、次氯酸钠溶液	回收使用
3	次磷酸、多聚磷酸	用石灰水中和，合成化肥
4	氟化镉、六氟锆酸钾、三氯氧化钒、四氯化碲、氯化亚铊、硝酸铬、硅锂、氯化镍	用硫化物沉淀，调节 pH 值至 7 进行沉淀，滤出固体硫化物回收
5	砷酸钙	量少时，加盐酸溶解，通硫化氢，生成硫化砷沉淀，经干燥后回收使用

参考文献

[1]　Lee S. White paper of Hube Global Inc hydrofluoric acid leak accident ［M］．Gumi：Safety and Disaster Division of Gumi City Hall，2013.

[2]　Lee Y. Chemical leak problems and alternative solutions，presentation slides ［C］//3rd Forum of Environmental Justice，2014.

[3]　Marques L，Almeida N，De-Almeida A T，et al. Olfactory sensory system for odourplume tracking and localization ［J］．Proceedings of the Institute of Electrical and Electronics Engineers，2003，2：418-423.

[4]　Ishida H，Yoshikawa K，Moriizumi T，et al. Three-dimensional gas-plume tracking using gas sensors and ultrasonic anemometer ［J］．Proceedings of the Institute of Electrical and Electronics Engineers，2004，3：1175-1178.

[5]　Pisano W J，Lawrence D A. Data dependant motion planning for UAV plume localization ［C］//AIAA Guidance，Navigation and Control Conference and Exhibit，2007：6740-6753.

[6]　Zhang T F，Li H Z，Wang S G. Inversely tracking indoor airborne particles to locate their release sources ［J］．Atmospheric Environment，2012，55：328-338.

[7]　Rege M A，Tock R W，et al. A simple neural network for estimating emission rates of hydrogen sulfide and ammonia from single point sources ［J］．Journal of the Air and Waste Management Association，1996，46：953-962.

[8]　Reich S L，Gome D R，Dawidowski L G，et al. Artificial neural network for the identification of unknown air pollution sources ［J］．Atmospheric Environment，1999，33：3045-3052.

[9]　Singly R M，Datta B，Jain A，et al. Identification of unknown groundwater pollution sources using artificial neural networks ［J］．Journal of Water Resources Planning and Management，2004，130：506-514.

[10]　Li Z，Rizzo D M，Hayden N，et al. Utilizing artificial neural networks to backtrack source location. ［C］//Proceedings of 3rd International Congress on Environmental Modeling and Software，2006.

[11]　Cho J，Kim H S，Gebreselassie A L，et al. Deep neural network and random forest classifier for source tracking of chemical leaks using fence monitoring data ［J］．Journal of Loss Prevention in the Process Industries，2018，56：548-558.

[12]　Kim H S，Yoon E S，Shin D. Deep neural networks for source tracking of chemical leaks and lmproved chemical process safety ［C］//Mario R Eden，Marianthi Ierapetritou，Gavin P Towler. Proceedings of the 13th International Symposium on Process Systems Engineering (PSE). San Diego：PSE，2018：2359-2364.

[13]　Cho J. Placement optimization and reliability analysis of stationary and mobile sensors for chemical plant fence monitoring ［D］．Seoul：Myongji University，2017.

[14]　Pope R，Wu J. A multi-objective assessment of an air quality monitoring network using environmental，economic，and social indicators and GIS-based models ［J］．Journal of the Air and Waste Management Association，2014，64（6）：721-737.

[15]　Wang K，Zhao H，Ding Y，et al. Optimization of air pollutant monitoring stations with con-

straints using genetic algorithm ［J］.Journal of High Speed Networks, 2015, 21 （2）: 141-153.

［16］ Li R，Doug Y，Zlut Z，et al. A dynamic evaluation framework for ambient air pollution monito ring ［J］.Applied Mathematical Modelling, 2019, 65: 52-71.

［17］ Yang Z , Wang J. A new air quality monitoring and early warning system: air quality assessment and air pollutant concentration prediction ［J］.Environmental Research, 2017, 158: 105-117.

［18］ Kassteele J，Stein A, Dekkers A，et al. External drift kriging of NO$_x$ concentrations with dispersion model output in a reduced air quality monitoring networks ［J］.Environment and Ecological Statistics, 2009, 16: 321-339.

［19］ Araki S，Iwahashi K，Shimadera H，et al. Optimization of air monitoring networks using chemical transport model and search algorithm ［J］.Atmospheric Environment, 2015, 122: 22-30.

［20］ Hao Y, Xie S. Optimal redistribution of an urban air quality monitoring network using atmospheric dispersion model and genetic algorithm ［J］.Atmospheric Environment, 2018, 177: 222-233.

［21］ Wang C，Zhao L，Sun W，et al. Identifying redundant monitoring stations in an air quality monitoring network ［J］.Atmospheric Environment, 2018, 190: 256-268.

［22］ Cui J X，Lang J L，Tian Chen T，et al. Emergency monitoring layout method for sudden air pollution accidents based on a dispersion model，fuzzy evaluation，and post-optimality analysis ［J］.Atmospheric Environment, 2020, 222: 117124.

［23］ Shi B，Jiang J P，Bellie Sivalcumar B，et al. Qantitative design of emergency monitoring network for river chemical spills based on discrete entropy theory ［J］.Water Research, 2018, 134 : 140-152.

［24］ Jobson H G. Prediction of travel time and longitudinal dispersion in rivers and streams ［C］// US Geological Survey Reston，VA. 1996.

［25］ Morales T，Valderrama I F D，Uriarte J A，et al. Predicting travel times and transport characterization in karst conduits by analyzing tracer-breakthrough curves ［J］.Journal of Hydrology, 2007, 334: 183-198.

［26］ Wu C L，Chau K W，Li Y S，et al. Predicting monthly streamflow using data-driven models coupled with data-preprocessing techniques ［J］.Water Resources Research, 2009, 45: 2263-2289.

［27］ Jiang J P，Wang P，Lung W S，et a. A GIS-based generic real-time risk assessment framework and decision tools for chemical spills in the river basin ［J］.Journal of Hazardous Materials, 2012, 227-228: 280-291 .

［28］ 金艳，孙冰，姜慧芸,等.危险化学品应急检测技术新进展 ［J］.安全、健康和环境, 2019, 19 （9）: 1-5.

［29］ 吴辉阳.基于拉曼光谱技术的易燃易爆危险品检测 ［J］.江苏警官学院学报, 2016, 31 （6）: 111-113.

［30］ Chen N，Ding P，Shi Y，et al. Portable and reliable surface-enhanced Raman scattering silicon chip for signal-on detection of trace trinitrotoluene explosive in real systems ［J］. Analytical Chemistry, 2017, 89 (9): 5072-5078.

［31］ 黄立贤, 李大鹏, 吴凡,等. 近红外光谱成像系统在液体安检中的应用 ［J］. 强激光与粒子束, 2018, 30 (01): 1-5.

［32］ Tsao Y C, Wu C F, Chang P E, et al. Efficacy of using multiple open-path Fourier transform infrared (OP-FTIR) spectrometers in an odor emission episode investigation at a semiconductor manufacturing plant ［J］. Science of the Total Environment, 2011, 409: 3158-3165.

［33］ Sun R X, Huo X J, Lu H, et al. Recyclable fluorescent paper sensor for visual detection of nitroaromatic explosives ［J］. Sensors and Actuators B: Chemical, 2018, 265: 476-487.

［34］ Yan C H, Qin W, Li Z H, et al. Quantitative and rapid detection of explosives using an efficient luminogen with aggregation-induced emission characteristics ［J］. Sensors and Actuators B: Chemical, 2020, 302: 127201.

［35］ Zhong L, Li H, Wang S L, et al. The sensing property of charge-transfer chemosensors tuned by acceptors for colorimetric and fluorometric detection of CN^-/HCN in solutions and in gas phase ［J］. Sensors and Actuators B: Chemical, 2018, 266: 703-709.

［36］ Tang Y L, Wu H F, Chen J M, et al. A highly fluorescent metal organic framework probe for 2, 4, 6-trinitrophenol detection via post-synthetic modification of $UIO-66-NH_2$ ［J］. Dyes and Pigments, 2019, 167: 10-15.

［37］ 马丽晶. 基于铱配合物磷光探针的合成及对金属离子的检测 ［D］. 兰州: 兰州交通大学, 2016.

［38］ Hossain M D, Podder E, Bulbul A A, et al. Bane chemicals detection through photonic crystal fiber in THz regime ［J］. Optical Fiber Technology, 2020, 54: 102102.

［39］ Zhang C, Eisele H, Krotkus A. Terahertz frequency detection and identification of materials and objects ［M］. Dordrecht: Springer, 2007: 251-324.

［40］ 赵慧琴, 李侃, 王红卫,等. 吹扫捕集/气相色谱-质谱联用法同时测定水中苯甲醚和 8 种苯系物 ［J］. 中国卫生检验杂志, 2014, 24 (12): 1701-1702, 1709.

［41］ Smith P A, Lepage C J, Lulcacs M, et al. Field-portable gas chromatography with transmission quadrupole and cylindrical ion trap mass spectrometric detection: chromatographic retention index data and ion/molecule interactions for chemical warfare agent identification ［J］. International Journal of Mass Spectrometry, 2010, 295: 773-778.

［42］ Smith P A, Koch D, Hook G L, et al. Detection of gas-phase chemical warfare agents using field-portable gas chromatography-mass spectrometry systems: instrument and sampling strategy considerations ［J］. Trends in Analytical Chemistry, 2004, 23 (4): 296-306.

［43］ Ajay-Piriya V S, Joseph P, Daniel K, et al. Colorimetric sensors for rapid detection of various analytes ［J］. Materials Science and Engineering C, 2017, 78: 1231-1245.

［44］ Kim P, Albarella J D, Carey J R, et al. Towards the development of a portable device for the monitoring of gaseous toxic industrial chemicals based on a chemical sensor array ［J］. Sensors and Actuators B: Chemical, 2008, 134: 307-312.

［45］ Ramar R, Malaichamy I. p-cyclodextrin functionalised silver nanoparticles as a duel colorimetric probe for ultrasensitive detection of Hg^{2+} and S^{2-} ions in environmental water samples

[J]．Materials Today Communications，2018，15：61-69.

[46]　孙萍，晏明国，张鸿泽，等．差分脉冲阳极溶出伏安法检测重金属离子　[J]．电子科技大学
　　　　学报，2017，46（05）：784-789.

[47]　Zinoubi K，Majdoub H，Barhoumi H，et al. Determination of trace heavy metal ions by anodic；
　　　　stripping voltammetry using nanofibrillated cellulose modified electrode　[J]．Journal of Elec-
　　　　troanalytical Chemistry，2017，799：70-77.

[48]　张仟春，谢思琪，付予锦，等．纳米 In_2O_3 催化发光传感器快速检测三氯乙烯　[J]．分析科
　　　　学学报，2017，33（6）：843-846.

[49]　杨波，刘志平，姬培，等．胶体金免疫层析试纸条检测环境样品中的镉（Ⅱ）　[J]．环境科
　　　　学与技术，2017，40（05）：119-125.

[50]　Wei M，Feng S. Amperometric determination of organophosphate pesticides using an acetylcho-
　　　　linesterase based biosensor made from nitrogen-doped porous carbon deposited on a boron-doped
　　　　diamond electrode　[J]．Microchimica Acta，2017，184（9）：3461-3468.

[51]　王冬伟，刘畅，周志强，等．新型农药残留快速检测技术研究进展　[J]．农药学学报，
　　　　2019，21（5-6）：852-864.

[52]　赵丽芬，焦晨旭．DNA 电化学传感器用于重金属离子检测的研究　[J]．现代化工，2017，
　　　　37（05）：206-209.

[53]　刘仁涛，姜继平，史斌，等．突发水污染应急处置技术方案动态生成模型及决策支持软件系统
　　　　[J]．环境科学学报，2017，37（2）：763-770.

[54]　Fan Z P，Li Y H，Wang X H，et al. Hyhrid similarity measure for case retrieval in CBR and its
　　　　application to emergency response towards gas explosion　[J]．Expert Systems with
　　　　Applications，2014，41：2526-2534.

[55]　Sampaio L N，Tedesco P A R，Monteiro J A S，et al. A Knowledge and collaboration-based
　　　　CBR process to improve network performance-related support activities　[J]．Expert Systems
　　　　with Applications，2014，41：5466-5482.

[56]　刘仁涛，郭亮，姜继平，等．环境污染应急处置技术的 CBR-MADM 两步筛选法模型　[J]．
　　　　中国环境科学，2015，35（3）：943-952.

[57]　Qu J H，Meng X L，You H. Multistage ranking of emergency technology alternatives for water
　　　　source pollution accidents using a fuzzy group decision making tool　[J]．Journal of Hazardous
　　　　Materials，2016，310：68-81.

[58]　郭亚军．综合评价理论与方法　[M]．北京：科学出版社，2002.

[59]　吴华军．老府河水污染控制方案多属性决策研究　[D]．武汉：华中科技大学，2006.

[60]　Shi S G，Cao J C，Feng L，et al. Construction of a technique plan repository and evaluation sys-
　　　　tem based on AHP group decision-making for emergency treatment and disposal in chemical pol-
　　　　lution accidents　[J]．Journal of Hazardous Materials，2014，276：200-206.

[61]　时圣刚，曹敬灿，封莉，等．苯胺污染事故应急处置技术评估体系及其应用　[J]．环境工程
　　　　学报，2015，9（10）：4871-4876.

[62]　曲建华，孟宪林，尤宏．两阶段评估体系筛选水源突发污染应急最优技术方案　[J]．中国
　　　　环境科学，2015，35（10）：3193-3200.

[63]　吴彤，郑洪波，张树深．基于 FAHP 和 FTOPSIS 的海洋船舶溢油应急处置方案筛选方法

[J]．海洋环境科学， 2016，35（1）：130-136.

[64] 孙万付,郭秀云,翟良云.危险化学品安全技术全书:增补卷 [M]．3版．北京:化学工业出版社， 2018.

[65] Liu J，Guo L，Jiang J P，et al. Evaluation and selection of emergency treatment technology based on dynamic fuzzy GRA method for chemical contingency spills [J]．Journal of Hazardous Materials， 2015，299：306-315.

[66] 曲建华, 孟宪林,尤宏.地表水源突发污染应急处置技术筛选评估体系 [J]．哈尔滨工业大学学报， 2015，47（8）：54-58，70.

[67] Tsiporkova E, Boeva V. Multi-step ranking of alternatives in a multi-criteria and multi-expert decision making environment [J]．Journal of Information Science， 2006，176：2763-2697.

[68] kalbar P P, karmakar S, Asolekar S R. The influence of expert opinions on the selection of wastewater treatment alternatives：a group decision-making approach [J]．Journal of Environmental Management， 2013，128：844-851.

[69] Chen J H, Chen S M. A new method for ranking generalized fuzzy numbers for handling fuzzy risk analysis problems [C] // Proceedings of the Ninth Conference on Information Sciences, 2006：7796-7799.

[70] Yoon K P, Hwang C L. Multiple attribute decision making：an introduction [M]．Sage Publications Incorpornted，1995.

[71] Liu R T, Jiang J P, Guo L, et al. Screening of pollution control and clean-up materials for river chemical spills using the multiple case-based reasoning method with a difference-driven revision strategy [J]．Environmental Science and Pollution Research， 2016，23：11247-11256.

[72] 李青云, 赵良元, 林莉.突发性水污染事故应急处理技术研究进展 [J]．长江科学院院报， 2014，31（4）：6-11.

[73] 郑彤, 杜兆林, 贺玉强,等.水体重金属污染处理方法现状分析与应急处置策略 [J]．中国给水排水， 2013，29（6）：18-21.

[74] 张晓健.松花江和北江水污染事件中的城市供水应急处理技术 [J]．给水排水， 2006，32（6）：6-12.

[75] Liu X J, Li Y, Zhang X W, et al. Retention-oxidation-adsorption process for emergent treatment of organic liquid spills [J]．Journal of Hazardous Materials， 2011，195：762-769.

[76] Ma L B, Luo X G, Cai N, et al. Facile fabrication of hierarchical porous resins via high internal phase emulsion and polymeric porogen [J]．Applied Surface Science， 2014，305：786-793.

[77] Peng X, Guo F N, Zhang X, et al. Optimization of preparation of monolithic carbon foam from nice husk char for benzene leakage emergency [J]．Environmental Science and Pollution Research， 2018，25：26046-26058.

[78] Zheng T, Du Z L, Cao H Z, et al. Development of a novel mobile industrial-scale fluidized adsorption process for emergency treatment of water polluted by aniline：CFD simulation and experiments [J]．Advanced Powder Technology， 2016，27：1576-1587.

[79] Du Z L, Cao H Z, Zheng T, et al. Modelling and development of a modular oscillating-bed adsorption reactor system for copper ion removal from water in emergency [J]．Separation and Purification Technology， 2020，233：115933.

［80］ 韩洪军，韩伟慧，马文成，等．突发性酚污染事故处理方法 ［J］．哈尔滨工业大学学报，2011，43（10）：29-32.

［81］ 张晓健，张悦，王欢，等．无锡自来水事件的城市供水应急除臭处理技术 ［J］．给水排水，2007，33（9）：7-12..

［82］ Zhang X J，Chen C，Lin P F，et al. Emergency drinking water treatment during source water pollution accidents in China：origin analysis，framework and technologies ［J］．Environmental Science & Technology，2010，45（1）：161-167.

［83］ Yan H，Dai J，Yang Z，et al. Enhanced and selective adsorption of copper（Ⅱ）ions on surface carboxymethylated chitosan hydrogel beads ［J］．Chemical Engineering Journal，2011，174：586-594.

［84］ Chen J，Yang H L，Wang W，et al. Preparation and application of Aliquat 336 functionalized chitosan adsorbent for the removal of Pb（Ⅱ）［J］．Chemical Engineering Journal，2013，232：372-379.

［85］ Niu Y L，Li K，Ying D W，et al. Novel recyclable adsorbent for the removal of copper（Ⅱ）and lead（Ⅱ）from aqueous solution ［J］．Bioresource Technology，2017，229：63-68.

［86］ Ellendersen L S N，Milinsk L，Feroldi M C，et al. Biopolymer foam for remediation of aquatic environments contaminated with particulates and heavy metals ［J］．Journal of Environmental Chemical Engineering，2018，6：6131-6138.

［87］ Meng Q，Nan J，Wang Z B，et al. Study on the efficiency of ultrafiltration technology in dealing with sudden cadmium pollution in surface water and ultrafiltration membrane fouling ［J］．Environmental Science and Pollution Research，2019，26：16641-16651.

［88］ 王辉，张丽萍．海洋石油污染处理方法优化配置及具体案例应用 ［J］．海洋环境科学，2007，26（5）：408-412.

［89］ Zhu X B，Tian Y，Li F F，et al. Preparation and application of magnetic superhydrophobic polydivinylbenzene nanofibers for oil adsorption in wastewater ［J］．Environmental Science and Pollution Research，2018，25：22911-22919.

［90］ 贺静，李浩，叶建宏，等．源水区域突发性柴油污染事故的应急处理 ［J］．中国给水排水，2012，28（11）：41-43..

［91］ 夏文香，林海涛，李金成，等．分散剂在溢油污染控制中的应用 ［J］．环境污染治理技术与设备，2004，5（7）：39-43.

［92］ Chapman H，Purnell K，Law R J，et al. The use of chemical dispersants to combat oil spills at sea：a review of practice and research needs in Europe ［J］．Marine Pollution Bulletin，2007，54（7）：827-838.

［93］ 赵山峰．黄河水污染事件应急调查监测及水利工程处置措施研究 ［D］．郑州：郑州大学，1998.

［94］ Davies M，Pigueroa L，Wildeman T，et al. The oxidative precipitation of thallium at alkaline pH for treatment of mining influenced water ［J］．Mine Water and Environment，2016，35（1）：77-85.

［95］ Xu H Y，Liu Z M，Luo Y L，et al. Removal of thallium in water/wastewater：a review ［J］．Water Research，2019，165：1-26.

[96] Li K K, Li H S, Xiao T F, et al. Removal of thallium from wastewater by a combination of persulfate oxidation and iron coagulation [J] . Process Safety and Environmental Protection, 2018, 119: 340-349.

[97] Liu Y L, Wang L, Wang X S, et al. Highly efficient removal of trace thallium from contaminated source waters with ferrate: role of in situ formed ferric nanoparticle [J] . Water Research, 2017, 124: 149-157.

[98] Chen M Q, Wu P X, Yu L F, et al. FeOOH-loaded MnO_2 nano-composite: an efficient emergency material for thallium pollution incident [J] . Journal of Environmental Management, 2017, 192: 31-38.

[99] Li H S, Li X W, Long J Y, et al. Oxidation and removal of thallium and organics from wastewater using a zero-valent-iron-based Fenton-like technique [J] . Journal of Cleaner Production, 2019, 221: 89-97.

[100] Liu Q, Xu M J, Feng Li F, et al. Rapid and effective removal of Cr(Ⅵ) from aqueous solutions using the $FeCl_3/NaBH_4$ system [J] . Chemical Engineering Journal, 2016, 296 (9): 340-348.

[101] Janoš P, Kuráň P, Pilařová V, et al. Magnetically separable reactive sorbent based on the $CeO_2/\gamma\text{-}Fe_2O_3$ composite and its utilization for rapid degradation of the organophosphate pesticide parathion methyl and certain nerve agents [J] . Chemical Engineering Journal, 2015, 262: 747-755.

[102] Janos P, Kuran P, Kormundaz M, et al. Cerium dioxide as a new reactive sorbent for fast degradation of parathion methyl and some other organophosphates [J] . Journal of Rear Earths, 2014, 32 (4): 360-370.

[103] 刘钢, 谌建宇, 叶万生,等 . 含油乳化液废水两级破乳沉淀应急处理工艺 [J] . 环境工程, 2018, 36 (7): 33-36.

[104] 许琨 . 危险化学品有机溶剂废液的综合回收利用研究 [D] . 上海: 华东理工大学, 2016.

[105] 许亚兰, 宁梦洁, 陶鹏程,等 . 含银废液中银的回收和利用 [J] . 武汉轻工大学学报, 2019, 38 (2): 91-93, 108.

[106] 孙万付,郭秀云,李运才 . 危险化学品安全技术全书:通用卷 [M] . 3 版 . 北京:化学工业出版社, 2017.

第五章

危险化学品废物的处理

第一节　危险化学品废物的处理技术

一、危险化学品废物的物理处理

1. 蒸馏法

利用汽化和冷凝方法，从低挥发性物质中分离出高挥发性物质的过程称为蒸馏。当两种或多种成分的液态混合物加热到沸点时，会有气相生成。如果纯组分之间的蒸气压不同，则具有较高蒸气压的组分要比低蒸气压组分在气相中的浓度高。当蒸气冷凝形成液相后，可以得到部分分离。分离程度与组分间的相对差异有关，差异越大，分离效果越好。如果差异够大，一次分离循环过程，即一次汽化和冷凝就可将该组分分离。如果差异不够大，就需要多次循环。常用的蒸馏有四种类型：批式蒸馏、分馏、水蒸气气提和薄膜蒸发。

批式蒸馏和分馏技术很早用来回收溶剂。批式蒸馏特别适用于含高浓度固体的废弃物。分馏适用于分离多组分混合物以及处理含有少量悬浮固体的废弃物。

当有机化合物的挥发性相对较高且浓度相对较低时，某些气体的气提法可能比较适用。空气气提法用于除去大量受污染地下水中低浓度的挥发性有机物。该过程是吸收的逆过程。空气和受污染的液体以逆流方式通过填充塔，挥发性组分蒸气进入空气，留下净化后的液体。受到污染的空气必须进行处理，以避免产生空气污染问题。常用的方法是将受污染的空气通入活性炭吸附柱，吸附饱和的活性炭则进行焚烧处理。气提法已用于去除水中的四氯乙烯、三氯乙烯和甲苯。

对于低挥发性或高浓度（＞100mg/L）的气体，可以使用蒸汽气提。蒸汽气提的流程和装置与空气气提相似，所不同的是用蒸汽取代空气。使用水蒸气可以处理被氯代烃、二甲苯、丙酮、甲基乙基酮、甲醇和五氯酚等有机物污染的液态废物，处理的有机物浓度范围从 100mg/L 到 10％（质量分数）。

利用蒸汽回收金属可去除部分电镀清洗液中的水分，以得到浓度较高的溶液，然后回流至电镀槽，冷凝的水蒸气循环用做清洗水。调整沸腾的速率或采用蒸发器可以维持电镀槽内的水量平衡。通常在真空下进行蒸发，以避免添加剂热分解和水蒸气需要的能量。

蒸发器有四种类型：漂洗膜蒸发器、利用废热的闪烁式蒸发器、浸没管式蒸发器和常压蒸发器。漂洗膜蒸发器是在蒸发器表面覆盖一层废水，而不是在沸水浴中进行蒸发。闪烁式蒸发器也有相同的结构，但电镀液和废水一起在蒸发器中循环。因此可在电镀槽中利用废热，提高蒸发效率。在浸没管式的设计中，加热线圈浸没在废水中。常压蒸发器不回收利用蒸馏液，也不在真空下进行分离。

2. 萃取法

用于危险化学品的除去或回收的萃取方法可以分为液液萃取法和液固萃取法。

(1) 液液萃取法 液液萃取法又称溶剂萃取或抽提，是用溶剂分离和提取液体混合物中的组分的过程。在液体混合物中加入与其不相混溶（或稍相混溶）的选定的溶剂，利用其组分在溶剂中的不同溶解度而达到分离或提取目的。例如用苯为溶剂从煤焦油中分离酚，用异丙醚为溶剂从稀乙酸溶液中回收乙酸等。

从焦化厂废水中萃取回收苯酚是废水净化的重要实例之一，主要的工艺有苛性苯萃取工艺、酚溶剂萃取工艺和苯酚反萃工艺。萃取工艺也可以用于处理油水乳化液和裂化工艺中烃的分离、从纤维醋酸生产废水中回收醋酸、从废水中去除氯苯和含氮化合物。

(2) 液固萃取法 液固萃取就是将欲萃取的固体置于萃取溶剂中，加以振荡，必要时也可加热，然后利用离心或过滤的方法使液、固分离，欲萃取组分进入溶剂。液固萃取只能用于十分容易萃取的组分，它的萃取效率很低，加热时溶剂也容易损失，一般很少使用。

绿液渣是硫酸盐纸浆厂主要的无机固体废物，某造纸厂的绿液渣含有 9.4 mg/kg 的 Cd、7.7mg/kg 的 Co、102mg/kg 的 Cr、108mg/kg 的 Cu、12713mg/kg 的 Mn、38mg/kg 的 Ni、11mg/kg 的 Pb 和 1558mg/kg 的 Zn，对环境危害较大。EDTA 能与重金属离子生成稳定的螯合物，可以用来萃取回收重金属。配制 pH4.5 的 EDTA 溶液，在 20℃温度下萃取 24h，当 EDTA

盐（EDTA · 2Na · 2H$_2$O）与废渣的质量比为 0.035、液固比为 6.25mL/g 时，可以萃取回收 62% 的 Cu、59% 的 Cd、43% 的 Pb、16% 的 Zn、13% 的 Co、12% 的 Ni 和 3% 的 Mn[1]。

3. 吸附法

作为重金属废物的常用吸附剂有活性炭、黏土、金属氧化物、天然材料（锯末、沙、泥炭等）、人工材料（飞灰、活性氧化铝、有机聚合物等），一种吸附剂往往只对某一种或几种污染物具有优良的吸附性能，而对其他污染成分则效果不佳。

吸附法已被广泛应用于去除水中砷化学品，吸附法可以分为物理吸附法、化学吸附法和生物吸附法三类。以去除水中砷化学品为例，物理吸附法是向废水中加入强吸附功能的絮凝剂，借助物理吸附作用使砷转化为沉淀，然后通过过滤或其他方法使其分离而得以去除。物理法通常需要大量的絮凝剂，絮凝剂吸附效率低，再生成本高。生物吸附法是一种修复效果好的技术，有人应用凤尾蕨吸附土壤中的砷，但一个吸附周期一般需要一年甚至更长时间。化学吸附法是治理砷污染的最佳方法之一，它是利用吸附剂与污染物之间的氧化还原反应来达到吸附目的的，具有周期短、效率高、经济的优点。传统的吸附剂，包括活性炭、沸石、稻壳、葡萄秆、壳聚糖、碳纳米管、纳米零价铁等，已广泛应用于有毒物质的污染修复，表 5-1 为一些去砷吸附剂的吸附容量。

表 5-1　一些去砷吸附剂的吸附容量

序号	吸附剂	理论最大单层吸附容量 $(Q_m)/(mg/g)$	参考文献
1	壳聚糖包被生物吸附剂	56.50	[2]
2	壳聚糖基静电纺丝纳米纤维膜	30.8	
3	聚乙烯醇稳定粒状 Fe-Mn 二元氧化物	50.7	
4	二氧化硅包覆的负载于纤维素上的纳米零价铁	70	
5	Fe-Cu 二元氧化物	82.7	[3]
6	Fe-Mn 二元氧化物	53.9	
7	Fe-Zr 二元氧化物	46.1	
8	锆基纳米粒子	256.4	
9	镁铝层状双氢氧化物/石墨烯复合材料	183.11	
10	Fe$_3$O$_4$ 包覆亚硝酸硼纳米管	32.2	
11	钇铁二元复合材料	401.8	

续表

序号	吸附剂	理论最大单层吸附容量 $(Q_m)/(mg/g)$	参考文献
12	Fe₃O₄ 纳米材料	30.3	
13	锰掺杂 Fe₃O₄ 纳米材料(Fe₀.₉Mn₀.₁₀Fe₂O₄)	32.7	[4]
14	铜掺杂 Fe₃O₄ 纳米材料(Fe₀.₉Cu₀.₁₀Fe₂O₄)	36.4	
15	锌/铁层状双氢氧化物	151.37	
16	聚苯胺/零价铁复合材料	227.2	
17	正方针铁矿修饰氧化石墨烯复合材料	45.7	
18	石墨烯-α-FeOOH 气凝胶	33.8	[5]
19	纳米对(4-乙烯基吡啶)水凝胶	31.2	
20	α-Fe₂O₃ 纳米颗粒	47.0	
21	c- Fe₂O₃ 纳米微粒包裹微孔二氧化硅	248.0	
22	三元零价铁/多金属氧酸盐/g-C₃N₄ 复合材料	70.3	
23	MnO₂ 浸渍海藻酸钙珠	63.61	[6]

4. 膜分离技术

膜分离技术是指在分子水平上不同粒径分子的混合物通过半透膜时，实现选择性分离的技术，半透膜又称分离膜或滤膜，膜壁布满小孔，根据孔径大小可以分为：微滤膜（MF）、超滤膜（UF）、纳滤膜（NF）、反渗透膜（RO）等。

膜蒸馏（membrane distillation，MD）是近年来出现的一种新的膜分离工艺，是一种采用疏水微孔膜以膜两侧蒸气压力差为传质驱动力的膜分离过程，可用于去除或回收废水中的挥发性危险化学品，具有占地面积小、节能环保、能有效回收挥发性有机物等优点。

由于疏水性聚二甲基硅氧烷膜与水分子的接触角＞100°，远远大于有机分子的接触角，所以对挥发性有机分子有高的选择性和渗透性，目前疏水性聚二甲基硅氧烷膜已被用于去除废水中的氯仿、丙酮、苯、甲苯、乙苯、二甲苯、苯乙烯、甲醇、正丁醇和有害有机溶剂（甲基三丁基乙醚、乙酸乙酯、丁醇）。Wang 等人[7] 利用陶瓷膜（疏水性聚二甲基硅氧烷膜）组件回收高盐化学废水中乙腈，膜面积为 $303cm^2$，废水氯化钠的浓度约为 20%（质量分数），废水在膜组件中的循环流速为 0.5L/min，废水温度恒定为 40℃，系统的真空度为 4～15mbar（$1bar＝10^5Pa$，下同）。实验结果（见表 5-2）表明，总通量和乙腈通量随废水乙腈浓度的增加而增大，乙腈的分离因数大于 20，膜蒸馏技术在乙腈废水处理中有较好的应用前景。

表 5-2　高盐乙腈中乙腈的膜蒸馏回收实验结果

项目		乙腈编号		
		1	2	3
乙腈浓度/(mg/kg)		5913	12327	17728
渗透通量/[g/(m² · h)]	乙腈通量	31.56	67.494	113.30
	水通量	152.25	247.99	238.81
	总通量	183.8	315.48	352.11
渗透浓度/(mg/kg)		171696	213940	269210
乙腈选择性(α)		28.21	21.8	24.92

5. 离子交换法

最常见的离子交换剂是有机离子交换树脂、天然或人工合成的沸石、硅胶等，用有机树脂和其他的人工合成材料去除水中的重金属离子通常是非常昂贵的，一般只适用于给水和废水的处理。常见的交换树脂的重要离子交换活性基团见表 5-3，离子交换树脂对一些离子的亲和力大小顺序见表 5-4。

表 5-3　离子交换树脂的重要离子交换活性基团

交换剂树脂		活性基团
阳离子交换剂	强酸	—SO_3H(磺酸基)
	弱酸	—COOH(羧酸基)
阴离子交换剂	强碱	—$NH(CH_3)_4OH$(季铵基)
	弱碱	—NH_3OH(伯胺基)、—$NH_2(CH_3)OH$(仲胺基)、—$NH(CH_3)_2OH$(叔胺基)

表 5-4　离子交换树脂对一些离子的亲和力大小顺序

交换剂类型		亲和力大小顺序
阳离子交换树脂	强酸	$M^{4+} > M^{3+} > M^{2+} > M^+ > H^+$
	弱酸	$H^+ \gg M^{2+} > M^+$
阴离子交换树脂	弱碱	$OH^- \gg$ 阴离子活性金属化合物 $> CrO_4^{2-} > SO_4^{2-} > Cl^-$
	强碱	阴离子活性金属化合物 $\gg CrO_4^{2-} > Cl^- > CN^- > OH^-$

离子交换法可以用于从洗提液中回收铬酸，其步骤是：先用强酸性阳离子交换树脂去除金属杂质，然后用弱碱性阴离子交换树脂使铬酸成为铬酸盐，水再回到清洗回路中。

利用一种含有自由巯基的能选择性交换吸附汞的聚合树脂，可以去除水中

Hg^+。树脂通过约束汞离子（Hg^{2+} 或 $[HgCl]^+$）使 $[HgCl_4]^{2-}$ 络阴离子发生离解，从而达到去除 Hg^+ 的效果，相关反应如下。

$$[HgCl_4]^{2-} \longrightarrow [HgCl_3]^- + Cl^- \longrightarrow HgCl_2 + 2Cl^- \longrightarrow$$
$$[HgCl]^+ + 3Cl^- \longrightarrow Hg^{2+} + 4Cl^-$$
$$2RSH + Hg^{2+} \longrightarrow R{-}SHgS{-}R + 2H^+$$
$$RSH + [HgCl]^+ \longrightarrow R{-}SHgCl + H^+$$

6. 电渗析法

电渗析（electrodialysis，ED）是指在直流电场的作用下，溶液中的离子有选择性地透过离子交换膜的迁移过程。电渗析可用于去除废水中的氟化物、氯化物、硝酸盐和砷化物。

渗滤液的脱盐技术主要有电渗析（ED）、反渗透（RO）和蒸发，反渗透需要高的渗透压，蒸发费用比较昂贵，而电渗析对渗透压无要求，且膜的污染可以通过改变膜的极性和机械清洗来修复。Schoeman 等人[8] 采用石灰预处理＋电渗析对渗滤液进行除盐处理，结果发现：石灰预处理对渗滤液中 Ca、Ba、Sr、Fe、Mn 等金属离子的去除效果优于烧碱处理；在八次脱盐/浓缩运行期间，电渗析性能基本保持不变，电耗和盐水与进水的体积比分别为 $9.6 \sim 11.4\mathrm{kW \cdot h/m^3}$ 和 $0.17 \sim 0.35$，渗滤液的电导率可由 $5490\mathrm{mS/m}$ 降至 $139\mathrm{mS/m}$，氯化物从 $21957\mathrm{mg/L}$ 降至 $345\mathrm{mg/L}$，砷从 $8.8\mathrm{mg/L}$ 降到 $1.37\mathrm{mg/L}$。

二、危险化学品废物的化学处理

危险化学品废物的化学处理方法主要有沉淀法、中和法、氧化法、还原法、光化学法、熔盐热处理法、焚烧法等，其中，焚烧法是利用高温氧化作用将有机废物转变成体积较小的无机物质的工艺过程，是一种技术成熟的处理方法。焚烧法适用于无法回收的有机废物和有机-无机混合废物的处理，可以有效地减少废物的体积，完全消除有害细菌和病毒的污染，分解破坏有毒的有机化合物，并且有可能回收热能和副产化学物质。焚烧法将在本章第三节单独叙述。

1. 沉淀法

常用的沉淀技术包括氢氧化物沉淀、硫化物沉淀、硅酸盐沉淀、碳酸盐沉淀、共沉淀等。

大多数金属的氢氧化物在水中的溶度积很小，因此可以利用向水中投加某种化学药剂使水中金属阳离子生成氢氧化物沉淀而被去除。氢氧化物沉淀法最经济的化学药剂是石灰，一般适用于不准备回收重金属的低浓度废水处理。

例如：某矿山废水含铜 83.4mg/L，总铁 1260 mg/L，二价铁 10 mg/L，pH 值为 2.23，沉淀剂采用石灰乳，其处理过程为：废水与石灰乳在混合池内混合后进入一级沉淀池，控制 pH 值在 4.0～5.0 范围，使铁先沉淀；然后再加入石灰乳，控制 pH 值在 7.5～8.5 范围，使铜沉淀。废水经二级化学沉淀后，出水可达到排放标准，沉淀过程中产生的铁渣和铜渣可回收利用。

除氢氧化物沉淀外，无机硫沉淀是应用最广泛的一种重金属药剂稳定化方法。与前者相比，其优势在于大多数重金属硫化物在所有 pH 值下的溶解度都大大低于其氢氧化物（见图 5-1）[9]。虽然硫化物沉淀法较氢氧化物沉淀法能更完全地去除重金属离子，但是由于其处理费用较高，硫化物沉淀困难，常常需要投加凝聚剂以加强去除效果，因此，应用并不广泛，有时仅作为氢氧化物沉淀法的补充方法使用。此外，为了防止 H_2S 的逸出和沉淀的再溶解，需要将 pH 值保持在 8 以上。

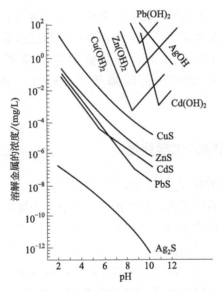

图 5-1　金属硫化物在不同 pH 值下的溶解度曲线

Fe（Ⅲ）置换/UV 光解/碱沉淀[Fe(Ⅲ)＋AA/UV/NaOH]工艺是一种绿色、有效和有前途的处理金属-有机配合物废水的方法[10]。电镀废水中的 Cu（Ⅱ）-EDTA 在很宽的 pH 范围（3.0～12.0）中非常稳定，难以通过常规的沉淀方法去除，Fe(Ⅲ) 置换/UV 光解/碱沉淀工艺是从电镀废水中去除 Cu

（Ⅱ）-EDTA 的有效方法。然而，该组合工艺中需要投加高剂量的 Fe（Ⅲ），会导致大量危险污泥的产生。Fe（Ⅲ）配合物的光分解是依赖配体的，乙酰丙酮（AA）是许多金属的良好螯合配体，而且还是一种有效的光活化剂。在 Fe（Ⅲ）/UV/NaOH 工艺中引入低剂量的 AA（[AA]/[Cu]＝1.5），可使 Fe（Ⅲ）的用量（[Fe]／[Cu]）从 10.4 减少至 3.2，化学成本从 13.9kW·h/m³ 降低到 7.6kW·h/m³。同时，紫外线光解的能源成本从 1066.5kW·h/m³ 降至 752.4kW·h/m³。最重要的是实际电镀废水处理过程中的污泥产量从 101.8kg/m³ 降至 30.83kg/m³。

工业废水高浓度的 Cu^{2+}、Ni^{2+} 和 Zn^{2+} 可以通过流化床反应器沙粒的诱导成核沉淀法来去除[11]，pH 值是影响处理效果的关键因素，最佳 pH 值约为 9.0，当 pH＞8.7 时，90％（质量分数）以上的沉淀物为金属氢氧化物；当水力停留时间超过 7min 时，金属离子的去除率不受水力停留时间影响。当 pH 值约为 9.0、进水金属离子浓度为 20mg/L 时，金属离子去除率可以达到 95％。

2. 中和法

中和处理法是利用中和作用处理废水，使之净化的方法。其基本原理是，使酸性废水中的 H^+ 与外加 OH^-，或使碱性废水中的 OH^- 与外加的 H^+ 相互作用，生成弱解离的水分子，同时生成可溶解或难溶解的其他盐类，从而消除它们的有害作用。反应服从当量定律。采用此法可以处理并回收利用酸性废水和碱性废水，可以调节酸性或碱性废水的 pH 值。

含酸废水和含碱废水是两种重要的工业废液。一般而言，酸含量大于 3％～5％（质量分数），碱含量大于 1％～3％（质量分数）的高浓度废水称为废酸液和废碱液，这类废液首先要考虑采用特殊的方法回收其中的酸和碱。酸含量小于 3％～5％（质量分数）或碱含量小于 1％～3％（质量分数）的酸性废水与碱性废水，回收价值不大，常采用中和处理方法，使其 pH 值达到排放废水的标准。

3. 氧化法

氧化法是利用氧化剂将危险化学品转变为无毒无害的或毒性小的新物质的方法。氧化法可分为氯氧化法、空气氧化法、臭氧氧化法、光氧化法等。

高级氧化技术（AOP）是在近常温常压条件下，利用生成的羟基自由基分解有机物的方法，后来扩展到硫酸盐自由基的氧化。应用于危险化学品处理的高级氧化技术可根据适用的物理化学过程按图 5-2 进行分类[12]。几种高级氧化技术处理危险废物渗滤液的效果见图 5-3，其中以电化学氧化法（EO）去除 COD 的效果最好，但由于在处理过程中需要消耗昂贵的电极，其处理费用相对较高。而电絮凝法（EC）无需使用任何化学试剂，处理成本低，因而应用更为广泛[12]。

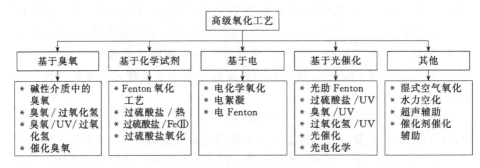

图 5-2　高级氧化技术的分类

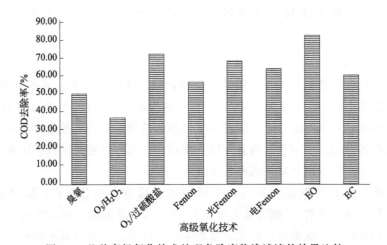

图 5-3　几种高级氧化技术处理危险废物渗滤液的效果比较

有研究者[11]采用紫外辅助 Fenton 法处理多环芳烃（PAH）、杂环芳烃和酚类化合物，在 pH2.75、1mmol/L Fe（Ⅲ）和 10mmol/L H_2O_2 条件下，有机物的反应性从强至弱的顺序为 2 环芳烃＞杂环芳烃＞酚类化合物＞3 环芳烃＞4 和 5 环芳烃，处理后的溶液对麻黄水蚤和蚤类的急性毒性得到降低。

有研究者[11]证明紫外线辐射能增强臭氧对硝基苯的氧化作用，添加 Fe（Ⅲ）能进一步强化臭氧/UV 对硝基苯的氧化作用，紫外线辐射提高了 TOC 的去除率，Fe（Ⅲ）对 2，4-二硝基苯酚的降解有很大的促进作用，紫外线辐射和 Fe（Ⅲ）对脂肪族中间体的降解效果要强于芳香族中间体，Fe（Ⅲ）的作用是对铁配合物中脂肪族中间体的介导光降解。

废水中六胺（乌洛托品）经电 Fenton 法处理会生成甲醇、甲醛、甲酸盐、氨和硝酸盐等中间产物和最终产物[11]，生成 Fe（Ⅱ）的电流效率主要受 Fe（Ⅲ）初始浓度影响，当初始 pH 高于 2.5 时，会产生 Fe（OH）$_3$，使得电流效率急剧下降。

4. 还原法

氧化法是利用还原剂将危险化学品转变为无毒无害的或毒性小的新物质的方法。还原法目前主要应用于含铬、汞等废水的处理。

还原反应主要用于处理一些特定液态危险化学品废物的纯化、解毒问题，常用的还原剂有金属、无机盐、有机还原剂，如 SO_2、H_2S、硫代硫酸钠、Na_2S、$Fe_2(SO_4)_3$、$NaBH_4$ 或甲醛等；电解还原亦可行，如铬酸盐在阴极反应生成 Cr^{3+}，但成本较高。

过氧化物和过氧化酸危险化学品废物都可以轻易还原分解：

$$ROOH + NaHSO_3 \longrightarrow ROH + NaHSO_4$$
$$ROOH + Fe^{2+} \longrightarrow ROH + Fe^{3+}$$
$$H_2O_2 + H_2SO_3 \longrightarrow H_2O + H_2SO_4$$

某些物种之间的氧化还原反应，如亚硝酸盐（或亚硝酸）/氧、1,1-二苯基乙烯/臭氧、荧光素二乙酸盐/水、铬酸盐/亚砷酸盐、铬酸盐/过氧化氢、单质汞/过氧化氢，在高于共晶点的冰中比在水中要进行得更快，这是由于冷冻过程中发生的冷冻浓缩效应。因为水在结冰的过程中将水中的溶质和质子浓缩在液态盐水中，使液态盐水中溶质和质子浓度较冰冻前提高成百上千倍，从而大大提高氧化还原电位，加速物种之间的氧化还原反应。Ju 等[13] 对比了 25℃水中和 −20℃冰中的 4-氯酚与 Cr(Ⅵ) 之间的氧化还原反应，4-氯酚与 Cr(Ⅵ) 的初始浓度均为 $20\mu mol/L$，初始 pH=3.5，反应 30min 后，水中 4-氯酚与 Cr(Ⅵ) 的浓度没有变化，而冰中 4-氯酚与 Cr(Ⅵ) 的浓度分别下降了 58% 和 100%。Kim 等[14] 对比了 25℃水中和 −20℃冰中的亚硝酸盐与 Cr(Ⅵ) 之间的氧化还原反应，Cr(Ⅵ) 的初始浓度为 $20\mu mol/L$，初始 pH=3，反应时间为 30h，当亚硝酸盐初始浓度分别为 $20\mu mol/L$ 和 >1mmol/L 时，水中 Cr（Ⅵ）的浓度几乎没有变化，而冰中 Cr（Ⅵ）的浓度分别下降了 74% 和 53%。

有研究者[11] 研究了纳米铁颗粒（1～100nm）、钯化纳米铁颗粒（质量分数 0.05%～1%）、商品铁对四氯化碳和氯仿的还原脱氯作用，实验结果表明：四氯化碳和氯仿在 1h 内被钯化纳米铁颗粒完全还原分解成甲烷（52%，质量分数）和二氯甲烷（23%，质量分数），而纳米铁颗粒和商品铁对四氯化碳和氯仿的还原脱氯反应速率要比钯化纳米铁颗粒低 1～2 个数量级。

5. 光化学法

传统的农药处理方法有吸附、生物降解、臭氧氧化和氯化处理等，但吸附只是农药的分离而不是处理，而生物降解、臭氧氧化和氯化处理不适用于空气、水和土壤等自然环境介质。

光化学方法主要利用光辐射作为能源，光子的来源可以是自然太阳光或外部紫外线（如氙灯或汞灯），光化学方法具有低成本、易操作、高效率等优点。光辐射与其他试剂或方法组合（图 5-4）后，适合处理农药的种类大大增加，处理效率显著提高[15]。

（1）光降解　光辐射能降解许多其他方法（或试剂）无法处理的高度难降解农药，一些农药的光解副产物不吸收较低波长的光谱，所以在直接光解过程中不能实现完全矿化。吡虫啉在水溶液中光降解 4h 后，底物转化率达 90%，主要副产物为 6-氯烟酰胺、N-甲基烟酰胺、1-(6-氯烟碱基) 咪唑酮和 6-氯-3-吡啶基-甲基乙基二胺。有机磷杀虫剂甲基叠氮磷（AZM）直接光解的副产物荧光化合物 N-甲基邻氨基苯甲酸不能吸收较低波长的光谱，所以不能进一步矿化。

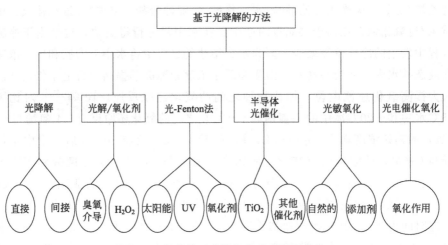

图 5-4　各种基于光降解的农药处理方法

（2）光解/氧化剂（H_2O_2/O_3）　光辐射与 H_2O_2 或 O_3 等氧化剂相结合，可以提高农药降解率。在 UV 与 H_2O_2 的协同作用过程中，光辐射可以引起过氧化氢的 O—O 键的断裂，产生羟基自由基（·OH）。在 pH 7 和 H_2O_2 初始浓度为 1mmol/L 的条件下，γ-六氯环己烷（林丹）在 4min 内降解率可达到 90％，在 15min 内完成脱氯反应。

在 UV 与 O_3 的协同作用过程中，O_3 吸收紫外线后发生离解，其离解产物 $O(^1D)$ 与水反应生成活性羟基自由基（·OH）。

在 UV/O_3 降解农药的过程中，UV 与 O_3 的协同作用非常明显。采用光解、臭氧氧化和 UV/O_3 对农药利谷隆进行降解，UV/O_3 的降解率分别是光解和常规臭氧处理的 3.5 倍和 2.5 倍。更重要的是，三者的降解途径不一样，UV/O_3 产生的有毒副产物最少。在常规紫外光解下，利谷隆降解路径依次为脱甲氧基化、光水解和 N-末端脱甲基；在臭氧氧化过程中，利谷隆降解路径是苯环上的 N-甲氧基化、脱氯和羟基化；UV/O_3 的利谷隆降解路径则是利谷隆矿化、脱氯和脱氮。

（3）光-Fenton（photo-Fenton）法　用紫外-可见光照射 Fenton 反应体系，Fe(Ⅲ) 在吸收光后，通过光化学还原反应生成 Fe(Ⅱ)，Fe(Ⅱ) 随后与过氧化氢反应生成羟基自由基（·OH），从而加速难降解农药化合物在近中性 pH 水体中的光化学氧化过程。

光-Fenton 法处理能降低难降解农药的生物毒性，提高废水的可生物降解性。将太阳光-Fenton 法处理与生物处理技术组合在一起，能缩短生物处理时间，提高污染物去除率。近年来，太阳光-Fenton 复合生物处理技术已应用于难降解化合物处理的实际工程中。

（4）半导体光催化　有许多类型的半导体材料（氧化锌、二氧化钛和氧化钨）可用于光催化，其中锐钛矿二氧化钛因其良好的催化性能和稳定性而得到了广泛的应用。

半导体光催化的原理，是半导体吸收紫外或可见光谱中的电磁辐射而产生光激发，半导体的价带被激发到导带上，在价带上留下一个正空穴。价带上的空穴和导带上的电子能够引起吸附物（即农药）的还原或氧化。半导体光催化与臭氧组合具有明显的协同效应，在酸性和中性 pH 下，$O_3/TiO_2/UV$ 的处理效果要明显优于 O_3/UV 和 $O_2/TiO_2/UV$。

（5）光敏氧化　一些敏化剂能吸收光辐射，并被激发到更高的能态，然后将多余的能量转移到目标化合物，从而实现目标化合物的降解。光敏氧化降解，能显著提高低光吸收效率农药的降解率。天然维生素化合物核黄素（riboflavin）可用作光敏剂，与 UV/H_2O_2 结合用来降解灭草隆农药，表现出显著的增强性能，几乎比传统的 UV 光解快 5 倍。

（6）光电催化氧化　光电催化氧化是一种先进的氧化技术，依靠紫外线（UV）光激活一种专有的、高表面积的半导体光电活性电极。在强紫外光源照射下，光催化剂产生高活性的电子空穴，在光阳极和阴极之间施加偏压以稳定这些光生电子空穴，从而提高羟基自由基的产率。采用电 Fenton、H_2O_2 辅助 TiO_2-光电催化、TiO_2/Ti-Fe-石墨三电极-光电催化三种工艺分别处理 2，4-二氯苯酚（2，4-DCP），TiO_2/Ti-Fe-石墨三电极-光电催化的 2，4-DCP 的降解率达到 93%，而电 Fenton 和 H_2O_2 辅助 TiO_2-光电催化工艺的降解率分别仅为 31% 和 46%。通过光电协同作用，2，4-DCP 的降解率大大提高。

6. 熔盐热处理法

熔盐氧化是一种功能强大的有机废物的热处理工艺，是一种无焰氧化技术。在有机废物熔盐氧化工艺中，废物被注入氧化性空气中，其中的有机组分转化为 CO_2 和蒸气，卤素和杂原子（如硫）转化为酸性气体溶于碱性熔盐中，无机组分则以最高价态存在。熔盐氧化技术对多氯联苯、三氯苯和六氯苯、碳化硅、含能材料和化学毒剂沙林的销毁率高达 99.9999%[16]。

相对于焚烧，熔盐氧化具有以下优点：①熔盐氧化的操作温度要较常规的焚烧温度低几百度，可以最大限度地减少放射性或有害物质的排放；②熔盐氧化是放热反应，不需要补充燃料来维持火焰，因而产生的废气更少；③属于催化液相有机氧化反应的非火焰过程；④反应生成的酸性气体溶于碱性熔盐，系统无需配备湿废气洗涤系统；⑤熔盐具有较高的使用温度、高热稳定性、高比热容、高对流传热系数、低黏度、低饱和蒸气压、低价格等优点，是一种优良的传热储热介质；⑥熔盐氧化技术更易被公众接收。

熔盐氧化技术的局限性有：①处理液态废物成本较高；②不适用于灰分含量大于 20%（质量分数）的废物和含有不易热脱附有机物的废物；③消耗的盐必须用新盐替换并处理，盐的循环利用和废物中有价值元素的回收会增加处理成本；④一些废物在处理过程中的微粒排放量很高，一些废物会产生不完全燃烧产物，需要辅助反应器，会增加工艺成本。

（1）工艺流程　熔盐氧化系统可以分为一步法、改进的一步法和两步法三类。

① 一步法　一步法工艺是由罗克韦尔国际（Rockwell International）开发的，由废物和空气注入、反应器、尾气处理和盐回收四个系统（图 5-5）组成[16]。

a. 废物和空气注入系统。废物和空气注入系统包括废物接收桶、固液分离器和固体废物粉碎器（或溶剂雾化器）。固体有机废物首先通过粉碎器破碎，并经螺旋给料机转移到盐浴中。废料和空气通过管道从反应器的底部进料。有机溶剂挥发后与空气一起进入反应器。进料管道应该设计成双管系统，即废料进料管道外套空气进料管道，这样空气对废料可以起到冷却的作用，避免废物

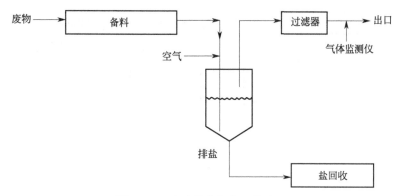

图 5-5 一步法熔盐氧化工艺流程

在进入熔盐之前变焦而堵塞入口管道。

　　b. 反应器。容器顶部用塞子密封，塞子上有气体入口、排气口和热电偶插入口。进气管的顶端与转子流量计相连，用于监测空气流量。装满粉状盐的反应器需预热到足够高的温度，以使盐的黏度与水的黏度相当，确保空气和熔盐充分接触。反应器的超压保护，通过严格限制最大进料速率、严密监测尾气系统以防止盐沉积物积聚而造成堵塞来实现。

　　c. 尾气处理系统。氧化反应产物二氧化碳、蒸汽和过剩空气通过排气口排出处理单元。来自处理单元的废气需经水冷或风冷换热器冷却后进入过滤系统，然后排放到环境中，以防止高效微粒空气（HEPA）过滤系统的降解。在线连续排放监测仪也可以安装在过滤器后，以监测废气中的污染物浓度。

　　d. 盐回收系统。该系统的主要功能是分离和再生盐，第二个功能是从混合物中回收有价值的元素，同时降低废物的处理成本。有些材料（副产物）无法有效处置，需要长期储存，如一些长寿命放射性同位素和其他特殊核材料。

　　② 改进的一步法　改进的一步法处理系统包括两个反应器（图 5-6），一级反应器主要用于废物的热脱附、热解和焚烧，二级反应器（熔盐系统）用于处理来自一级反应器的废气[16]。此系统适用于处理含有大量无机氧化物的废物，如含有高岭土的纸制品。熔盐系统既是二级处理系统，又是气体洗涤器，可以减少新鲜盐的消耗量。

　　③ 两步法　一些废物，如 PVC 塑料、氯苯和三氯乙烯等，采用一步法熔盐氧化工艺只能得到非完全反应产物一氧化碳。此时可以采用两步法熔盐氧化工艺（图 5-7），第一反应器的运行温度相对较低，第二反应器在较高温度下运行[16]。

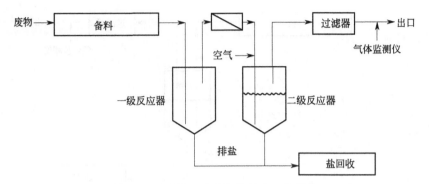

图 5-6　改进的一步法熔盐氧化工艺流程

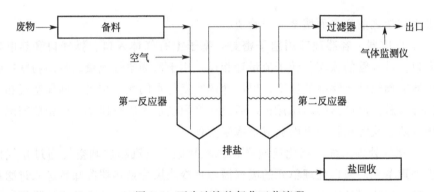

图 5-7　两步法熔盐氧化工艺流程

（2）反应机理　当使用碳酸钠作为熔盐时，反应机理可用反应式（5-1）～式（5-4）表示，其中 X 表示一般卤素：

$$2C_aH_b + \left(2a + \frac{b}{2}\right)O_2 \longrightarrow 2aCO_2 + bH_2O \tag{5-1}$$

$$C_aH_bN_c + O_2 \longrightarrow CO_2 + H_2O + N_2 + NO_x \tag{5-2}$$

$$2C_aH_bX_c + cNa_2CO_3 + \left(2a + \frac{b-c}{2}\right)O_2 \longrightarrow (2a+c)CO_2 + bH_2O + 2cNaX \tag{5-3}$$

$$2C_aH_bS_c + 2cNa_2CO_3 + \left(2a + \frac{b}{2} + 3c\right)O_2 \longrightarrow$$

$$2(a+c)CO_2 + bH_2O + 2cNa_2SO_4 \tag{5-4}$$

氧在熔融碳酸盐中发生以下化学溶解反应，形成氧化产物、超氧物和过氧化物离子

$$O_2 + 2CO_3^{2-} \longrightarrow 2O_2^{2-} + 2CO_2 \tag{5-5}$$

$$3O_2 + 2CO_3^{2-} \longrightarrow 4O_2^- + 2CO_2 \tag{5-6}$$

硝酸盐离子可以起催化剂的作用，过氧化物离子（O_2^{2-}）与硝酸盐反应生成超氧化物和亚硝酸盐，过氧化物再将亚硝酸盐氧化成硝酸盐，从而持续提供超氧化物来氧化有机废物。废物中的含氮化合物最终会被氧化成硝酸盐，从而增加氧化性离子浓度；如果废物没有含氮化合物，则只需添加少量含氮材料。以三元低共熔混合物 Li-Na-K 碳酸盐为熔盐，汽车轮胎在 550℃时会产生大量未反应的炭、热解油和含多种有机物的气体；而添加催化剂 KNO_3 不仅可以缩短反应时间，还可以使汽车轮胎全部转化为可以回收的炭黑。

$$2NO_3^- + O_2^{2-} \longrightarrow 2NO_2^- + 2O_2 \tag{5-7}$$

$$NO_2^- + O_2^{2-} \longrightarrow NO_3^- + O^{2-} \tag{5-8}$$

（3）应用　熔盐氧化工艺是一种新兴的危险废物（化学品）处理技术，可以去除可燃废物中 99.999%以上有机物，适用于处理多氯联苯、二噁英、农药、除草剂、化学战剂、炸药和推进剂等。

以 KOH（59%，质量分数）-NaOH（41%，质量分数）低共熔混合物为熔盐，废物与熔盐的质量比为 0.3，在 300℃条件下处理废弃的印刷电路板 1h。待固体混合物冷却后，在超纯水中浸出，然后将固体残渣从溶液中过滤分离出来。分离得到的固体残渣分为金属块和褐色粉末两部分，回收的金属块中 Ni、Cu、Au 和 Ag 的含量分别为 0.950g/kg、287g/kg、0.725g/kg 和 0.238g/kg，褐色粉末主要组分为玻璃纤维、环氧树脂和塑料的熔盐氧化产物碳酸钙和硅酸钙。印刷电路板中 99.8%（质量分数）的氟、99.3%（质量分数）的氯和 99.99%（质量分数）的溴以钾盐或钠盐的形式存在于熔盐中，排出的气体主要组分为 H_2，其浓度高达 27.8%（体积分数），可以作为燃料或化学原料回收[17]。

三、危险化学品废物的生物处理

1. 生物处理的原则

生物处理是一种利用微生物的代谢作用提高和扩大污染物降解速度和范围的治理环境污染的重要方法。由于每个污染现场都有其特殊性，治理时应采用的措施不同，在选择这些治理措施时，主要考虑的原则包括生物化学、生物可利用性和生物活性三个方面。

（1）生物化学　生物处理中的生物化学是使污染物朝毒性降低的方向转化的过程，它对改善环境质量是有益的。这是每一个污染现场能否应用生物治理技术的首要标准。实际工作中，常用毒性生物分析检测在降解过程中毒性是否下降。

微生物的广泛适应性和代谢的多样性，为它们降解有毒物提供了广泛的可能，遗传工程菌、固定化细胞、酶制剂等不同生物技术的运用，有利于微生物发挥作用。降解微生物的研究是生物整治技术的基础。

（2）生物可利用性　生物处理中的生物可利用性，是指在污染的土壤和水体中释放污染物的形式特点。这些特点影响微生物对污染物的吸收和代谢，从而影响生物降解的速度。

污染物的物理化学特点决定它的生物可利用性。如低水溶性物质形成独立的非水相，该相因毒性太大，不能直接生物降解。疏水的污染物，极易吸附到水中的固体上，化合物运动减少，降低了其可利用性。利用表面活性剂提高污染物的生物可利用性，也已被广泛研究。

（3）生物活性　生物活性是指在各种生物治理技术中微生物的代谢活性。采用适当的措施改善生物活性，可以使生物降解达到最快速度和最彻底程度。在现场治理中，影响生物活性的诸多因子往往较难控制，生物活性因此难以达到最大值。需要调整的环境因子主要为电子受体，为使好氧菌良好地生长，常用的补充供氧方法主要是：土壤耕耘，直接充氧和注入 H_2O_2 以释放游离氧。在缺氧条件下，可以向水体投加硝酸盐和碳酸盐，这些化合物不仅可以作为替代的电子受体，在水体中其溶解性又高于氧，因而它们能比氧更有效地提高降解菌的生物活性。

2. 生物治理技术概述

传统的吸附、化学氧化、混凝沉淀、萃取、蒸发、焚烧等物理化学方法处理危险化学品废物，存在工艺流程复杂、处理费用高等缺点，广泛应用受到限制。

危险化学品废物生物处理的原理是利用微生物新陈代谢过程中需要营养物质这一特点，将化学品废物中的有害物质转化成无害物质。按照获取营养的方式不同，用于降解有害化学品的微生物分为两类，即自养菌和异氧菌。事实上，危险化学品废物的生物处理法广泛使用的是用异养菌来净化有机化学品废物，而很少采用生长所需碳源为二氧化碳且生长缓慢的自养菌；异养菌是通过有机化合物的氧化来获取营养物和能量的，因此特别适用于有机化学品废物的净化处理。

常见的分解危险化学品废物的菌种见表 5-5[18]。影响微生物生长的因素也就是影响危险化学品废物生物处理的因素。影响微生物生长的因素，如营养物供应、溶解氧量、有毒化学品废物的浓度、温度、酸碱度等。不同的微生物由于自身生存的条件不同，各有自己最适应的温度和 pH 值，应根据微生物的种类来选择操作条件。迄今，微生物处理危险化学品废物主要用来降解危险化学品中的有机废物。危险化学品的微生物处理具有设备简单、耗能低、不消耗有用原料、无二次污染并可以达到无害化目的等优点。但此法不能回收利用化学品，也受到化学品废物浓度的限制。适合于微生物处理的危险化学品废物的组分主要有硫醇、酚类、脂肪酸、乙醛酮、氨等。通常某类微生物特别适合于某种危险化学品的处理。

表 5-5　分解危险化学品废物的菌种

危险化学品废物	分解危险化学品废物的微生物
烃类化合物	假单胞菌、分枝杆菌、棒状杆菌、解脂假丝酵母、翰逊酵母、毕氏酵母、单胞枝霉、青霉、木霉、黄杆菌等
多氯联苯	蜡状芽孢杆菌、无色细菌、邻单胞菌、产碱菌、小球诺卡氏菌、红色诺卡氏菌、酿酒酵母、不动杆菌等
有机农药	无色杆菌、气杆菌、土壤杆菌、节杆菌、芽孢杆菌、梭菌、棒状杆菌、诺卡氏菌、木霉、曲霉、青霉等

废溶剂的生物处理是利用各类微生物的生命活动进行物质转化的过程，通过不同生理特性和代谢类型的微生物间的协调作用，采用人工措施使微生物大量增殖，以提高对溶剂中有机物和有毒物降解效率。为了提高微生物处理化学溶剂的能力，可以采用如下两种手段：一是通过基因工程获得高效工程菌；二是改善微生物的环境条件。危险化学品废物中的有机溶剂废物及无机溶剂废物的生物处理方法很多，可以用废水的生物处理方法有：

（1）好氧性处理：①活性污泥法；②生物膜法；③稳定化池法。

（2）厌氧性处理：①厌氧性消化法；②厌氧生物膜法；③厌氧塘法。

（3）利用固定化微生物或其酶的处理。

（4）利用人工构建的工程菌的处理。

（1）厌氧生物处理技术　该技术主要用于易燃易爆物废水的治理。在证明了厌氧颗粒污泥对氮取代的芳香化合物有很强的降解能力后，人们采用了上流式厌氧填料床处理含 RDX、HMX 的废水，进而又发明了一种现场降解炸药废水的生物处理装置，含粒状活性炭厌氧流化床-活性污泥法的两级生化处理系统对 DNT 和 TNT 有较好的去除效果。该方法有两个特点：①选择的是较普通的微生物；②廉价、快速，适用于受污染水体和大面积土地处理。该方法比耗氧处理方法有以下优点：不需充氧、能耗低、污泥量小，并可获得大量的生物沼气。

(2) 生物通气方法　生物通气方法是一种强迫氧化生物降解方法。在待治理的土壤上打至少两口井。安装鼓风机和抽真空机，将空气强排入土壤中，然后抽出，土壤中的挥发性毒物也随之去除。在通入空气时，加入一定量的 NH_3 气，可以为土壤中的降解菌提供氮素营养。

(3) 土壤泥浆反应器　土壤泥浆技术由装满土壤和水混合物的反应器组成，将土壤与 3～9 倍的水混合使其呈泥浆状，同时加入复合底物和营养，并在充氧条件下剧烈搅拌进行处理。土壤泥浆反应器还需要用机械混合或电力充气。将表面活性剂应用到泥浆技术中，提高了疏水性石油烃在泥浆水相中的溶解度，从而提高了土壤中菲的矿化程度和速度。这一技术一般要求在厌氧条件下进行，以避免有氧存在时发生聚合反应，有时需要附加需氧处理。此方法有较好的脱氯降解活性。

(4) 堆肥　这种技术用于处理污染土壤。堆肥时土壤必须与大批底层附加物混合，干草垛堆肥和厌氧需氧堆肥系统对 TNT 等污染的土壤的处理是高效率的。在这种缺氧条件下炸药首先被还原成氨基和二氨基硝基甲苯，以后暴露在空气中形成更多能够除去的与土壤共结合的转化产物。堆肥中的主要问题是时间长，设备贵，系统需要维修，目前尚缺乏对此过程中起作用的细菌和真菌的了解。

(5) 植物生物修复　植物生物修复是一项利用太阳能动力的处理系统，具有处理费用低、减少场地破坏等优点而受到普遍重视。植物系统可以吸收或结合污染物的代谢物，在植物的解毒代谢中，与有机杀虫剂化合物的结合是植物的一种重要的保护作用，此作用由植物的细胞器气泡所完成。

(6) 植物共生菌　假单胞菌能转化 TNT，产生的代谢产物为二硝基甲苯和二氨基硝基甲苯。牧场雀麦草的接种能增强根围部分与生物群落有关的芳香族硝基化合物的代谢和土壤中 TNT 还原水平。

(7) 表达微生物降解酶的转基因植物　转基因烟草植物携带 onr 基因，编码来自季戊四醇四硝酸酯（一种炸药，简写 PETN）还原酶，在叶和根组织显示可以检测到还原酶的表达。表达炸药降解酶的转基因植物能够在炸药浓缩的场所生长发育，而野生的植物被抑制。

(8) 活性炭-生物处理法　对一些毒性很强的有机农药污水，生物难以分解，甚至导致微生物中毒死亡，但极易为活性炭吸附。用纯物理化学处理来代替生物处理是不经济的；而应以生物处理为主，同时用物理化学方法来补充和克服生物处理的缺点，并提高生物处理的效率，是较为理想的。因而，将粉末活性炭直接投到曝气池中，使活性炭和生物处理结合，可以得到较好的效果。可产生膨胀床式的高速吸附氧化，固定填充床形式的催化、氧化等高效的新型构筑物。此外，粉末活性炭加入活性污泥中，不仅改善了污泥的沉降性能，还可使污泥消化时产气量增加，污泥处理费用降低。

(9) 微生物/酶固定化处理法 固定化微生物技术是将特意筛选的微生物固定在选用的载体上，使其高度密集并保持生物活性，在适宜条件下能够快速、大量增殖的生物技术。这种技术应用于危险化学品处理，有利于提高生物反应器内微生物（尤其是特殊功能的微生物）的浓度，有利于微生物抵抗不利环境的影响，有利于反应后的固液分离，缩短处理所需的时间。

固定化酶技术是用物理或化学手段，将游离酶封锁住固体材料或限制在一定区域内进行活跃的、特有的催化作用，并可回收长时间使用的一种技术。经固定化的酶与游离酶相比，具有稳定性高、回收方便、易于控制、可反复使用、成本低廉等优点。

漆酶是一种广泛分布的多铜单体糖蛋白，具有很强的氧化各种酚类和非酚类化合物的能力，能在农药、药品等危险化学品氧化处理方面发挥重要作用。

有研究者[19] 在一酶膜反应器内，利用市售米曲霉漆酶降解双酚 A 和双氯芬酸，在剂量率分别为 $(570\pm70)\mu g/(L \cdot d)$ 和 $(480\pm40)\mu g/(L \cdot d)$ 时，双酚 A 和双氯芬酸去除率分别达到 85% 和 60%。加入天然氧化还原介质 $5\mu mol/L$ 丁香醛（syringaldehyde）后，介质能在目标污染物和漆酶之间起着电子传输的作用，双酚 A 和双氯芬酸去除率分别提高至 95% 和 80%。

第二节 含危险化学品特种废水的处理

一、含重金属配合物废水的处理

工业、农业、交通和居民生活会产生大量的含重金属离子和有机化合物的废水，当废水中同时存在金属络合剂（农药、化肥、洗涤剂、增塑剂、药品、石油）与重金属离子时，重金属离子容易与常用的有机物（如柠檬酸、乙二胺四乙酸、氨基三乙酸、氰化物、抗生素、腐殖酸物质和其他配体）络合形成结构和毒性不同的、稳定的金属配合物。现有的大多数污水处理技术很难将其处理达标，如采用简单的化学中和法或化学沉淀法，无法使水中 EDTA（乙二胺四乙酸）、NTA（氨基三乙酸）、Atrazine（阿特拉津）浓度分别低于世界卫生组织饮用水质量指南要求的 0.6mg/L、0.2mg/L、0.1mg/L。目前应用于重金属配合物去除的方法有电解、沉淀、膜分离、置换-沉淀、TiO_2 光催化和类 Fenton 氧化[20]。

1. 电解法

电解法处理工业废水的基本机理是利用金属的电化学性质，当施加外部直流电时，重金属离子从高浓度溶液中分离并沉积在阴极上，从而得到去除（回收）。同时，还原性强离子或阳极材料在阳极放电。采用隔膜电解法，即在阳极和阴极室之间加一张阳离子交换膜，可以防止螯合剂在处理过程中的阳极氧化，同时回收重金属和螯合剂，如 NTA、EDTA、DTPA、C_{12}-DTPA（DTPA 表面活性衍生物）。

电解法去除重金属配合物，具有操作方便、处理量大、适用于处理高浓度废水等优点。然而，由于电解过程需要耗电和消耗可溶阳极材料，利用电解处理复杂的金属污染费用比较昂贵；此外，由于该方法不适用于低浓度络合重金属废水和会造成有机配体残留的二次污染，电极易钝化，一般仅作为废水的初级处理方法。

电解与其他方法相结合，在去除重金属配合物方面具有显著的优势。这些组合方法包括铁-碳微电解、微生物电解池、电凝聚、生物电化学系统和电解。采用电解协同聚合物络合超滤工艺处理含镍工业废水，超滤提高金属配合物浓度，电解可以回收金属。采用内部微电解法去除 EDTA 螯合铜，不需要外部电源，具有效率高、处理时间短等优点。

2. 膜分离法

重金属离子与水溶性高分子聚合物络合后，容易被超滤膜截留。聚乙烯亚胺（PEI）是一种富 N 的合成聚合物，对重金属离子有很强的螯合作用。pH 值为 5.5 时，柠檬酸、聚乙烯亚胺和 Cu^{2+} 可以螯合形成三元聚乙烯亚胺（PEI）-铜(Ⅱ)-柠檬酸配合物。采用聚乙烯亚胺聚合物络合辅助超滤工艺可以处理含 Cu^{2+} 废水，实现铜金属回收和水净化。

膜过滤是一种通过分离污染物来捕获金属和有机化合物的高度生态可持续的方法。超滤具有效率高、选择性好、能截留的金属种类多、能耗低、操作方便等优点。然而，其制备成本高、易堵塞、不能拉伸以及需添加络合剂等缺点，限制了其广泛的应用。

3. 沉淀法

沉淀主要分为氢氧化物沉淀法和硫化物沉淀法。常见的氢氧化物沉淀剂包括石灰石、碳酸钠、氢氧化钠和癸酸钠，它们可以释放氢氧根离子结合金属离子以形成不溶性氢氧化物沉淀物。相对于氢氧化物沉淀法，硫化物沉淀法金属沉淀效率更高，且适用于相对低的 pH 范围。生物浸出协同硫化物沉淀法可以利用 Na_2S 去除大于 99% 的锌和 75% 的铁。利用硫酸盐还原菌可将硫酸盐还原为硫化物,硫化物再与重金属离子结合形成不溶性硫化物沉淀,借此可以处理低浓度的重金属废水。

氢氧化物沉淀操作简单,处理重金属的能力较强,但由于其显著的缺点,阻碍了其实际应用和发展。氢氧化物沉淀是一种非选择性沉淀,对大多数金属都是有效的,但仅用这种方法处理很难使废水达到排放标准的要求。此外,沉淀后处理也有许多实际的局限性,如添加的大量碱性物质和试剂会造成二次污染和高成本。采用硫化物沉淀法去除的金属种类较少,因为硫化物的加药难以控制,可能导致严重的二次污染,酸性废水中易产生硫化氢气体,进一步污染大气。此外,稳定的络合结构是去除络合重金属的一个重要障碍,氢氧化物或硫化合物很难从稳定的络合金属体系中提取金属离子。但沉淀法作为处理系统的辅助技术的应用值得关注。例如,利用鸟粪石沉淀法处理氨氮废水,可以将氨从难处理的铜氨配合物中除去并从溶液中分离出来时,由于表面与鸟粪石的黏附,铜以氢氧化铜的形式共沉淀。该方法对铜和氨的去除率分别达到99.5%和99.9%。

4. 置换-沉淀法

置换-沉淀法是一种较沉淀法更有效的方法,其金属去除的主要机制涉及两个连续的过程:①螯合重金属离子通过与无毒金属离子的置换反应释放;②通过碱或其他沉淀剂沉淀除去金属离子。置换反应在很大程度上依赖于具有更高螯合稳定性的附加金属离子。

铁基材料由于其高效的反应性和较大的比表面积,正逐渐成为一种有前途和经济上可行的水生修复系统材料。多功能零价铁(ZVI)可作为一系列环境污染物的还原剂、多种阴离子的混凝剂和多种金属的吸附剂。铁在废水处理中具有很高的潜在价值,利用铁碳微电解法制备的铁氢氧化物,采用吸附和共沉淀法可以有效去除废水中的 $Cu(II)$-EDTA,此法高效,操作成本低,反应时间短,在 3~10 的 pH 范围内,用 0.25kg 废铁屑可以处理 1t 含 100mg/L 的 $Cu(II)$-EDTA 的废水。

置换-沉淀法是沉淀法的改进,操作简单,能充分利用铁基材料,重金属处理效率较高。由于存在化学原料消耗率大、工作 pH 范围窄、铁基体的团聚和钝化以及有机螯合物的二次污染等缺点,在实际工程中,更多的是将铁基材料与其他方法组合起来应用,如紫外线降解、弱磁场应用或电凝聚。在 pH 为 4~6 时,零价铁在弱磁场下可以有效分解去除 $Cu(II)$-EDTA。其去除机理如图 5-8 所示:ZVI 被 O_2 氧化成 Fe^{3+},然后 Fe^{3+} 与 $Cu(II)$-EDTA 相互作用并导致其分解。最后 $Cu(II)$ 被还原成 $Cu(0)$ 并析出,$Fe(III)$-EDTA 被 ZVI

的含氧官能团所吸附[20]。

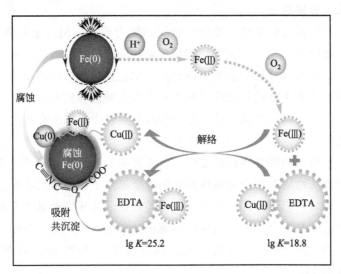

图 5-8　弱磁场下零价铁（ZVI）系统去除 Cu(Ⅱ)-EDTA 的机理

5. 吸附法

吸附法通常可分为化学吸附法和物理吸附法。简单的物理吸附依赖于具有合适多孔结构的材料来实现去除。化学吸附法中，重金属离子或配合物是通过静电吸附或化学键力吸附到功能性吸附剂表面实现有效分离的。重金属离子或配合物的吸附过程，可以用以下的一种动力学方程来描述：拟一阶、拟二阶、Elovich 模型、Ritchie n 阶模型和等温吸附模型（如 Langmuir、Freundlich 和 Dubinin-Radushkevich）。用作吸附剂材料必须具有比表面积大、孔和表面结构合适、易于制造和再生以及良好的机械性能等特点，常用的吸附剂包括碳材料、硅胶、分子筛、天然黏土或其他新兴生物材料。天然生物基质因其具有分布广、毒性低、化学稳定性好、生物降解性好等特点，已被广泛用作吸附材料，有统计资料表明生物吸附剂占到目前所用吸附剂的 58％。目前应用较多的生物吸附材料是壳聚糖，壳聚糖分子结构中含有大量游离氨，具有独特的理化性质和生理功能，在环境保护方面有着广泛的应用。壳聚糖是通过甲壳素的脱乙酰基作用制备的，甲壳素广泛存在于虾、蟹、虫壳中。

吸附法具有吸附剂潜在来源广泛、成本低、操作简单、吸附容量大、对多数金属有效、无二次污染、潜在可生物降解的生物吸附材料种类繁多等优点。吸附法也有一些固有的局限性，如吸附剂大规模生产困难、再生成本高、适用 pH 值范围有限等。

6. TiO₂ 光催化法

光催化法有强氧化能力，能破坏重金属配合物，释放重金属离子，氧化降解有机配合物。常见的光催化剂包括 TiO_2、氧化锌（ZnO）和氧化锡（Ⅳ）（SnO_2）。

光催化技术是一种应用日益广泛的环境友好技术，由于其在温和条件下（如室温和常压）能实现有机配体的完全矿化，同时产生低毒副产物，非常适合于处理螯合重金属废水。

将其他方法与光催化相结合用于去除络合金属，可以取得比单独光催化体系更好的效果。近年来，TiO_2 表面的碳纳米材料和双金属合金共催化剂越来越受到人们的关注，它们可以作为光催化反应中起有效电荷分离作用的电子受体，从而成为低成本的共催化剂。将 Cu-EDTA 的光催化反应和超长/超薄 TiO_2 纳米纤维结合起来，可以同时实现清洁水生产、制氢和 Cu^{2+} 的原位回收。Liu 等人制备了 α-Fe_2O_3/ZnO 膜电极，将光电催化过程（PEC）与高度有序的 TiO_2 纳米管结合，可以在降解氧氟沙星的同时回收铜（Ⅱ），与光催化、电化学和直接光解等处理方法相比，光电催化对氧氟沙星和 Cu^{2+} 均具有较高的去除率。

7. 类 Fenton 氧化法

类 Fenton 氧化法原理，是利用 H_2O_2 和亚铁离子的混合溶液生成的强氧化性羟基自由基，有效地将金属有机配合物氧化成无机物。Fenton 反应和其他方法之间的协同作用能达到更好的处理效果。与简单的 Fenton 反应相比，Fenton 反应与微波、电解或紫外光处理相结合，对有机物和螯合金属有很好的去除效果。组合法具有以下优点：①提高了·OH 的产率和反应的选择性；②缩短了反应时间，降低了活化能；③操作简便。Fenton 化学沉淀法能够有效地去除废水中的螯合重金属，不仅能去除废水中的重金属离子，而且还降低了化学需氧量（COD）值，实验结果表明：①螯合重金属被破坏；②有机配合物被氧化成 CO_2 或简单有机化合物；③金属离子被氢氧化物絮体所吸附。

常用的重金属配合物废水处理方法的优缺点见表 5-6[20]。

表 5-6　常用的重金属配合物废水处理方法的特点

处理方法	优点	缺点
电解/沉淀	操作简单,适用于大多数金属,适用于大水量	电极材料和沉淀剂消耗大,去除效率低,二次污染
膜分离	高选择性,资源回收	预处理工作量大,会堵塞膜孔,抗菌性差,pH 值范围有限

续表

处理方法	优点	缺点
吸附	成本低,对很多金属有效,效率高,生物吸附剂广泛且经济实用,操作方便	pH范围有限,再生困难,平衡时间长
置换-沉淀	操作简单,效率较高,充分利用铁基材料	化学试剂耗量高,污泥量大,有机螯合物释放造成二次污染
TiO$_2$光催化	清洁高效,同时去除金属和有机污染物,副产物毒性低	pH范围有限,能耗高,反应时间长,操作困难
类Fenton氧化	快速高效,残留有机螯合物去除率高,能回收金属	成本高,添加的试剂会造成二次污染,处理水量小,铁泥量大
离子交换	优良的金属离子选择性,树脂可再生	原材料成本高,适用金属离子种类少

二、含氰化物废水的处理

一般高浓度的氰化物废水采用电化学法和高级氧化法处理,低浓度的氰化物废水采用生物法处理。

1. 电化学法

电絮凝的反应原理是以铝、铁等金属为阳极,在直流电的作用下,阳极被溶蚀,产生 Al、Fe 等离子,在经一系列水解、聚合及亚铁的氧化过程,发展成为各种羟基配合物、多核羟基配合物以至氢氧化物,使废水中的胶态杂质、悬浮杂质凝聚沉淀而分离。同时,带电的污染物颗粒在电场中泳动,其部分电荷被电极中和而促使其脱稳聚沉。分别以铁为阳极材料、以铝为阴极材料,由于铁的氧化还原电位($-0.447V$)较铝($-1.662V$)高很多,阳极与阴极之间存在较高的电极电位梯度,即 Fe-Al 电极组合具有较强的氧化能力。以铁为阳极材料、以铝为阴极材料,采用电絮凝法从废水去除氰化物离子,包括以下三个过程:①阳极材料铁氧化成亚铁离子,水同时在阳极表面发生电解,产生氧;②亚铁离子进一步氧化成三价铁离子,铁根据 pH 的不同分别生成氢氧化物、聚合氢氧化物、聚合羟基氧化物沉淀;③氰化物离子与铁的沉淀作用,使氰化物从废水中得以去除。采用安装十个铁电极的双极间歇反应器,初始pH 为 4.5~6.0、氰化物离子初始浓度为 50mg/L、外加电压为 40V 时,电解90min 后,氰化物的去除率达到 90%[21]。

电氧化分为间接电氧化和直接电氧化。间接电氧化根据电解过程产生的氧化剂的不同又可以分为两类:一类是电解液中存在氯离子,以电解过程中阳极生成的氯和次氯酸盐为氧化剂,将污染物氧化分解;另一类是电解生成过氧化氢,与溶液中的亚铁离子作用产生电 Fenton 反应。直接电氧化是阳极通过物理吸附的"活性氧（如羟基自由基·OH）"或化学吸附的"活性氧（如氧化物点阵中的氧）"与有机物在阳极发生反应，将有机物彻底氧化或选择性氧化。

以网状玻璃碳为阴极，以铂网为阳极，在 0.1 mol/L NaOH 介质中，O_2 在阴极表面发生还原反应生过氧羟基

$$O_2 + H_2O + 2e^- \longrightarrow HO_2^- + OH^-$$

氰化物离子在碱性条件下与过氧羟基反应生成 OCN^-

$$CN^- + 2OH^- - 2e^- \longrightarrow OCN^- + H_2O$$

$$HO_2^- + H_2O + 2e^- \longrightarrow 3OH^-$$

$$CN^- + HO_2^- \longrightarrow OCN^- + OH^-$$

Cu^{2+} 对 CN^- 的氧化有催化作用，CN^- 和 Cu^{2+} 初始浓度分别为 85mg/L 和 200mg/L HO_2^-，与 CN^- 的初始摩尔比为 3.60 时，电解 90min 后，CN^- 的去除率可达到 99.2%[22]。

酸性介质中，OCN^- 可进一步水解分解成 CO_2 和 NH_3

$$OCN^- + 2H_2O \xrightarrow{H^+} CO_2 + NH_3 + OH^-$$

2. 高级氧化法

高级氧化法是目前常用的有毒化合物的强化氧化技术之一，用来氧化氰化物的高级氧化技术有 UV/催化剂、UV/H_2O_2、UV/O_3、H_2O_2/O_3、$UV/H_2O_2/O_3$、催化臭氧处理、Fenton 反应及类 Fenton 反应、光催化、声化学工艺和湿式空气氧化等。

常用的光化学工艺是将紫外辐射与至少一种催化剂（如 H_2O_2 或 O_3）联用，利用产生的氧化性的自由基（主要是羟基自由基·OH）将氰化物氧化成无毒的化合物。UV/过硫酸盐（$S_2O_8^{2-}$）是最近开发出的光化学氧化技术，其原理是通过紫外辐射激发过硫酸盐产生的硫酸根自由基（SO_4^-·）将氰化物氧化成无毒的化合物。在 UV/过硫酸盐的反应条件下，氰化物浓度为 50mg/L 时，反应 50min 后，氰化物得到彻底去除[23]。

真空紫外（VUV）是一种均相高级氧化技术，其原理是：在 185nm 的真空紫外灯辐射下，水分子发生均裂和光致电离而生成高活性中间产物（主要是氢自由基·H 与羟基自由基·OH），溶解氧在真空紫外线辐射下同时生成臭氧（O_3），自由基与臭氧将氰化物氧化成无毒的化合物。采用 VUV/空气曝气技术处理电镀铬废水（含 68mg/L 氰化物和 24mg/L 的六价铬），反应 18min 后，氰化物得到彻底去除，同时有 72% 的六价铬被还原为三价铬[23]。

采用空气曝气/ VUV/过硫酸盐技术，可以同时生成羟基自由基·OH、

硫酸根自由基 $SO_4^-\cdot$ 和臭氧,其氧化去除氰化物的效率要明显高于其他高级氧化技术,当废水 $pH=11$、真空紫外辐射通量 $=18.3mJ/cm^2$、空气流速 $=0.4L/min$、过硫酸盐浓度 $=200mg/L$、氰化物初始浓度 $=50mg/L$ 时,反应 10min 后,氰化物即得到彻底去除[24]。

3. 生物法

在石油化工行业,其污水处理厂的废水一般控制在氰化物浓度小于 4mg/L,此时生物化学法可以将这么低浓度的含氰废水处理到达标。生物法处理的废水,其优点有:①出水水质比较好,CN^-、SCN^-、CNO^-、NH_3、重金属包括 $Fe(CN)_6^{4-}$ 均有较高的去除率;②能彻底去除 SCN^-,排水无毒。其缺点有:①适应性差,仅能处理极低浓度而且浓度波动小的含氰废水;②温度范围窄,寒冷地方必须有温室才能使用;③只能处理澄清水,不能处理矿浆。

生物法处理含氰废水分两个阶段,第一阶段是革兰氏杆菌以氰化物、硫氰化物中的碳、氮为食物源,将氰化物和硫氰化物分解成碳酸盐和氨:

$$M(CN)_n^{(n-m)-}+4H_2O+O_2 \xrightarrow{\text{微生物}} M\text{-生物膜}+nHCO_3^-+nNH_3$$

对金属氰配合物的分解顺序是 Zn、Ni、Cu、Fe,对硫氰化物的分解顺序与此类似,而且迅速,最佳 pH 值为 6.7~7.2。

$$SCN^-+2.5O_2+2H_2O \xrightarrow{\text{细菌}} SO_4^{2-}+HCO_3^-+NH_3$$

第二阶段为硝化阶段,利用嗜氧自养细菌将 NH_3 分解:

$$2NH_3+3O_2 \xrightarrow{\text{细菌}} 2NO_2^-+2H^++2H_2O$$

$$2NO_2^-+O_2 \xrightarrow{\text{细菌}} 2NO_3^-$$

氰化物和硫氰化物经过以上两个阶段,分解成无毒物以达到废水处理目的。

生物化学法根据使用的设备和工艺,又分为活性污泥法、生物过滤法、生物接触法和生物流化床法等,国内外利用生物化学法处理焦化、化肥厂含氰废水的报道较多。

微生物法进入工业化阶段并非易事,自然界的菌种远不能适应每升数毫克浓度的氰化物废水,因此必须对菌种进行驯化,使其逐步适应。生物化学法工艺较长,包括菌种的培养、加入营养物等,其处理时间相对较长,操作条件严格。如温度、废水组成等必须严格控制在一定范围内,否则,微生物的代谢作用就会受到抑制甚至死亡。设备复杂、投资很大,因此在黄金氰化厂它的应用受到了限制。但生物化学法能分解硫氰化物,使重金属形成污泥从废水中去除,出水水质很好,故对于排水水质要求很高、地处温带的氰化厂,使用生物法比较合适。

国外某金矿采用生物化学法处理氰化厂含氰废水。首先，利用其他废水对含氰废水进行稀释，使氰化物含量降低到生化法要求的浓度（CN⁻ < 10.0mg/L），然后调节 pH 值（7～8.5）、控制温度（10～18℃，必要时设空调），再加入营养基（磷酸盐和碳酸钠）。废水的处理分两段进行，两段均采用 $\Phi 3.6m \times 6m$ 的生物转盘，转盘 30% 浸入废水中以使细菌与废水和空气接触，第一段用经过驯化的微生物将氰化物和硫氰化物氧化成二氧化碳、硫酸盐和氨，同时重金属被细菌吸附而从废水中除去，第二段采用分离出来的普通的亚硝化细菌和硝化细菌，首先将氨转化为亚硝酸盐，然后转化为硝酸盐。该处理装置处理废水（包括其他废水）$800m^3/h$。

三、含砷化学品废水的处理

含砷废水的处理在 20 世纪 60 年代就已得到世人的关注。如能回收利用，则不仅可解决砷对环境的污染问题，而且经济效益显著，节约资源。目前，比较系统的处理方法有吸附法以及新兴的、最具发展前途的微生物法。吸附法在本章第一节有叙述，这里仅介绍微生物法。

1. 活性污泥法

活性污泥 ECP（胞外多聚物）能大量吸附溶液中的金属离子，尤其是重金属离子，它们与 ECP 的络合更为稳定。有人认为活性污泥对重金属离子的吸附有两种机制，即表面吸附和胞内吸收。表面吸附是指活性污泥微生物的胞外多聚物（甲壳素、壳聚糖等）含有配位基团—OH、—COOH、—NH₂、PO_4^{3-} 和—SH 等，它们与金属离子进行沉淀、络合、离子交换和吸附，其特点是快速、可逆和不需要外加能量，与代谢无关；胞外吸收通过金属离子和胞内的透膜酶、水解酶相结合而实现，速度较慢，需要能量，而且与代谢有关。

活性污泥法处理含砷废水，不论在处理费用，还是二次污染，或者工程化方面，都比传统处理方法具有相当突出的优势。影响活性污泥法处理含砷废水效果的主要因素有砷的价态、有机负荷、pH、生物固体停留时间、污泥浓度。

（1）砷的价态　不同价态的砷对活性污泥的毒性不同。实验表明，As(Ⅲ) 酶的毒性是 As(Ⅴ) 的数十倍，所以处理含砷废水时有必要先将 As(Ⅲ) 氧化成 As(Ⅴ)。

（2）有机负荷　有机负荷对活性污泥去除五价砷也有较大的影响，有机负荷高，去除率也高。主要有两方面的原因：一是污水中的有机物本身可和五价砷相结合，降低了污水中砷的浓度；二是有机物浓度高有利微生物生长繁殖，这进一步提高了活性污泥对五价砷的去除率。

（3）pH pH对金属去除影响很大，因为pH不仅影响金属的沉降状态，而且影响吸附点的电荷。一般pH升高有利于污泥对阳离子金属的吸附，反之则有利于对呈负电荷状态存在的金属的吸附。但是，过高或过低的pH对微生物生长繁殖不利。

（4）生物固体停留时间（Q_c） Q_c对阳离子金属去除有较大影响，因为活性污泥表面常被难溶性或微溶性的多聚物所包围（如多糖），这些多聚物表面的电荷可使金属离子迅速地得以去除。Q_c增大，污泥中细菌处于稳定相和内源呼吸阶段，有利于对金属离子的去除。

（5）污泥浓度 污泥浓度高，吸附点也随着增加，从而有利于砷的去除。

2. 投菌活性污泥法

投菌活性污泥法是将具有强活力的细菌投入到曝气池里去，使曝气池混合液内的各种细菌处于最佳活性状态。投菌活性污泥法，不仅投入了曝气池内所缺少的细菌，在进水水质不变的条件下，微生物氧化作用显著增强，而且当污水水质改变、环境变异的情况下，微生物仍能适应，保持活性，其氧化代谢过程依然充分，投入菌液后使曝气池耐冲击负荷，提高污水处理厂的处理效果，改善了出水水质。

3. 微生物辅助化学沉淀法

微生物辅助化学沉淀法除砷的机理是：氧化亚铁硫杆菌（*A. ferrooxidans*）能通过生物氧化将Fe（Ⅱ）转化为Fe（Ⅲ），同时将亚砷酸盐［As（Ⅲ）］转化为砷酸盐［As（Ⅴ）］，Fe（Ⅲ）再与As（Ⅴ）生成$FeAsO_4$沉淀，最后通过过滤法进一步去除$FeAsO_4$沉淀[25]。所涉及的反应如下：

氧化亚铁硫杆菌将Fe（Ⅱ）氧化为Fe（Ⅲ）

$$2FeSO_{4(aq)}+H_2SO_{4(aq)}+1/2O_2 \xrightarrow{\text{氧化亚铁硫杆菌}} Fe_2(SO_4)_{3(aq)}+H_2O$$

Fe（Ⅲ）在酸性条件（pH<3.5）下将As（Ⅲ）转化为As（Ⅴ）

$$H_3AsO_3+H_2O+2Fe^{3+} \longrightarrow H_2AsO_4^-+3H^++2Fe^{2+}$$

As（Ⅴ）与Fe（Ⅲ）生成的$FeAsO_4$沉淀可通过过滤法进一步去除。

$$2H_3AsO_4+Fe_2(SO_4)_{3(aq)} \longrightarrow 2FeAsO_{4(s)}+3H_2SO_{4(aq)}$$

Fe（Ⅱ）浓度为2g/L，温度为35℃，pH=2.5，氧化亚铁硫杆菌初始密度为3.66×10^7个/mL，总砷浓度为4.78mg/L，As（Ⅲ）浓度为4.01mg/L，As（Ⅴ）浓度为0.33mg/L，12d后，总砷、As（Ⅲ）、As（Ⅴ）浓度分别下降

为 0.76mg/L、0.38mg/L 和 0.28mg/L，总砷去除率达到 84%。

由于氧化亚铁硫杆菌的耐受特性和金属离子氧化能力，此法具有砷的去除率高、操作环境 pH 值很低、生成的污泥非常稳定等优点。

第三节　危险化学品废物的焚烧处理

一、危险化学品废物焚烧炉

1. 焚烧炉的选型

（1）可用于处理工业危险废物的焚烧炉　可以用于处理工业危险废物的焚烧炉主要有回转窑焚烧炉、液体喷射焚烧炉、热解焚烧炉、流化床焚烧炉、多层床焚烧炉等，危险废物焚烧炉型及标准运转范围见表 5-7，焚烧炉的处理对象见表 5-8。

表 5-7　危险废物焚烧炉型及标准运转范围

炉　型	温度范围/℃	停留时间
回转窑焚烧炉	820～1600	液体及气体:1～3s;固体:30min～2h
液体喷射焚烧炉	650～1600	液体:0.1～2s
流化床焚烧炉	450～980	液体及气体:1～2s;固体:10min～1h
多层床焚烧炉	干燥区:320～540;焚烧区:760～980	固体:15min～1.5h
固定床焚烧炉	480～820	液体及气体:1～2s;固体:30min～2h

表 5-8　危险废物焚烧炉的处理对象

废物种类		回转窑焚烧炉	液体喷射焚烧炉	流化床焚烧炉	多层床焚烧炉	固定床焚烧炉
固体	粒状物质	√			√	
	低熔点物质	√		√	√	√
	含熔融灰分的有机物	√	√	√	√	
	大型、不规则物品	√				√
气体	有机蒸气	√	√	√	√	√
液体	含有毒成分高的有机废液	√	√	√		
	一般有机液体	√	√	√		
其他	含氯化有机物的废物	√	√			
	高水分的有机污泥	√		√	√	

由表 5-7 和表 5-8 可知，回转窑焚烧炉可同时处理固、液、气态危险废物，除了重金属、水或无机化合物含量高的不可燃物外，各种不同物态（固体、液体、污泥等）及形状（颗粒、粉状、块状及桶状）的可燃性固体废物皆可送入回转窑中焚烧。

目前，我国用于危险废物处置的焚烧炉主要有回转窑焚烧炉和液体喷射焚烧炉，其次是热解焚烧炉、多层床焚烧炉和流化床焚烧炉等。近年来我国建设的危险废物焚烧处置设施多采用回转窑焚烧炉和液体喷射焚烧炉。

① 回转窑焚烧炉　回转窑焚烧炉是一个略为倾斜而内敷耐火砖的钢制空心圆筒，最早是用来制造水泥、石灰、铁矿砂、焦炭等固体物质的主要设备，后来逐渐被应用于工业废物的焚烧处置上，由于其能够有效地处理各种不同物态（固体、液体、污泥等）的废物，已经被各国普遍采用。

一般回转窑焚烧炉在回转窑后端装置一个二次燃烧室，以确保燃烧完全。回转窑本身是用来沸化氧化废物中的可燃物，废物中的惰性固体则随着回转窑的转动向另一端移动，然后由底部排出。沸化的蒸气及燃烧气体经过回转窑后端，进入二次燃烧室在高温下再进行氧化。

回转窑和二次燃烧室都具有助燃器以维持炉内温度稳定。

回转窑焚烧炉具有以下优点：可以将危险废物直接送入窑内处理；窑内气体湍流程度高，气、固接触良好；窑内无移动的机械组件，保养容易；窑内固体停留时间可以由转速的调整而控制；温度可高达 1200℃ 以上，可以有效焚毁任何有毒有害物质。

回转窑焚烧炉的缺点有：投资成本高；运转时必须小心，耐火砖维护费用高；球状及桶装物体可能会快速滚出窑外，无法完全焚烧；过剩空气需求高，排气中粉尘含量高；热效率低。

② 液体喷射焚烧炉　液体喷射焚烧炉用于处理可以用泵输送的液体废弃物。结构简单，通常为内衬耐火材料的圆筒（水平或垂直放置），配有一个或多个燃烧器。废液通过喷嘴雾化为细小液滴，在高温火焰区域内以悬浮态燃烧。可以采用旋流或直流燃烧器，以便废液雾滴与助燃空气良好混合，增加停留时间，使废液在高温区内充分燃烧。一般燃烧室停留时间为 0.3~2.0s，最高温度可达 1650℃[26]。

通常将低热值的废液与液体燃料掺混，使混合液的热值大于 18600kJ/kg，然后用泵通过喷嘴或特殊设计的雾化器送入焚烧室焚烧。含有悬浮颗粒的废液，需要过滤去除，以免堵塞喷嘴或雾化器的孔眼。一般需控制含氯废液中氯的质量分数<30%，以利达到最佳燃烧状态和限制烟气中有害气体氯的含量。

良好的雾化是达到有害物质高破坏（燃烧）率的关键。可以用低压空气、蒸汽或机械雾化。一般高黏度废液应采用蒸汽雾化喷嘴，低黏度废液可采用机械雾化或空气雾化喷嘴。废液黏度通常在 220mPa·s 以下为宜。为了降低黏度，往往需加热废液，但温度一般不超过 200～260℃，否则，泵送困难。典型液体喷射焚烧炉的容量大约为 3×10^7 kJ/h，然而，实际应用的可达 $7.4 \times 10^7 \sim 10.5 \times 10^7$ kJ/h。

按照圆筒的放置方式，液体喷射焚烧炉可分为卧式液体喷射焚烧炉和立式液体喷射焚烧炉。

卧式液体喷射焚烧炉一般用于处理含灰量很少的有机废液。辅助燃料和雾化蒸汽或空气由燃烧器进入炉膛，火焰温度为 1430～1650℃，废液经蒸汽雾化后与空气由喷嘴喷入火焰区燃烧。燃烧室停留时间为 0.3～2.0s，焚烧炉出口温度为 815～1200℃，燃烧室出口空气过剩系数为 1.2～2.5，排出的烟气进入急冷室或余热锅炉回收热量。

立式液体喷射焚烧炉适用于焚烧含较多无机盐和低熔点灰分的有机废液。其炉体由碳钢外壳与耐火砖、保温砖砌成，有的炉子还有一层外夹套以预热空气。炉子顶部有重油喷火嘴，重油与雾化蒸汽在喷嘴内预混合喷出。燃烧用的空气先经炉壁夹层预热后，在喷嘴附近通过涡流器进入炉内，炉内火焰较短，燃烧室的热强度很高，废液喷嘴在炉子的上部，废液用中压蒸汽雾化，喷入炉内。对大多数废液的最佳燃烧温度为 870～980℃。在很短时间内有机物燃烧分解。在焚烧过程中，某些盐、碱的高温熔融物与水接触会发生爆炸。为了防止爆炸的发生，采用喷水冷却的措施。在焚烧炉炉底设有冷却罐。由冷却罐出来的烟气经文丘里洗涤器洗涤后排入大气。

③ **热解焚烧炉**　热解是吸热反应，而焚烧是发热反应；焚烧最终生成 CO_2 和 H_2O，而热解产生的是 H_2、CO、CH_4 等可燃低分子量化合物，还包括 CH_3COOH、CH_3COCH_3、CH_3OH 为主的燃料油及炭黑。

热解焚烧炉的优点有：设备投资、维护费用低，能耗和运行成本相对其他方式经济；烟气量和粉尘量少，产生的 NO_x、SO_x、HCl 相对很少，对环境更加友好；废物中的 S 或其他金属大部分包熔在炭黑中，无金属溢出；热解反应是在还原气氛中实现，Cr^{3+} 不会转化成 Cr^{6+}；适用处理的废物范围较广；减容率高，炉渣中无腐败物，便于卫生填埋。

热解焚烧炉的缺点有：热解工艺对废物的热值要求较高；对炉膛的耐火、保温、隔热材料要求高，需充分考虑材料的抗煅、抗震和抗热应变；必须考虑系统工艺上的防爆和设备的泄爆；相对其他炉型，热解炉的处理时间稍长，粉尘颗粒较粗。

热解焚烧技术的难点是如何避免热解产气过程、焚烧过程相互干扰，确保相对分离、稳定产气、稳定燃烧，并通过良好的自控提高技术设备对废物进料性质和数量变化的适应性。

④ 流化床焚烧炉　流化床焚烧炉多用于处理有机废液、黑液及下水道污泥等废物。废液及污泥可直接喷入炉内焚烧，固体废物必须先经破碎、切割至直径小于 2～3cm 小块后，才可送入炉中。含钠、钾等碱金属盐类及低熔点物质高的废物不宜送入炉中处理，以免熔融物质附着炉壁，产生过热现象，或形成大块物体，累积于炉底，产生沟渠状的空气通道，妨碍燃烧反应的进行。

流化床炉内由于空气带动，固体不停地翻滚或流动，气体和固体燃料或废物接触面积大，传热效率高，温度分配非常平均，不仅可以完全燃烧，所需焚烧销毁的温度也可适当降低。炉内温度通常控制在 850℃左右，但是也有些流化床是在 600℃左右运转的。

流化床分为气泡式和循环式两种。气泡式炉早已普遍使用，而循环式炉的发展较迟，目前仅限于小量废物处理。

气泡式流化床焚烧炉具有一个直立长方式或圆筒形燃烧室，燃烧室内充满粒状惰性固体，以作为传热介质并维持固体存量的稳定（砂为最常用的介质）。空气由床底的分配器平均进入炉内，当空气速度高于固体最低流动速度时，固体床会悬浮起来，由于空气通过固体床时产生气泡，所以此类设计被称为气泡式。

循环式流化床是利用高速空气带动固体物质在燃烧回路中循环反应。空气速度在 3.5～15m/s 之间。在这种速度下，几乎所有粒状固体物质可被气体带走。由于搅拌程度高，空气与固体物质接触面积大，相互混合程度佳，传热速率及燃烧速率较气泡式炉快。循环床炉适合于被有机物污染的土壤等粒状物质的焚烧。

流化床焚烧炉的优点有：燃烧室构造简单，内部没有移动的机械组件，维护费用低；燃烧效率高，单位体积的放热速率大，为其他焚烧炉的 5～10 倍；温度较低，过剩空气量小，燃料费用低；排气量较少，氮氧化物含量低，不需酸气去除洗涤塔，因此排气处理投资低；炉内温度分配均匀，炉内保持固定的热容量，所以进料变化的影响小；在进料口喷入石灰粉或其他碱性物质，可以直接固定去除废物中的卤素及硫分。

流化床焚烧炉处理危险废物的缺点是仅能直接处理液态、污泥或粒状固体物，块状及大型固体必须经过前处理；控制系统复杂，运转时必须小心，以维持炉压、温度的分配，灰渣排出及固体进料口易受堵塞，运转费高；排气中粉尘含量高。

（2）危险化学品废物焚烧炉的选型　回转窑炉具有密封性好、可高温安全燃烧等优点，当废物中含有多种难燃烧的物质，或含有有毒、有害的物质时，回转窑炉是唯一理想的炉型。

回转窑焚烧炉是区域性危险化学品废物处理厂最常采用的炉型，可同时处理固、液、气态危险化学品废物，如氯化有机溶剂（氯仿、过氯乙烯）、氧化溶剂（丙酮、丁醇、乙基醋酸等）、碳氢化合物溶剂（苯、己烷、甲苯等）、混合溶剂、废油、废杀虫剂及含杀虫剂的废料、含多氯联苯的固体废物、黏着剂、乳胶及油漆、过期的有机化合物、一般固液体有机化合物、杀虫剂、除草剂等，皆可送入回转窑中焚烧。

回转窑焚烧炉系统由供料输送装置、破碎机、浆料槽、管道、泵、计量装置、转窑炉、后燃烧室、预冷却器、洗气器和排气烟囱组成。回转窑焚烧炉的主体是可旋转圆筒形炉体，内有耐火衬里。它依靠一对传动轮进行低速旋转。回转窑炉卧式倾斜放置，其入料口高、出渣口低。空气入口及喷烧器与出渣口在转窑的同一端。图 5-9 是回转窑焚烧炉的简图，这种焚烧炉可以用来处理夹带液体的大块固体废物。废物可先在干燥区蒸发水分和挥发有机物，蒸发物绕过回转窑进入后燃烧室燃烧并送入气体洗涤器；凝聚态物质通过引燃炉箅，点燃后进入回转窑燃烧，燃烧残余物主要为灰渣和不燃的金属物，将它们冷却后排出处理系统。

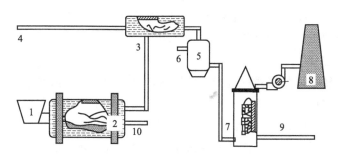

图 5-9 回转窑焚烧炉

1—进料；2—回转窑焚烧炉；3—后燃烧室；4，10—燃料；
5—预冷却器；6，9—水；7—湿式洗涤器；8—烟囱

回转窑焚烧炉的通用性较强，可用于销毁火炸药及被火炸药污染的废物，也可用于处理其他固体、液体和气体废物。

由于回转窑焚烧炉的结构简单、坚固，炉内没有移动部件，外设的机械传动装置不受高温的影响，所以回转窑焚烧炉寿命长，便于维护。

回转窑焚烧炉需设置后燃烧室、除尘器或洗气器，以达到焚烧物的完全燃烧，减少固体排放物和净化排放的气体。在机械构造上，要求转筒的转动和固

定部件之间具有高温密封性。

（3）回转窑操作方式的选择　按气、固体在回转窑内流动方向的不同，回转窑可分为顺流式回转窑和逆流式回转窑两种，见图 5-10。顺流式回转窑焚烧炉更适于危险废物的处理，应用更为广泛。

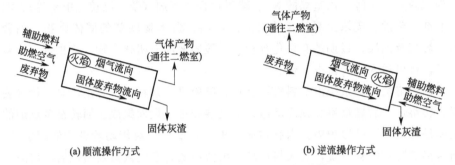

(a) 顺流操作方式　　　　　　　　　　　　　　(b) 逆流操作方式

图 5-10　回转窑顺、逆流操作方式示意图

在顺流操作方式下，危险废弃物在窑内预热、燃烧以及燃尽阶段较为明显，进料、进风及辅助燃烧器的布置简便，操作维护方便，有利于废物的进料及前置处理，同时烟气停留时间较长。

在逆流操作模式下，回转窑可提供较佳的气、固混合及接触，传热效率高，可增加其燃烧速度。但上料系统和除渣系统比较复杂，成本高；同时，由于气固相对速度大，烟气带走的粉尘量相对较高，回转窑内燃烧状况和烟气停留时间不易控制。

（4）回转窑燃烧模式的选择　依据回转窑内燃烧时灰渣状态和炉内温度的不同，回转窑可分为熔渣式回转窑和非熔渣式回转窑，其中非熔渣式又称"灰渣式"，非熔渣式回转窑在处理危险废物领域较熔渣式更为经济实用，在工程中的应用更广泛。与非熔渣式回转窑相比，熔渣式回转窑的温度要高得多；回转窑耐火材料、保温材料要求较高；进料系统和助燃系统所需材料成本增大且运行寿命短；运行过程中辅材消耗大，较昂贵；烟气中重金属和 NO_x 含量高，后续烟气处理成本增加。虽然熔渣式回转窑熔渣热灼减率低，焚烧彻底，但是考虑运行成本、耐火材料的使用寿命等问题，并不占优势。

2. 焚烧炉的设计

（1）回转窑尺寸和运转方式的设计　回转窑的尺寸须根据处理规模和容积热负荷参数来确定[9]。首先，根据危险废物的成分计算出废物的热值，再根据废物的处理量确定出每小时废物在回转窑内燃烧所产生的热量，然后根据选定的容积热负荷确定出回转窑的容积，最后结合回转窑的长径比，确定回转窑的尺寸。回转窑容积热负荷参数关系到炉内燃烧状况的好坏，回转窑容积热负荷的范围为 $(4.2\sim104.5)\times10^4\,kJ/(m^3\cdot h)$，典型的长径比值为 $3\sim5$。

对于回转窑的运转方式，在工程实践中，回转窑的倾斜角度一般在 $1°\sim3°$，转速为 $0.2\sim5r/min$，回转窑的转动方向结合进料方式和助燃方式确定[27]。处理难焚烧的危险废物可采用大长径比与低转速的回转窑；而热值较高、容易燃烧的危险废物，燃烧需要的时间稍短一些，可采用较大倾斜角与较高转速的回转窑来处理。

（2）回转窑耐火材料设计　回转窑采用的耐火砖主要有莫来石刚玉砖、高铝砖等，可根据危险废物的成分进行选择。

耐火材料是决定焚烧炉使用寿命的关键，其选用原则[27] 如下：①良好的化学稳定性，能抵抗炉内化学物质的侵蚀；②良好的热稳定性，能抵抗炉温的变化对材料的破坏；③高致密性，通透气孔率小，能减少酸性气体侵入钢制外壳发生酸性腐蚀的概率；④良好的耐磨性，能抵抗固体物料的磨损和热气流的冲刷；⑤合适的耐火度选择，经济耐用。

工程设计中，回转窑常采用 300mm 的耐高温、耐腐蚀、耐磨的复合高铝砖，作为耐火隔热层。耐火层采用致密高铝耐火材料，隔热层采用轻质高铝耐火材料，两种材料压制成一体，经高温烧结后，线性变化系数几乎相同，在高温下不会断开。复合高铝砖可使回转窑筒体表面温度在 180℃ 左右，避免了氯化氢气体低温（<150℃）和高温（>360℃）腐蚀区，保证了窑体的长使用寿命。

（3）焚烧系统设计　危险废物进入焚烧炉后首先受到辅助燃烧器火焰和高温窑壁的热辐射而完成加热、水分蒸发和可燃物析出的过程。随着温度的进一步升高，固态物质开始分解燃烧。废物中气态成分和固态物质析出的可燃气体在高温状态也会快速分解燃烧。在回转窑中，废物中的无机可燃成分被燃尽，长链环状物质会被分解成短链物质进入二燃室进一步分解焚烧。

焚烧系统通常采用"3T+1E"原则进行燃烧控制。"3T+1E"是指燃烧温度（temperature）、停留时间（time）、湍流度（turbulence）和过量空气系数（excess air coefficient）综合控制的原则。此原则能确保危险废物的有害成分的充分分解，从源头上控制酸性气体、有害气体（二噁英类物质）的生成，全面控制烟气排放造成的二次污染。

燃烧温度是保证焚烧炉中危险废物得到彻底破坏的最重要因素。回转窑（一燃室）设计温度为 1000℃，运行温度为 850～1000℃。二燃室设计温度为1300℃，正常运行温度为 1100℃。二燃室采用高温度设计，能保证危险废物在二燃室中可充分焚毁。

温度达到设计值后，为了使危险废物充分焚毁，停留时间必须足够长。通常固体物质在回转窑内的停留时间为 30~120min；烟气在回转窑内的流速控制在 3~4.5m/s，停留时间约 2s；烟气在二燃室的流速一般控制在 2~6m/s，保证停留时间大于 2s。

送入炉膛中的废物必须同氧气充分接触，才能在高温下全部快速高效地氧化，这就要求对废弃物进行适当的搅动，以增大气流的湍流度。搅动越频繁，气流的湍流度越大，废物和空气混合越均匀越有利于焚烧。在工程实际中，主要利用供风和辅助燃烧器来增加扰动。

在危险废物燃烧过程中，过量空气系数反映了燃烧状况。过量空气系数大，燃烧速度快，燃烧充分，但供风量较大，产生的烟气量大，后续的烟气处理负荷增大，不够经济。反之，则燃烧不完全，甚至产生黑烟，有害物质分解不彻底。回转窑的过量空气系数通常取 1.1~1.3，回转窑与二燃室总过量空气系数取 1.7~2.0。

(4) 焚烧系统的安全监控设计　回转窑的正常运行，离不开安全监控。通常回转窑焚烧系统需要监控的参数主要有：回转窑焚烧温度、回转窑内压力、回转窑外表面温度和焚烧烟气中的氧含量等。另外，还应装设观察孔和高温摄像装置，以便观察和监视窑内废物焚烧状况。

温度监测通常通过热电偶温度计测量来实现，可在烟气温度较稳定的回转窑的尾端设置多个热电偶监测点，利用各温度计的平均温度来反映回转窑的焚烧温度。

回转窑内压力是焚烧系统正常运行的重要参数。焚烧系统要求负压运行。负压由烟气处理部分的引风机的抽力形成，以维持回转窑内压力−100Pa 左右为标准。负压过大，系统漏风增加，引风机电耗高；负压过小，燃烧工况波动时，窑内气体可能逸出窑外。为此，在回转窑尾部端板，安装有差压变送器，将回转窑内压力实时传入中控室监控系统，参与焚烧控制与报警。当回转窑压力过高时，控制系统发出报警；当高于高限设定值时，控制系统将自动停止进料，焚烧系统进入"待料"状态。

回转窑外表面温度设计值一般为 180℃，波动范围为 150~360℃。温度过高或过低，会加大对回转窑外包钢板的腐蚀，影响使用寿命。一般通过红外监测仪对回转窑外表面温度进行监测。

根据《危险废物焚烧污染控制标准》（征求意见稿），烟气中的含氧浓度应为 6%~10%（体积分数）。二燃室出口烟道装有氧含量检测仪，监测烟气中含氧浓度控制在 6%~10%（体积分数）。二燃室出口处烟气的氧含量和温度参与进料连锁控制。只有当温度、氧含量高于设定的最低限值时才允许进料，这样可以保证危险废物燃烧充分，降低颗粒物带出量及延长耐火材料使用寿命。

二、危险化学品废物焚烧工艺

1. 危险化学品废物焚烧工艺概述

危险废物更主要的任务是安全处理处置。现代化的危险废物焚烧厂的通用工艺流程见图 5-11，典型的危险化学品废物焚烧工艺见图 5-12[28]。

危险废物焚烧厂的通用工艺流程可描述为：预处理系统将废物处理成适合焚烧炉安全、稳定焚烧的尺寸或者组成，由上料系统送入焚烧炉，助燃空气系统提供的一次风和二次风帮助废物在焚烧炉中充分、完全燃烧，燃烧所产生的热能被余热锅炉加以回收利用，经过降温后的烟气送入烟气处理系统处理后，经烟囱排入大气；废物焚烧产生的炉渣经炉渣处理系统处理后送往填埋厂或作为其他用途，焚烧系统产生的飞灰为危险废物，需要专门处理；各系统产生的废水送往废水处理系统，处理后的废水可纳管排放或加以再利用；焚烧厂的整个处理过程都可由自动控制系统加以控制。

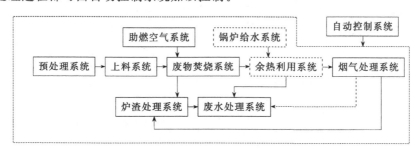

图 5-11　危险废物焚烧厂的通用工艺流程

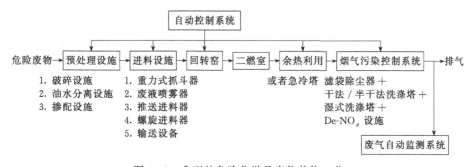

图 5-12　典型的危险化学品废物焚烧工艺

2. 危险化学品废物焚烧系统的组成与功能

危险化学品废物的焚烧系统由下面几个环节或部分组分，即预处理和调配，上料，焚烧炉，余热利用，烟气净化，废水处理，灰、渣处理，助燃空气供应，自动控制系统和公用与辅助系统等。焚烧系统的组成与功能见表 5-9[29]。

表 5-9 废水焚烧系统的组成与功能

焚烧系统组成单元	功能与原理	常用设备
预处理和调配	废物称重及卸料；对进入的废物进行必要的处理和质量调配，使热值符合焚烧要求，并使重金属、氯和氟等含量均匀，以便于排放平稳，易于达标	电脑自动称重地衡、渗滤液收集和处理系统、破碎机、称量装置、抓斗吊车、拌和机械等
上料	利用各种上料装置将预处理就绪的废物送入炉中	抓斗吊车、输送装置[螺旋式输送机、皮带式输送机、链斗（板）式输送机、斗式提升机、提升倒料机、振动输送机、气流输送装置等]、液体泵、污泥泵、废液喷嘴（枪）、推杆进料器（或溜槽）等
回转窑与二燃室	回转窑实现固体废物的干燥、厌氧焚烧、燃烬；二燃室实现填料气体的充分燃烧	焚烧炉本体及料斗、液压推送系统、辅助燃烧器
余热利用（包括汽轮发电机系统）	将高温烟气的热量回收，产生热水或者蒸汽进行利用，同时使高温烟气降低温度，便于净化；余热锅炉产生的蒸汽还用于发电，并将蒸汽冷凝，回收冷凝水	余热锅炉（包括水冷壁、对流受热面、过热器、省煤器）、余热锅炉受热面清灰装置发电时包括汽轮机、发电机、蒸汽冷凝器、冷凝水回收装置
烟气净化	净化烟气中所含有的大量颗粒物、酸性气体污染物、NO_x、重金属和二噁英	脱酸塔（干法脱酸塔、半干法脱酸塔及湿法脱酸塔）、药剂配制储存装置（配制和储存消石灰、石灰乳浆或碱液）、药剂喷入装置、活性炭喷入装置、袋式除尘器、卸灰装置等
废水处理	对焚烧厂的渗滤液、烟气洗涤污水、冲洗水及其他污水进行处理，使 pH、COD、重金属等指标满足标准规定的排放限值	废水收集池、各种处理池（包括 pH 调节、氧化/还原、中和、生化处理、絮凝、沉淀、过滤等）
灰、渣处理	将焚烧产生的飞灰收集并送入特殊处理场所；将底渣排出炉外，送入灰渣坑，同时回收金属	一般包括飞灰密闭收集装置、落渣管、出渣机、输送机、电磁分选机、渣坑、抓斗起重机等。产生量较小，可采用渣桶存放炉渣
助燃空气供应	将助燃所需的空气按需合理供应，满足回转窑内物料的完全燃烧要求，并维持窑内规定的负压	废物焚烧一般使用回转窑，助燃空气由一次风机、一次风进风环道、燃烧器燃烧空气（停止喷油时作为保护风启动）及漏风供应
自动控制系统	采用 DCS 或 PLC 控制系统，对废弃物焚烧的各个环节进行检测、控制和监视，并实施自动调节功能	电视监视系统，温度、压力、液位、料位、气体组分、流量等的在线检测仪表，称重装置，信号变送仪表，执行机构，数据处理模块，DCS 或 PLC 控制系统，中控室等
公用与辅助系统	为焚烧系统的正常运行、仪器和控制系统的正常工作提供压缩空气、燃油，进行给水预处理、废水收集和处理、输配电	压缩气系统、辅助燃油系统、锅炉给水预处理装置、废水处理装置、输配电系统等

三、危险化学品废物的焚烧运营

1. 危险废物的预接收

（1）危险废物预接收的流程　按照《危险废物经营单位记录和报告经营情况指南》（环境保护部公告 2009 年第 55 号）的规定，危险废物预接收流程如下：危险废物经营单位在收到每批危险废物时，在决定接收之前，应当对危险废物进行检查，必要时进行分析，以确认所接收危险废物与转移联单、经营合同或其他运输文件所列危险废物是否一致。

危险废物的预接收对象分为专类废物与非专类废物。专类废物一般比较稳定（经长时间接收分析后确定），比对相关资料并目测检验即可接收；非专类废物一般先进行指纹分析（指纹分析一般 30min 即可完成），指纹分析合格的方可接收（详细分析资料参照厂外分析数据），非专类废物定期进行详细分析。

指纹分析是指特定危险废物成分表中某成分的固有化学特征的图形（谱），通过分析与对比来鉴别对象物是不是目标废物，根据特定成分的鉴别可以快速鉴别危险废物是否与转移联单相吻合；防止接收目标范围外的废物。例如矿物油具有特定的化合物组成，其色谱信息和光谱特征即是矿物油特征的油指纹，不同品种油的油指纹不同，受其他烃类污染源污染后，油指纹会发生不同程度的变化。通过对送来的油样的油指纹与签约时的油指纹进行对比，可排查和确认所送来的废物是不是签约废物[30]。

根据《危险废物经营单位记录和报告经营情况指南》（环境保护部公告 2009 年第 55 号）的要求，对以下情况，接收前应重新进行详细分析：①有理由相信所接收危险废物的产生工艺发生变化；②在对所接收的危险废物检查时，发现与转移联单或其他运输文件所列的危险废物不一致。

（2）危险废物预接收的取样与分析　为保证危险废物符合焚烧炉的进料要求，在焚烧危险废物前，对危险废物的热值、含氯量、含硫量、重金属含量等相关参数进行分析并记录结果。危险废物采样和特性分析应符合《工业固体废物采样制样技术规范》（HJ/T 20—1998）和《危险废物鉴别标准》（GB 5085.1～3—2007）中的有关规定。

2. 危险废物的接收

（1）危险废物的接收要求　危险废物接收以后，根据《危险废物经营单位记录和报告经营情况指南》（环境保护部公告 2009 年第 55 号）的要求，经营单位应当对所接收的各危险废物以及在利用处理危险废物过程中新产生的危险废物进行物理化学分析并记录结果。应跟踪记录危险废物在危险废物经营单位内部运转的整个流程，确保危险废物经营单位掌握任何时候各危险废物的储存数量和储存地点，利用和处置数量、时间和方式等情况。具体要求如下：

① 危险废物接收应认真执行危险废物转移联单制度。

② 危险废物现场交接时应认真核对危险废物的数量、种类、标识等，并确认与危险废物转移联单是否相符。

③ 焚烧厂均设有进场危险废物计量设施，计量系统应具有称重、记录、传输、打印与数据处理功能。危险废物接收时应当记录所接收的每批危险废物及新产生危险废物的种类、数量及储存、利用或处置的地点、数量、方式和时间。

④ 为利于跟踪危险废物在经营单位内部运转的整个流程，危险废物经营单位应对所接收的每批危险废物及每批新产生危险废物确定唯一的内部序号（如按接收日期加 3 位流水号确定序号，例 2008-08-12-001），同时对所接收的各危险废物及各新产生危险废物确定唯一的内部编号（如按废物的来源，包括产生单位或产生工艺、性质、利用处置方式等进行编号）。

⑤ 焚烧车间应设置一套储存系统，根据各物料的特殊性需分别设置不同的储存区。储存区必须设有专用标志，并设有隔离间隔断。

⑥ 焚烧厂有责任协助运输单位对危险废物包装发生破裂、泄漏或其他事故时进行处理。

（2）危险废物的储存要求 《危险废物集中焚烧处置工程建设技术规范》（HJ/T 176—2005）对危险废物的储存场所和设施做出了规定。

① 储存原则

a. 危险废物的分类和储存以安全性及相容性（不相互反应）为准则，其卸载、传送及储存区必须配置适当的检测及安全措施。

b. 危险废物的储存必须遵守储存场所设置的专用标志和标签的指示，不相容的危险废物必须分开存放，并设有隔离间隔断。

c. 危险废物禁止露天存放。

d. 储存操作应遵循《危险废物储存污染控制标准》（GB 18597—2001）的规定，依据化验室的分析结果，确保同预定接收的危险废物一致，并登记注册后，根据性状和成分不同，分别将废物送往储存区的各个容器和储池储存。

② 储存设施要求 经鉴别后的危险废物应分类储存于专用储存设施内，危险废物储存设施应满足以下要求：

a. 危险废物储存场所必须有符合《环境保护图形标志 固体废物贮存（处置）场》（GB 15562.2—1995）的专用标志。

b. 储存库容量的设计应考虑工艺运行要求并应满足设备大修（一般以 15d

为宜）和废物配伍焚烧的要求。

c. 墙面、棚面应防吸附，用于存放装载液体、半固体危险废物容器的地方，必须有耐腐蚀的硬化地面，且表面为裂隙。

d. 应建有堵截泄漏的裙角，地面与裙角要用兼顾防渗的材料建造，建筑材料必须与危险废物相容。

e. 必须有泄漏液体收集装置及气体导出口和气体净化装置。

f. 应有隔离设施、报警装置和防风、防晒、防雨设施以及消防设施，不相容的危险废物必须分开存放并设有隔离间隔断，储存和卸载区应设置必备的消防设施。

g. 应有安全照明和观察窗口，并应设有应急防护设施。

h. 库房应设置备用通风系统和电视监视装置，储存剧毒危险废物的场所必须有专人 24h 看管。

i. 危险废物输送设备应根据焚烧厂的规模和危险废物的物理特性进行选择。

必须对危险废物储存设施进行以下安全防护与监测：

a. 危险废物储存设施应配备通信设备、照明设施、安全防护服装及工具，并设有应急防护设施。

b. 危险废物储存设施必须按 GB 15562.2—1995 的规定设置警示标志。

c. 危险废物储存设施周围应设置围墙或其他防护栅栏。

d. 危险废物储存设施内清理出来的泄漏物，一律按危险废物处理。

e. 按国家污染源管理要求对危险废物储存设施进行监测。

f. 危险废物储存设施在施工前应做环境影响评价。

③ 储存容器要求　危险废物储存容器应符合下列要求：

a. 应使用符合国家标准的容器盛装危险废物。

b. 储存容器应保证完好无损，并具有明显标志。储存容器必须具有耐腐蚀、耐压、密封和不与所储存的废物发生反应等特性。

c. 液体危险废物可注入开孔直径不超过 70mm 并有放气孔的桶中。

④ 储存方法要点　根据《危险废物储存污染控制标准》（GB 18597—2001），危险废物的储存方法要点如下：

a. 所有危险废物产生者和危险废物经营者应建造专用的危险废物储存设施，也可利用原有构筑物改建成危险废物储存设施。

b. 在常温常压下易爆、易燃及排出有毒气体的危险废物必须进行预处理，使之稳定后储存；否则，应按易爆、易燃危险品储存。

c. 禁止将不相容（相互反应）的危险废物在同一容器内混装。

d. 装载液体、半固体危险废物的容器内必须留足够空间，容器顶部与液体表面之间保留 100mm 以上的空间。

e. 在常温常压下不水解、不挥发的固体危险废物可在储存设施内分别堆放。必须将危险废物装入容器内，无法装入常用容器的危险废物可用防漏胶袋等盛装。

f. 盛装危险废物的容器上必须粘贴符合标准的标签。

3. 危险废物的预处理

预处理是指危险废物在焚烧处置前应对其进行前处理或特殊处理，达到进炉要求，以利于危险废物在炉内充分燃烧。废物的尺寸和物理、化学特性不适合直接进入焚烧炉焚烧时，须对废物进入炉前进行破碎、调配等操作，使入炉的废物在尺寸和热值、化学成分上均能符合焚烧炉的设计要求。

（1）常见预处理对象及方法　常见的预处理对象及方法见表 5-10[30]。

表 5-10　常见的预处理对象及方法

对象	方法
粉状固体废物	防止扬尘和防泄漏
块状固体废物	破碎
半固体	搅拌及提高流动性或装桶（连桶一起焚烧）
酸、碱类废物	中和或和防腐蚀措施
液态废物	废液中含有杂质会影响废液雾化质量,甚至难以达到喷嘴的要求,造成喷嘴的堵塞和缩短喷嘴的使用寿命。所以,在废液进入喷嘴前必须经过预处理,去除废液中的固体物质,使之适合于泵的输送和喷嘴的雾化;同时废液应充分考虑其腐蚀性,必要时做 pH 调节
含水率高的废物（如污泥、废液）	适当进行脱水处理,以降低焚烧能耗

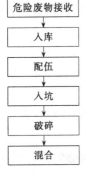

图 5-13　危险废物的
预处理流程

（2）预处理流程　危险废物的预处理过程包括接收后的入库、配伍、入坑、破碎、混合、上料入窑等，其工艺流程如图 5-13[30] 所示。

① 配伍　危险废物入炉前，依其成分、热值等参数进行调配，以保障废物入炉时热值和成分稳定。配伍有利于焚烧炉的稳定运行和降低焚烧残渣的热灼减率。

② 破碎　对大件的废物，需要破碎后再送入焚烧炉。

③ 混合　在焚烧前应将各种不同热值的固体、半固体废物进行搭配，用行车抓斗搅拌均匀后入炉焚烧；

较黏的半固体与固体一起搅拌。

　　④ 其他　半固体的危险废物和酸、碱类废物需经预处理后或分离后再进行下一步处理。废液中含有杂质会影响废液雾化质量，甚至难以达到喷嘴的要求，造成喷嘴的堵塞和缩短喷嘴的使用寿命。所以，在废液进入喷嘴前必须经过预处理，去除废液中的固体物质，使之适合于泵的输送和喷嘴的雾化。

　　(3) 预处理的作用　危险废物接收入焚烧厂以后，按照储存的标准要求，计量后分别进入各车间。适合焚烧的废物经过破碎和调配等预处理，然后使废物的形态尺寸、有害成分含量、热值等满足焚烧炉要求，送入焚烧炉。

　　① 使废物的形态尺寸满足焚烧炉的要求　焚烧炉的设计对废物的形态和尺寸有要求。尺寸过大会破坏进料系统或者炉体，需要经过破碎后才能送入焚烧炉。有些液体或者膏状体的废物，不适合直接进入焚烧固态废物的焚烧炉，需要泵送；废液或者膏状体废物中通常有颗粒状异物，不适合泵送，需对其进行过滤、调配等处理后才能泵送入焚烧炉。

　　② 控制废物的有害成分满足焚烧要求　危险废物种类多，来源复杂，有的含有特殊成分和有害成分。而焚烧炉及其烟气排放系统都是事先针对特定的废物组分和有害组分的浓度来设计的，尤其是烟气净化系统是针对一定的 Cl、F、S 浓度和重金属的含量来设计计算投入药剂量和设备流通量，以保证烟气排放达标。某些含有特别高的有害成分（重金属、Cl、F、S 等）的废物突然进入焚烧炉时，造成烟气短时间超标、腐蚀热锅炉或者炉子本体；有些废物含有易爆易燃成分和特殊的 pH 值，均不适合直接进入炉焚烧。为确保焚烧炉的安全、烟气达标排放，废物需经鉴别分析、排查不合适的成分和调配等处理步骤后，才能送入焚烧炉。

　　③ 使废物的热值满足焚烧要求　焚烧炉的设计一般是针对特定的热值废物，热值过低不能满足焚烧的温度要求时，需要消耗过多的助燃燃料；而热值过高则会因为过温保护的原因使焚烧炉达不到设计的焚烧容量。预处理的目的之一就是通过高、低热值物料配伍的手段，使入炉的废物热值在焚烧炉设计的热值范围内，实现稳定、安全、经济地焚烧处置。

　　④ 使废物的焦渣特性满足焚烧炉的要求　焦渣特性是指危险废物热分解以后剩余物质的形状。如果危险废物有异常的灰熔点，加热后黏壁会造成窑径缩小或者出渣堵塞等后果，如果废物含灰量过多，会使大量的灰渣覆盖在未燃物表面影响烧透、燃尽；为保障焚烧炉的安全和残渣的热灼减率满足相关标准的要求（<5%，质量分数），需要采用预处理手段避免使特殊化学组分入炉或者进行调配后入炉。

　　⑤ 满足其他运行要求　例如对含水高的物料进行脱水处理以节省能耗。

4. 焚烧进料调配

（1）按相容性配伍　危险废物焚烧进料调配，首先需要考虑废物的相容性，特别是废液。废液种类繁多，入炉前须先了解废液的特性和性能。最主要的特性参数有：黏度、热值、水分、卤素（氟、氯、溴、碘等）含量、金属盐类、硫化物、环形或多环有机化合物及固体悬浮物的含量。进料调配时，首先要考虑废液的相容性，以避免发生化学反应，导致有毒有害气体的产生，甚至发生爆炸。

废液的相容性见附录[30]。

（2）按热值配伍　一般将废物混合至热值达到焚烧炉设计的热值范围。废液不能与固体混合，将废液按热值混合至 $18900 \sim 25600 \ kJ/kg$，可利用喷枪送入炉内焚烧，没有可配废液时，可将低热值的废液（$< 18700 \ kJ/kg$）雾化后喷入第一燃烧室进行焚烧处理，将高热废液（$> 18700 \ kJ/kg$）喷入二燃室燃烧。

（3）按特殊物质成分配伍

① 卤素成分　氯、氟化合物燃烧会产生腐蚀性较强的氯化氢及氟化氢等气体，会加重烟气处理的负荷。氯化氢会破坏耐火砖的接合面。溴、碘化合物燃烧后产生有色的溴、碘气体，难以去除。在配伍时，需将其与其他可相容的废液进行混合，降低入炉焚烧时的含量。

② 环链或多链有机物　环链（含苯环物质）及多环（两个苯环以上）物质比非环链物质稳定，难以分解。如环状物质含量高，必须提高焚烧温度，延长停留时间。

③ 金属盐类　碱性金属（钠、钾）盐类容易和其他金属盐类形成低熔点物质，导致结渣和腐蚀。需要和其他种类的废物混合，降低其入炉浓度。

④ 重金属类　某些危险废物还含有较高的重金属如汞（Hg）、镉（Cd）、铬（Cr）、铅（Pb）、砷（As）、锌（Zn）等，直接入炉将超过烟气净化系统的设计容量。为确保焚烧过程稳定、废物有效处置、烟气达标排放，经配伍后焚烧炉总体的危险废物入炉要求应在设计值范围以内。

5. 按形状配伍

危险废物的形状不一，有膏状、液体、粉状、大块等，调配时要注意混匀、搭配焚烧。例如，粉状的过多，易产生爆燃和不完全燃烧现象，在实际操作中常用小桶、小袋等容器将膏状及粉状的物质分批、均匀地加入焚烧炉中。而块状的物料则根据实际情况间歇加入或者进行破碎预处理后加入。

6. 焚烧系统工艺参数及其控制

（1）焚烧系统运行主要工艺参数　焚烧系统运行工艺参数是指主要涉及能直接影响到危险废弃物焚烧效果的参数。表 5-11 是上海固废处置中心的焚烧系统运行的主要工艺参数[30]，可以作为一般焚烧线的参考。

表 5-11　焚烧系统运行主要工艺参数

序号	名称及位置	单位	正常值	备注
1	空压机出口压力	MPa	0.7	空气储罐、压缩机
2	空压机主机出口温度	℃		环境温度+60℃
3	废液喷枪空气压力	MPa	0.6	
4	废液喷枪废液压力	MPa	0.25	
5	二燃室气缸阀仪表空气压力	MPa	0.4	减压阀
6	布袋除尘器储气罐压力	MPa	0.7	
7	布袋除尘器气缸控制压力	MPa		二联件
8	急冷塔喷枪压缩空气压力	MPa	0.3	
9	急冷塔喷枪急冷水压力	MPa	0.25	
10	洗涤冷却泵出口压力	MPa	0.3	
11	洗涤泵出口压力	MPa	0.3	
12	洗涤塔供水温度	℃	环境温度	
13	废液泵出口压力	MPa	0.25	
14	液压泵站油液位	%	80	
15	回转窑尾部压力	Pa	−20	
16	二燃室压力	Pa	−70	
17	回转窑温度	℃	500	
18	回转窑氧含量	%	6	体积分数
19	二燃室氧含量	%	8	体积分数
20	二燃室温度	℃	>1100	
21	急冷塔烟气出口温度	℃	200	
22	急冷塔烟气进口温度	℃	650	
23	布袋除尘器烟气出口温度	℃	200	

（2）焚烧系统关键工艺参数的调节方法

① 焚烧系统温度的调整　对于难燃的物料，可以控制二燃室温度不小于 1100℃，窑尾温度不小于 900℃；对于比较容易燃尽的废物，焚烧温度可以适当降低，但必须保证焚烧物料在炉膛内保持稳定的火焰和燃尽率。

炉膛的焚烧温度是依靠燃烧器的自动点火灭火实现的，炉膛温度的调整主要是指回转窑和二燃室自动控温点的设定，设定以上两个温度测点的上限和下限。

回转窑和二燃室出口温度的调节分别见表 5-12 和表 5-13[30]。

表 5-12　回转窑出口温度的调节要求

序号	固废热值	废液热值	焚烧物种类	出口温度控制方式
1	较低	较低	窑内需要固废、废液、辅助料同时焚烧才能满足温度要求	通过回转窑出口温度与辅助燃料燃烧器的辅助燃料流量连锁，自动调节辅助燃料流量，从而保持回转窑出口温度满足要求并恒定
2	较低	较高	窑内同时焚烧固废、废液就能满足温度要求，不需辅助燃料	通过调节固废焚烧量使回转窑出口温度满足要求并保持恒定
3	较高	较高	窑内单独焚烧固废或废液就能满足温度要求，不需辅助燃料	仅焚烧废液时，根据其热值手动调节废液管路阀门，使回转窑出口温度满足要求并保持恒定
				仅焚烧固废时，通过调节固废焚烧量，使回转窑出口温度满足要求并保持恒定
4	较高	较低	窑内同时焚烧固废、废液就能满足温度要求，不需辅助燃料	根据手动调节废液管路阀门，使处理固废、废液的综合处理能力满足设计要求，再通过调节固废焚烧量使回转窑出口温度满足要求并保持恒定

注：如果回转窑温度持续超过 950℃至 10min，必须停止进料。

表 5-13　回转窑二燃室出口温度控制方式

序号	废液热值	焚烧物种类	出口温度控制方式
1	较低	二燃室内需要废液、辅助燃料同时焚烧才能满足温度要求	通过二燃室出口温度与辅助燃料燃烧器的辅助燃料流量连锁，通过设定温度反馈信号调节辅助燃料流量，自动调节二燃室出口温度，使其保持恒定
2	较高	二燃室内仅焚烧废液就能满足温度要求，不需辅助燃料	手动调节废液管路阀门，必要时调节固废焚烧量，使二燃室出口温度满足要求并保持恒定

注：如果二燃室出口温度持续超过 1200℃至 10min，必须停止进料。

过热蒸汽出口温度的调节方法是：通过设定温度反馈信号控制减温器冷却水调节阀（手动阀）连锁，调节进入减温器的水流量，使温度保持恒定。

急冷塔出口温度为 180～200℃，其调节方法是：通过设定温度反馈信号控制急冷泵后管路电动调节阀，调节急冷塔喷水量，使温度保持恒定。

布袋前进口温度约为 180℃，其调节方法是：通过设定温度反馈信号控制雾化喷水泵变频，调节急冷塔喷水量使温度保持恒定。如果布袋前温度超过布袋能耐受的安全温度，则要求开启急排，同时减少炉子的焚烧负荷。

② 焚烧系统压力的调整　系统焚烧压力的调整包括系统负压的保证和袋式除尘器前后压差的调整，为了防止焚烧系统运行时烟气外逸，必须保证整套系统始终在一定的负压下运行。系统中设有微差压变送器用来监测窑头或窑尾的负压，并通过变频器控制引风机的转速（引风量）。

系统的负压测点设在回转窑尾和二燃室出口上，系统中主体设备的负压从回转窑到湿式脱酸塔依次递增，如果系统的负压过大，必然会增加系统的耗油量（在焚烧相同物料情况下），负压过小会造成系统烟气外逸，影响操作环境，所以保证系统烟气不外逸的前提下应尽可能减小负压设定值。该设定值在引风机变频器内部调整，数值调整合适后，基本不用再调整。

③ 焚烧系统含氧量的调整　系统含氧量一般以二燃室出口氧量为准，二燃室含氧量为 6%～10%（体积分数），通过设定二燃室出口氧含量反馈信号控制二次鼓风机变频，调整供风量，使二燃室出口氧含量保持恒定。

（3）焚烧系统工艺故障排除　焚烧系统工艺参数偏离故障的原因和排除方法见表 5-14[30]。

表 5-14　工艺参数偏离故障的原因和排除方法

故障	可能的故障原因	排除方法
回转窑出口烟温超温	(1)高热值废物焚烧量过大； (2)供料量不合适； (3)供风量不合适(燃烧带后移)	(1)对废物进行高低热值配伍； (2)减少焚烧量；或者使尽量均匀化； (3)增大或减小供风量； (4)控制窑速
回转窑窑尾烟温偏低	(1)废物的热值过低，或进料不足； (2)供风不足； (3)漏风过大(出渣机漏风、密封圈漏风等)	(1)堵漏,保证窑尾氧含量在 8%～9%(体积分数)范围内； (2)通过风、料调整维持窑内火焰明亮； (3)当风量正常而温度偏低时,可启动窑头燃烧器进行补燃
二燃室出口温度超温	窑内发生不完全燃烧,大量不充分燃烧的可燃物在二燃室燃烧	保证窑内危险废物充分燃烧
二燃室温度偏低	当进入二燃室的烟气已充分燃烧时,供风过多	(1)关小二次风机； (2)检查漏风； (3)必要时应启动二燃室燃烧器
余热锅炉进口温度超温	回转窑及二燃室温度过高;未燃尽的成分在余热锅炉中进一步燃烧	保证充分燃烧的前提下降低回转窑及二燃室温度
布袋除尘器进口温度超温	(1)急冷塔喷水量小； (2)余热锅炉积灰； (3)雾化效果差	(1)降低前部温度； (2)锅炉清灰、除垢； (3)增加急冷塔喷水量或者更换喷嘴； (4)以上方法无效,紧急停炉,打开急排降低烟气温度
烟气加热器腐蚀积灰	(1)布袋除尘效果变差； (2)结露； (3)窜风	(1)更换布袋； (2)清灰、除垢； (3)防漏、防止窜风

续表

故障	可能的故障原因	排除方法
主蒸汽温度过高或过低	(1)减温减压水不匹配; (2)蒸汽设备负荷过高或过低	(1)调整减温减压的控制系统; (2)调整蒸汽设备的负荷
窑头窑尾负压变化太大	(1)单次进料量过大或所进危险废物极易燃烧; (2)负压传感器反应太灵敏或PID参数不合适; (3)推杆进料时大量漏风	(1)增加进料频次,减少单次进料量,做好危险废物的均化工作; (2)减小负压传感器的灵敏度,增加传感器的阻尼,调整PID参数; (3)调整变频器参数或引风机前阀门
引风机处于极限时系统负压小,无法达到设定值	(1)二燃室出口管道积灰严重至堵塞; (2)换热器积灰; (3)严重超负荷; (4)系统漏风量偏大	(1)在线清灰或者停炉清灰; (2)暂缓投料或者减小投料量; (3)密封漏风位置堵漏
废液泵(隔膜泵)出口压力太小	(1)回流量偏大; (2)隔膜损坏; (3)隔膜泵单向阀关不死或脱落; (4)过滤器堵塞	(1)关小回流阀门; (2)更换隔膜、单向阀; (3)清洗过滤器
废液泵(隔膜泵)出口压力太大	(1)废液喷枪前阀门没有打开或喷嘴堵塞; (2)过滤器堵塞(或者阻火器堵塞)	(1)打开喷枪前阀门或清理喷嘴; (2)清洗过滤器或者阻火器; (3)开大回流阀门
排烟中CO浓度偏高	(1)入窑物料不均匀,部分物料比正常物料易燃或物料会爆燃引起局部缺氧; (2)窑一次风过小造成缺氧燃烧	(1)焚烧废物均匀搭配; (2)调整一次风用量,保证窑内危险废物充分燃烧

四、特殊危险化学品的焚烧要求

一些危险化学品,由于其具有的特殊性质,需要在焚烧前进行预处理、或在焚烧过程中进行特殊操作、或在焚烧后对焚烧产物进行特殊后处理,表 5-15 为这部分危险化学品的清单[31,32]。

表 5-15　特殊危险化学品的焚烧处置要求

序号	分类	危险化学品名称	焚烧处置要求
1	直接焚烧易引起爆炸的危险化学品	四氢呋喃	将废液浓缩,再在一定的安全距离之外敞口燃烧
		1,2-环氧丙烷、1,2-环氧丁烷、环氧乙烷、乙二醇甲醚	不含过氧化物的废液经浓缩后,控制一定的速度燃烧;含过氧化物的废液经浓缩后,在安全距离外敞口燃烧
		过氧化二苯甲酰、过氧化苯甲酸叔丁酯、过氧化二碳酸二异丙酯、过氧化氢二异丙苯、过氧化氢异丙苯、过氧化双(3,5,5-三甲基己酰)	与不燃性物料混合后,再焚烧
		硫酸甲酯	稀释中和后,再焚烧;焚烧炉排出的硫氧化物通过洗涤器除去

续表

序号	分类	危险化学品名称	焚烧处置要求
2	不宜直接焚烧的危险化学品	丙酸、2-丙烯-1-醇、樟脑、1-甲基异喹啉	溶于易燃溶剂后,再焚烧
		六氯环戊二烯、羰基镍	与燃料混合后,再焚烧
		间苯二酚	与碳酸氢钠、固体易燃物充分接触后,再焚烧
		五氯硝基苯	与聚乙烯混合后,再焚烧;焚烧炉排出的气体要通过洗涤器除去
		2,4-二硝基甲苯、2,6-二硝基甲苯	与碳酸氢钠、固体易燃物充分接触后,再焚烧;焚烧炉排出的氮氧化物通过洗涤器除去
		苯基硫醇	与碳酸氢钠、固体易燃物充分接触后,再焚烧;焚烧炉排出的硫氧化物通过洗涤器除去
		邻氯酚	与碳酸氢钠、固体易燃物充分接触后,再焚烧;焚烧炉排出的卤化氢通过酸洗涤器除去
		氯乙酸、三氯乙酸、2,4,5-三氯苯酚、2,4,6-三氯苯酚	与燃料混合后,再焚烧;焚烧炉排出的卤化氢要通过酸洗涤器除去
		硫	与燃料混合后,再焚烧;焚烧炉排出的硫氧化物通过洗涤器除去
		N,N-二甲基甲酰胺、二苯胺、无水肼	与燃料混合后,再焚烧;焚烧炉排出的氮氧化物要通过洗涤器除去
		氯化氰	与燃料混合后,再焚烧;焚烧炉排出的气体要通过洗涤器除去,也可以将气体通入硫酸铁溶液或氢氧化钠和过量次氯酸钙的稀溶液中,使其转化成相对低毒的物质
3	须高温焚烧的危险化学品	多氯联苯	焚烧温度≥1200℃,停留时间≥2s
4	焚烧生成氟化氢的危险化学品	氟	将废气通过活性炭床,生成的四氟化碳进入氟-烃空气燃烧器燃烧,再通过碱溶液洗涤后经烟囱排空
		氟乙酸钠	同大量的蛭石、碳酸钠、碳酸氢钠、消石灰混合后,再焚烧;焚烧系统要装置后燃烧室,焚烧炉排出的气体要通过碱洗涤器除去
5	直接焚烧生成氯气的危险化学品	1,1-二氯-1-硝基乙烷、1-氯-1-硝基丙烷、氯化苄、2-氯甲苯、3-氯甲苯	燃烧过程中要喷入蒸汽或甲烷,以免生成氯气;焚烧炉排出的气体要通过洗涤器除去
		3,3'-二氯联苯胺	燃烧过程要喷入蒸汽或甲烷,以免生成氯气;焚烧炉排出的氮氧化物通过催化氧化装置或高温装置除去

五、三燃式危险废物焚烧技术

1. 三燃式危险废物焚烧技术简介

三燃式危险废物焚烧技术是结合新旧工艺特点而研制出的一种新型焚烧技

术。该新型焚烧炉采用回转热解窑作为一次燃烧处理方式，再由往复式炉排炉进行二次焚化燃烧，未燃尽的气体粉尘进入三燃室充分分解燃烧，因此烧尽率高、热能效率高，有较强的应用推广价值。

三燃式危险废物焚烧技术工艺流程如图 5-14[33]。

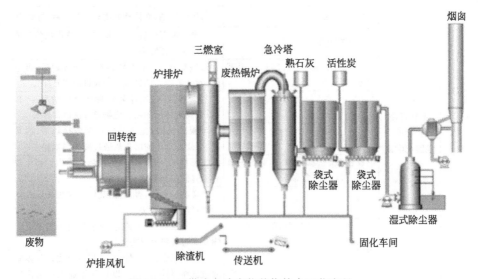

图 5-14　三燃式危险废物焚烧技术工艺流程

危险化学品废物运至现场，由自动投料装置定量送入炉本体回转窑炉燃烧室（900～1100℃）内，经二次燃烧室高温热解燃烧（1100～1200℃）后形成的高温烟气进入三燃室内，再经三次燃烧系统高温（1200～1400℃）氧化焚烧。完全燃烧后产生的烟气经余热锅炉热交换，烟气温度快速降至 600℃并除去大颗粒的粉尘。降温后的烟气进入干式除酸及活性炭吸收装置并喷入熟石灰 $[Ca(OH)_2]$ 及活性炭以去除 SO_2、HCl、二噁英等有毒有害气体，细微的粉尘由高效袋式除尘器捕集，再经脱硝塔脱除氮氧化物。焚烧过程见图 5-15[34]。

2. 系统组成

三燃式危险废物焚烧系统主要包括预处理系统、焚烧炉自动进料系统、焚烧炉系统、点火及辅助燃烧系统、焚烧炉排渣出灰系统和尾气处理系统等。

（1）预处理系统　危险废物在焚烧前需进行预处理。固体危险化学品废物的预处理系统工艺流程见图 5-16[33]，废油、废液危险化学品废物的预处理系统工艺流程见图 5-17[34]。对于工业生产中所产生的废油、废液、重油等危险化学品废物，在前处理系统中，可采用废油、废液过滤和重油蒸气浓缩装置进

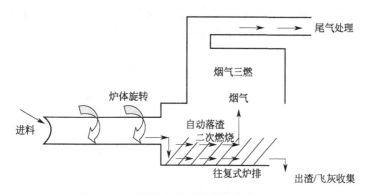

图 5-15 三燃式危险废物焚烧技术示意图

行预处理，而对含废油、废液的危险化学品废物与高黏度油类危险化学品废物可采用干燥方式加以处理后再进行燃烧。

（2）焚烧炉自动进料系统 自动进料装置可平稳地将危险废物自动送入焚烧炉内并可自动卸料。该设备为液压式推进装置，推进速度和退回速度均可以自由调节，进料斗周围有保护装置，可防止废物散落，避免因人工操作带来的二次污染，也可避免因超负荷投料而造成尾气处理运行负荷增大。

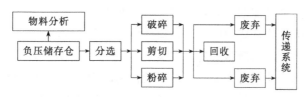

图 5-16 固体危险化学品废物预处理系统工艺流程

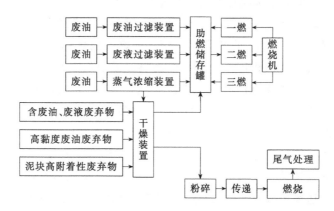

图 5-17 废油、废液预处理系统工艺流程

（3）焚烧炉系统　回转＋往复式炉排焚烧炉是三燃式危险废物焚烧技术中的关键设备，图 5-18 为三燃式危险废物焚烧炉的示意图[34]。

图 5-18　三燃式危险废物焚烧炉的示意图

当窑内趋于完全燃烧时，会放出大量的热能，回转窑需承受 1200℃ 以上的高温；同时，燃烧过程中还会产生硫化物、氯化物等，腐蚀性极强，因此要求回转窑的耐高温性能好，并且耐腐蚀、耐磨损。

三燃式危险废物焚烧炉的回转窑筒体钢板厚约 18mm，内衬为高强轻质保温砖和磷酸盐结合高铝质耐火砖，在焚烧过程中，火焰不与金属部分接触，只与耐火材料接触，从而可大大延长设备的使用时间。回转窑安装时要保证一定的倾斜度，筒体可以根据废物成分的变化，自由调节其回转速度，以控制废物在窑内的停留时间，从而确保废物充分完全地焚烧。

待焚烧处理的焦渣、废油渣液通过螺旋进料装置混合进入回转窑（一燃室），物料由燃烧机引燃，直接燃烧热解，一燃室温度达到 850～1100℃，回转窑尾与往复式炉排炉相连，未燃尽的物料以及热解气体进入往复式炉排炉（二燃室），由另一燃烧机助燃进行二次燃烧，温度达到 1100～1200℃，从而可使物料充分燃烧并延长烟气停留时间。在往复式炉排炉设置垂直烟气燃烧室（三燃室），温度达到 1200～1400℃，烟气停留时间大于 4s。从燃烧室出来的高温烟气经热交换塔进行水冷、余热利用和空气预热后进入后处理系统。

（4）点火及辅助燃烧系统　该系统由点火系统燃烧器及辅助燃烧系统油槽、滤油器、送风机构成。一次燃烧室配备点火燃烧器及辅助燃烧系统，二次燃烧室配备辅助燃烧系统，以确保二次燃烧室能达到足够高的温度。燃烧装置配有安全保护装置，如果发生点火失败或故障熄灭，安全保护装置能够自动切断燃料供应。

（5）焚烧炉排渣出灰系统　回转窑、往复式炉排炉燃尽的炉渣以及尾气处理装置收集到的粉尘，可由自动出灰装置收集于储灰仓内后直接固化填埋或将渣料制成空心砖、砌块等建材再利用。

（6）冷却系统　冷却系统可将烟气的排放温度从1400℃骤降至200℃以下，既可避开二噁英合成温度区间，又可减少废气体积，保护袋式除尘器的布袋不被高温烧坏，同时冷却系统也可以进行余热利用。

（7）尾气处理系统　尾气处理系统工艺流程见图5-19。尾气处理系统设计原则有：①不影响焚烧炉的稳定运行，脱酸性气体系统应具有动态适应能力，以保证装置高效稳定运行；②对酸性气体、烟尘、二噁英等污染物进行有效脱除，以达到有关排放标准的要求；③设备布置力求紧凑合理，节约用地，最大限度地降低建设投资；④提高自动化生产水平，采用计算机控制系统，基本实现中控室集中控制。

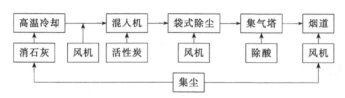

图 5-19　尾气处理系统工艺流程

3. 焚烧关键参数和排放烟气中污染物浓度

三燃式危险废物焚烧炉的焚烧关键参数见表5-16[33,35]，尾气处理系统能有效控制排放烟气中污染物浓度（表5-17）[33,35]，排放烟气中污染物浓度均低于中国和欧盟的排放标准。

表 5-16　焚烧过程中的关键参数（以浙江示范工程为例）

项　目	数值
焚烧量/(t/d)	30
工业废物热值/(MJ/kg)	15
回转窑出口温度/℃	744
后燃室出口温度/℃	≥1100
后燃室气体停留时间/s	＞3.0
焚烧残渣中未燃物占比(质量分数)/%	＜3
回转窑转速/(r/min)	0.3～3

表 5-17 排放烟气中各种空气污染物的浓度

排放指标	排放浓度	中国排放标准	欧盟排放标准
O_2(体积分数)/%	11	11	11
Hg/(mg/m³)	0.016	0.1	0.05
CO/(mg/m³)	12	80	50
HCl/(mg/m³)	＜5	70	10
HF/(mg/m³)	＜1	7	1
NO_x(NO+ NO_2)/(mg/m³)	200	500	400(焚烧量＜6t/h)
TOC/(mg/m³)	—	—	10
SO_x(SO_2+ SO_3)/(mg/m³)	＜10	300	50
Cd/(mg/m³)	0.025	0.1	0.05(Cd+Tl)
Pb/(mg/m³)	0.03	1	
Sb、Cr、Sn、Cu、Mn/(mg/m³)	＜0.5	4	0.5(包括 Pb、As、Co、Ni、V)
As、Ni/(mg/m³)	0.5	1	—
PM/(mg/m³)	＜2	80	10
二噁英+呋喃当量浓度/TEQ	0.05	0.5	1

4. 技术分析

（1）采用传统的回转窑炉与往复式炉排炉相结合的焚烧技术，将回转窑炉作为一燃室对各种危险化学品废弃物进行充分的热解气化，回转窑炉的尾端与往复式炉排炉上下相连，使在回转窑炉（一燃室）里热解气化的物料或没有燃尽的物料随着转炉旋转自动进入往复式炉排炉进行二次焚化（二燃室），从而彻底解决了因危险化学品废弃物料密度不同而带来的燃烧不充分和烟气停留时间短等问题；在往复式炉排炉上方设置垂直空气燃烧室（三燃室），让烟气进行再次燃烧，使烟气停留时间大于 4s，可从根本上解决危险化学品焚烧所产生的烟气带来的二次污染问题。焚烧炉新旧工艺的焚烧特点对比见表 5-18[34]。

表 5-18 焚烧炉新旧工艺焚烧特点对比

项目	炉型		
	传统回转窑炉	炉排炉	三燃式焚烧炉
进料要求	高(禁止高黏度废物)	高(禁止金属、高黏度废物、废油、废液)	低(可适应各种废物特性)
燃烬率(质量分数)	95%	70%	98%
烟气停留时间	2s	1s	4s
一燃	有	有	有

续表

项目	炉型		
	传统回转窑炉	炉排炉	三燃式焚烧炉
二燃	有	无	有
三燃	无	无	有
出渣烧结	易发生,故障率高	发生严重	无
尾气处理压力	中	大	小
进料对炉长的要求	≤8m	≤5m	≥13m
去除 SO_2	良好	较差	良好
去除二噁英	良好, 排放浓度≤0.01ng/m³	差, 排放浓度≥0.02ng/m³	优, 排放浓度≤0.002ng/m³
去除重金属	一般,≥80%	差,≤60%	优,≥95%
热解区间	较小	很小	较大
燃烧区间	小	大	大
燃烧温度	≥1200℃	≥1100℃	≥1400℃

（2）采用移动床式储存、输送、排渣装置。在整个焚烧前处理系统采用负压状态的密封式移动床装置，该移动床装置采用仓轨式传送技术，是利用耐高温陶瓷板传送底仓与耐高温铝材制成的一种仓轨式物料传送仓，以轨道式进行往复传送。

（3）采用液压给料装置进行焚烧进料，首先将粉碎的危险化学品废弃物输送到进料口，然后进行液压推进，将物料推入回转窑（一燃室）。物料在一燃室随着回转窑旋转燃烧自动落入二燃室往复式炉排炉上进行二次燃烧。

（4）采用废液、重油、污泥干燥装置，利用焚烧炉高温余热对废液、污泥、重油、高黏度废物进行干燥、粉碎、焚烧。

（5）采用蒸汽浓缩装置对含水量大的废油、重油进行浓缩，然后对废油、废液进行助燃储存混合，利用燃烧机对一燃、二燃、三燃室进行助燃。

（6）采用灰溶蚀技术装置，在 1300～1400℃ 的超高温中连续 24h 燃烧时，可使设备在大风量集尘情况下发挥高性能，有效去除 98% 的酸性废气，去除 90% 以上重金属，二噁英排放浓度在 0.01ng/m³ 以下。

参考文献

[1] Golmaei M，Kinnarinen T，et al. Extraction of hazardous metals from green liquor dregs by ethyl-enediaminetetraacetic acid ［J］. Journal of Environmental Management，2018，212（15）：

219-227.

[2] Liu H, Li P P, Yu H Q, et al. Controlled fabrication of functionalized nanoscale zero-valent iron/celluloses composite with silicon as protective layer for arsenic removal [J]. Chemical Engineering Research and Design, 2019, 151: 242-251.

[3] Ling Yu L, Yu Y, Li J Y, et al. Development and characterization of yttrium-ferric binary composite for treatment of highly concentrated arsenate wastewater [J]. Journal of Hazardous Materials, 2019, 361: 348-356.

[4] Thi T M, Huyen-Trang N T, Van-Anh N T. Effects of Mn, Cu doping concentration to the properties of magnetic nanoparticles and arsenic adsorption capacity in wastewater [J]. Applied Surface Science, 2015, 340: 166-172.

[5] Chen C, Xu J, Yang Z H, et al. One-pot synthesis of ternary zero-valent iron/phosphotungstic acid/g-C$_3$N$_4$ composite and its high performance for removal of arsenic(V) from water [J]. Applied Surface Science, 2017, 425: 423-431.

[6] Shim J, Kumar M, Mukherjee S, et al. Sustainable removal of pernicious arsenic and cadmium by a novel composite of MnO$_2$ impregnated alginate beads: a cost-effective approach for wastewater treatment [J]. Journal of Environmental Management, 2019, 234: 8-20.

[7] Wang Y, Mei X, Ma T F, et al. Green recovery of hazardous acetonitrile from high-salt chemical wastewater by pervaporation [J]. Journal of Cleaner Production, 2018, 197: 742-749.

[8] Schoeman J J. Evaluation of electrodialysis for the treatment of a hazardous leachate [J]. Desalination, 2008, 224: 178-182.

[9] 聂永丰. 三废处理工程技术手册: 固体废物卷 [M]. 北京: 化学工业出版社, 2000.

[10] Zhang L, Wu B D, Gan Y H, et al. Sludge reduction and cost saving in removal of Cu(II)-EDTA from electroplating wastewater by introducing a low dose of acetylacetone into the Fe(III)/UV/NaOH process [J]. Journal of Hazardous Materials, 2020, 382: 121107.

[11] Cha D K, Chiu P C, Chang T S, et al. Hazardous waste treatment technologies [J]. Water Environment Research, 2000, 72 (5): 1-59.

[12] Gautam P, Kumar S, Lokhandwala S. Advanced oxidation processes for treatment of leachate from hazardous waste landfill: a critical review [J]. Journal of Cleaner Production, 2019, 237: 117639.

[13] Ju J J, Kim J, Vetráková L, et al. Accelerated redox reaction between chromate and phenolic pollutants during freezing [J]. Journal of Hazardous Materials, 2017, 329: 330-338.

[14] Kim K, Chung H Y, Ju J J, et al. Freezing-enhanced reduction of chromate by nitrite [J]. Science of the Total Environment, 2017, 590-591: 107-113.

[15] Reddy P Venkata Laxma, Kim Ki-Hyun. A review of photochemical approaches for the treatment of a wide range of pesticides [J]. Journal of Hazardous Materials, 2015, 285: 325-335.

[16] Yao Z, Li J, Zhao X. Molten salt oxidation: a versatile and promising technology for the destruction of organic-containing wastes [J]. Chemosphere, 2011, 84: 1167-1174.

[17] Flandinet L, Tedjar F, Ghetta V, et al. Metals recovering from waste printed circuit boards (WPCBs) using molten salts [J]. Journal of Hazardous Materials, 2012, 213-214: 485-490.

[18] 王罗春,何德文,赵由才. 危险化学品废物的处理 [M]. 北京:化学工业出版社, 2006.

[19] Bilal M, Rasheed T, Nabeel F, et al. Hazardous contaminants in the environment and their laccase-assisted degradation: a review [J]. Journal of Environmental Management, 2019, 234: 253-264.

[20] Zhu Y, Fan W H, Zhou T T, et al. Removal of chelated heavy metals from aqueous solution: a review of current methods and mechanisms [J]. Science of the Total Environment, 2019, 678: 253-266.

[21] Pulkka S, Martikainen M, Bhatnagar A, et al. Electrochemical methods for the removal of anionic contaminants from water: a review [J]. Separation and Purification Technology, 2014, 132: 252-271.

[22] Pineda-Arellano C A, Martinez S S. Indirect electrochemical oxidation of cyanide by hydrogen peroxide generated at a carbon cathode [J]. International Journal of Hydrogen Energy, 2007, 32: 3163-3169.

[23] Moussavi G, Pourakbar M, Aghayani E, et al. Comparing the efficacy of VUV and (UVC/$S_2O_8^{2-}$) advanced oxidation processes for degradation and mineralization of cyanide in wastewater [J]. Chemical Engineering Journal, 2016, 294: 273-280.

[24] Moussavi G, Pourakbar M, Aghayani E, et al. Investigating the aerated VUV/PS process simultaneously generating hydroxyl and sulfate radicals for the oxidation of cyanide in aqueous solution and industrial wastewater [J]. Chemical Engineering Journal, 2018, 35: 673-680.

[25] Kamde K, Pandey R A, Thul S T, et al. Microbially assisted arsenic removal using *Acidothiobacillus ferrooxidans* mediated by iron oxidation [J]. Environmental Technology & Innovation, 2018, 10: 78-90.

[26] 别如山, 杨励丹, 李季,等. 国内外有机废液的焚烧处理技术 [J]. 化工环保, 1999, 19 (3): 148-154.

[27] 张绍坤. 回转窑处理危险废物的工程应用 [J]. 工业炉, 2010, 32 (2): 26-29.

[28] 傅沪鸣, 卢青, 陈德珍. 固体废物处理工: 危险废物焚烧 (四级) [M]. 北京:中国劳动社会保障出版社, 2015.

[29] 卢青, 傅沪鸣, 陈德珍. 固体废物处理工: 危险废物焚烧 (五级) [M]. 北京:中国劳动社会保障出版社, 2015.

[30] 晏振辉, 卢青, 陈德珍. 固体废物处理工: 危险废物焚烧 (三级) [M]. 北京:中国劳动社会保障出版社, 2015.

[31] 孙万付, 郭秀云,李运才. 危险化学品安全技术全书:通用卷 [M]. 3 版. 北京:化学工业出版社, 2017.

[32] 孙万付, 郭秀云、翟良云. 危险化学品安全技术全书:增补卷 [M]. 3 版. 北京:化学工业出版社, 2018.

[33] Ma P, Ma Z Y, Yan J H, et al. Industrial hazardous waste treatment featuring a rotary kiln and grate furnace incinerator: a case study in China [J]. Waste Management & Research. 2011, 29: 1108-1112.

[34] 吴桐. 三燃式危险废物焚烧技术探讨 [J]. 中国环保产业, 2008 (6): 22-25.

[35] Jiang X G, Li Y H, Yan Jianhua. Hazardous waste incineration in a rotary kiln: a review [J]. Waste Disposal & Sustainable Energy, 2019, 1: 3-37.

第六章

危险化学品废物的填埋处置

第一节 安全填埋流程及意义

一、"处置"与"填埋"的概念

1."处置"

"处置"的概念是相对"处理"来说的，我国许多出版著作普遍认为"处理"是指通过物理、化学或生物方法，将废物转变为便于运输、储存、利用和处置形式的过程，相当于再生利用或处置的预处理过程；而"处置"则可以理解为不能进一步回收利用的废物的最终的处置。危险化学品废物处置的目的是使其尽可能地与生物圈隔离，阻断处置场内废物与生态环境、社会环境的联系，从而确保现在或者将来有害物质不会对人类和环境造成不可接受的危害。

2."填埋"

废物的"填埋"分为惰性填埋、卫生填埋和安全填埋三种。顾名思义，惰性填埋是指将已经稳定的废物进行直接填埋，如玻璃、建筑废物等；卫生填埋是用于填埋处置无需稳定化预处理的非稳定性废物，常用于城市垃圾的填埋；安全填埋是专门用于处理危险废物的填埋方式，危险废物在进行安全填埋之前需要先进行固化/稳定化预处理。三种填埋方法因其所处理的废物的环境影响不同，其构造和防渗结构有所差异。危险化学品废物作为危险废物，在进行填埋处置时进行的是安全填埋。

二、安全填埋处置流程

危险化学品废物的安全处置是一个复杂的物理化学过程，根据毒性、种类、含量和危害性特性的不同，所采用的工艺也不同，根据《危险废物处置工程技术导则》，安全填埋处置技术适用于《国家危险废物名录》中除填埋场衬层不相容废物之外的危险废物的安全处置。性质不稳定的危险废物需要经过固化/稳定化后方可进行安全填埋处置，有机废物不适宜采用安全填埋进行处置，多采用焚烧来对其进行处置[1]。危险化学品废物的处置如图 6-1 所示。

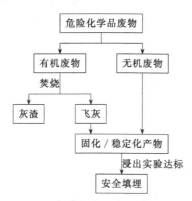

图 6-1　危险化学品废物处置流程

根据《危险废物填埋场工艺流程（PID）设计规定》（T-EP 070302C—2003），危险废物填埋场是由储存、预处理、填埋、渗滤液收集处理等工艺过程组成，其中还包括：排气系统、监测系统和封场系统。危险废物安全填埋的工艺流程如图 6-2 所示。

危险废物的填埋过程主要可以分为三个部分，分别是入场化验及储存、预处理和入库填埋。在填埋结束之后，还需要相应的设施来进行安全填埋场的封场、排气收集和渗滤液处理。针对不同的部分，国家有专门的标准规范进行管控。就整个填埋过程来说，目前主要是遵循《危险废物填埋污染控制标准》（GB 18598—2019）、《危险废物安全填埋处置工程建设技术要求》以及《危险废物贮存污染控制标准》（GB 18597—2001）。

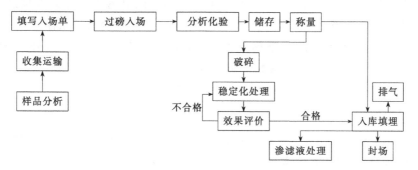

图 6-2　安全填埋的工艺流程图

三、填埋处置技术国内外现状

1. 日本

日本危险废物最终处置场的设施分为隔断型处置场、安全型处置场以及管理型处置场三类，不同处置场针对不同的产业废弃物和特别管理废弃物。隔断型处置场主要用于处置有害的焚烧灰渣、粉尘、污泥等，安全型处置场主要用于处置废塑料、废橡胶屑、废金属、玻璃碴、废工程材料等，管理型处置场主要用于处置废油（焦油沥青类）、废纸、废纤维、动植物残渣、动物粪便、动物尸体以及有害的焚烧残渣、粉尘、污泥矿渣。

其中日本采用的隔断型填埋场最大特点是分为一个个小池子，每个池子容积不能超过 $250m^3$，每个池子装一种废物，要求非常严格。根据需要可以在任何时候将废物取出进行再生或其他后续处理，因此日本的隔断型填埋场实际上是危险废物的暂存场所，等到经济、技术水平达到的时候即可将危险废物取出进行资源化利用或者进行最终的无害化处理。

2. 德国

德国根据填埋物体种类不同将填埋场分为三个等级，填埋等级Ⅲ是用于危险废物填埋的，应用危险废物技术规范。填埋等级Ⅰ、Ⅱ分别对应惰性废物和生活垃圾填埋，应用城镇垃圾技术规范。除了使用Ⅲ类填埋场来处理危险废物外，德国还常常利用废弃的盐矿来处理焚烧残渣。

在德国地下盐矿危险废物处置场，废物运输到场后，先在地面进行分析检查，符合进场条件的运输至地下，地下盐矿坑进行分区、编号管理，每一批废物进行采样归档（储存在专门的地下样品间）。样品间中有地下盐矿分布图，详细记录每个盐矿坑。每一种废物都有详细档案，包括产生的工艺、具体性质等，需要的话，可以准确拿到样品，可以准确知道其特性，可以直接进行试验，从这个角度来讲，其最主要目的不是最终处置，而是为了储存。

地下储存遵循严格的进场条件，9 类物质严禁进场：① 爆炸性废物；② 自燃性废物；③ 燃烧性废物；④ 传染性废物；⑤ 放射性废物；⑥ 能排出气体的废物；⑦ 反应性废物；⑧ 膨胀性废物；⑨ 液体。

3. 美国

美国深井灌注技术（该技术在我国应用存在法律上以及技术上的多重障碍）见图 6-3。深井灌注技术是在地质结构符合条件的地方打一个上千米的深井，将液体废料封存在里面，可以封存处置物至少 1 万年。美国国家环保署1988 年公布的法规要求采用深井灌注技术的用户需要论证废弃物在灌注区得以无害化，或保持在灌注区内 1 万年。深井处置是通过专门建造的深井将液体废物注入深地层（灌注区）的技术方法。用于处置危险废物的深井被称为Ⅰ类井。灌注层通常在地下 1/4mile（约 400m）到 2mile（约 3200m）之间并与地下可饮用水源通过几百英尺（约 100m）的非渗透岩层（隔挡层）隔开。

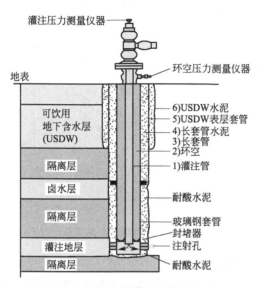

图 6-3　美国深井灌注技术示意图

4. 英国

英国的有害固体或集装箱化废物的填埋受到比城市固体废物填埋更严格的监管。危险废物安全填埋场底部和下面的基岩或地下水位之间至少有 3m（10ft）的距离。安全的危险废物填埋场（图 6-4）必须有两个不透水的衬里和渗滤液收集系统。双渗滤液收集系统由位于每个衬管上方的多孔管网组成。上部系统防止填充物中捕获的渗滤液积聚，下部系统用作备用物。收集的渗滤液被泵送到处理厂。为了减少填充物中的渗滤液量并最大限度地减少环境损害的可能性，在完成的填埋场上放置不渗透的盖子。还需要一个地下水监测系统，其中包括在现场和周围钻探的一系列深井。这些井允许进行抽样和测试的常规程序，以检测任何泄漏或地下水污染。如果确实发生泄漏，可以用井拦截污染的水并用泵将其带到地面进行处理。

处理液体危险废物的一个选择是深井注入，该过程涉及将液体废物通过钢套管泵入多孔的石灰石或砂岩层中。施加高压迫使液体进入岩石的孔隙和裂缝，进行永久储存。注入区必须位于一层不透水的岩石或黏土下面，并且可以延伸超过表面 0.8km（0.5km）。深井注入相对便宜，几乎不需要或不需要对废物进行预处理，但它存在泄漏危险废物并最终污染地下水供应的危险。

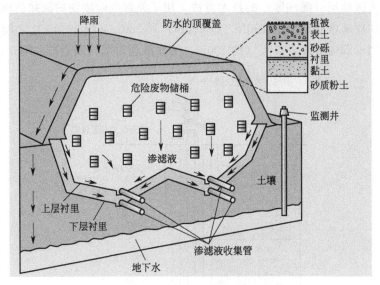

图 6-4　英国危险废物安全填埋场示意图

5. 国内危险废物填埋

目前国内主要的填埋主要是依据《危险废物填埋污染控制标准》（GB 18598—2019）执行，主要填埋技术为柔性填埋技术，主要依赖天然基础层或者人工防渗膜来进行防渗。但是目前使用人工防渗膜存在膜有效期有限，在施工过程中容易造成膜破裂，从而影响其长期的防渗效果，尤其对目前危险废物填埋场的运营企业，通常保障期（标准中规定的封场后的控制期）满后，便不再对填埋场进行监管控制，导致后续危险废物污染填埋场地以及附近的水体等情况的发生。为了防止这类情况发生，同时解决场址条件难以达标的问题，《危险废物填埋污染控制标准》（GB 18598—2019）明确了在填埋场场址条件不能满足标准时采用刚性填埋场进行危险废物的填埋。

四、填埋处置的意义

1. 填埋处置的主要功能

危险化学品废物的安全填埋是一种最终的经济和技术管理手段，主要是采用工程措施来控制、减少和消除危险化学品的危害。安全填埋适用于不具有材料和能量回收潜能危险化学品。安全填埋场作为处置危险废物的工程措施，其作用主要是储存危险废物并将其隔离，使其对人体健康和生态环境的影响最小化[2]。其功能主要可以分为三类：

（1）储存功能　利用自然地形和人工修筑形成一定空间，用于填埋、储存废物。

（2）阻断功能　以适当的设施将填埋的废物及其产生的渗滤液、废气等与环境隔绝，避免造成污染。

（3）处理功能　安全填埋场填埋主要对象为无机物，并且其运营过程是尽可能避免反应避免二次污染，故而不考虑其处理功能。

2. 危险化学品废物填埋处置的特点

与其他处理方法比较，安全填埋处置具有以下优点：投资运营成本低，需要的设备及管理费少；处理弹性大，能够应对忽然增长的填埋量；操作容易，维持费用低；能够处理具有相容性的不同性质的危险化学品废物，减少收集时分类的需要；施工期短。危险化学品的填埋处置也存在明显的缺陷：需要大量土地供填埋处置需求，选址要求高，难以落地；填埋场会产生渗滤液以及废气，渗滤液处理费用高，废气收集处理难；冬天或者不良气候对其影响大；需要每日进行覆土，覆土不当易造成污染，良质覆土材料难以获得等。

第二节　接收化验及储存

进入安全填埋场的危险废物，首先要先对其进行接收才能入场，入场之后不能直接进行填埋，需要达到一定标准才能进入填埋场进行填埋，因此入场危险废物还需要对其进行分析化验，对于不能直接填埋的危险废物需要进行预处理才能进入安全填埋场进行填埋，因此，填埋场中需要危险废物的化验及储存系统。

一、废物接收系统

1. 接收管理要求

根据我国《危险废物联单转移管理办法》，危险废物接收单位应当按照联单填写的内容对危险废物核实验收，如实填写联单中接收单位栏目并加盖公章。接收单位应当将联单第一联、第二联副联自接收危险废物之日起十日内交付产生单位，联单第一联由产生单位自留存档，联单第二联副联由产生单位在两日内报送移出地环境保护行政主管部门；接收单位将联单第三联交付运输单位存档；将联单第四联自留存档；将联单第五联自接收危险废物之日起两日内报送接收地环境保护行政主管部门。

因此进入危险废物填埋场的危险废物，必须经过门卫专人检查、验单、核对危险废物到达凭证及车号，检查车体和包装技术状况，取样、检查计重后才能接收。检查的内容包括：进场危险废物的车辆、包装和标识必须符合国家规定，危险废物转移联单内容及产生废物单位公章、危险废物名称、重量、成分、废物特性、包装日期要清楚，要符合行业规定，单、货数量和性质要一致。按照要求，收集、装卸、运输危险废物，必须按照危险废物特性进行分类，这为后续危险废物的储存以及预处理等提供依据。验收中凡无联单、标签，无分析报告的废物视为无名废物处理。

2. 接收系统设置要求

根据《危险废物安全填埋处置工程建设技术要求》，填埋场计量设施宜置于填埋场入口附近，并满足运输废物计量要求；废物接收区应放置放射性废物快速检测报警系统，避免放射性废物入场；填埋场应设有初检室，对废物进行物理化学分类。

3. 危险废物卸载要求

此外，根据《危险废物的收集、贮存、运输技术规范》（HJ 2025），危险废物卸载过程应该遵守以下要求：卸载区的工作人员应熟悉废物的危险特性，并配备适当的个人防护装备，装卸剧毒废物应配备特殊的防护装备；卸载区应配备必要的消防设备和设施，并设置明显的指示标志；危险废物装卸区应设置隔离设施，液态废物卸载区应设置收集槽和缓冲罐。

二、分析化验系统

从图 6-2 中看到，入场的危险废物一部分直接进行填埋，一部分需要进行稳定化处理之后才可以进行填埋。《危险废物填埋污染控制标准》（GB 18598—2019）将危险废物具体区分为可直接入场废物和需经预处理后方能入场填埋废物。

（1）可直接入场废物

① 根据 HJ/T 299 测得的废物浸出液中有一种或一种以上有害成分浓度超过《危险废物鉴别标准 浸出毒性鉴别》（GB 5085.3）中的标准值并低于表 6-1 中的允许进入填埋区控制限值的废物；

② 根据《固体废物 腐蚀性测定 玻璃电极法》（GB/T 15555.12）测得的废物浸出液 pH 值在 7.0～12.0 之间的废物。

（2）需经预处理后方能入场填埋废物

① 根据《固体废物 浸出毒性浸出方法 硫酸硝酸法》（HJ/T 299）测得废

物浸出液中任何一种有害成分浓度超过表 6-1 中允许进入填埋区的控制限值的废物；

② 根据 GB/T 15555.12 测得的废物浸出液 pH 值小于 7.0 和大于 12.0 的废物；

③ 本身具有反应性、易燃性的废物；

④ 含水率高于 85%（质量分数）的废物；

⑤ 液体废物；

⑥ 可溶于水的废物（如盐类），入场需经过包装（如桶装），防止其在填埋过程中溶解于渗入的雨水对堆体的稳定性带来事故隐患。

表 6-1　危险废物允许进入填埋区的控制限值

序号	项目	稳定化限值/(mg/L)	序号	项目	稳定化限值/(mg/L)
1	有机汞	0.001	8	锌及其化合物(以总锌计)	75
2	汞及其化合物(以总汞计)	0.25	9	铍及其化合物(以总铍计)	0.20
3	铅(以总铅计)	5	10	钡及其化合物(以总钡计)	150
4	镉(以总镉计)	0.5	11	镍及其化合物(以总镍计)	15
5	总铬	12	12	砷及其化合物(以总砷计)	2.5
6	六价铬	2.5	13	无机氟化物(不包括氟化钙)	100
7	铜及其化合物(以总铜计)	75	14	氰化物(以 CN 计)	5

（3）下列废物禁止填埋：

① 医疗废物；

② 与衬层具有不相容性反应的废物；

③ 挥发性有机物。

因此危险废物运入填埋场之后，需要先对其进行分析化验，根据上述要求判定是否需要进行预处理，以及需要预处理时选择合适的预处理方法。

1. 标准要求

根据《危险废物安全填埋处置工程建设技术要求》规定：填埋场必须自设分析实验室，对入场的危险废物进行分析和鉴别。具体要求包括：

① 填埋场自设的分析实验室应按有毒化学品分析实验室的建设标准建设，分析项目应满足填埋场运行要求，至少应具备 Cr、Zn、Hg、Cu、Pb、Ni 等重金属及氰化物等项目的检测能力，及进行废物间相容性实验的能力。超出自设分析实验室检测能力以外的分析项目，可采用社会化协作方式解决。

② 分析实验室不应布置在震动大、多灰尘、高噪声、潮湿和强磁场干扰

的地方。

③ 分析实验室配备的主要设备和仪器应满足表 6-2 和表 6-3 要求，另外还需配备快速定性或半定量的分析手段。

④ 应建立危险废物数据库对有关数据进行系统管理。

表 6-2 主要仪器设备

序号	名称	用途	序号	名称	用途
1	原子吸收仪（AA）	金属分析	6	COD 装置	COD 测定
2	气相色谱仪（GC）	挥发性化合物分析	7	TOC 分析仪	总有机碳分析
3	离子交换色谱仪（IC）	阴、阳离子分析	8	计算机	数据库维护及其他日常管理
4	HNU 光度计	大气质量监测	9	打印机	打印输出
5	紫外分光光度计（UV）	有机/无机化合物分析	10	采样车	采样及材料运输

表 6-3 分析实验室普通仪器设备

序号	名称	序号	名称	序号	名称
1	pH 计	7	马弗炉	13	蒸馏水设备
2	电导仪	8	消化设备	14	真空泵
3	溶氧仪	9	磨碎机和研磨机	15	离心机
4	分析天平	10	翻转震动器	16	冰箱
5	光电天平	11	振动筛	17	热电偶
6	电炉/加热板	12	各种采样器	18	试剂盒、玻璃器皿

2. 分析化验方案

危险废物入场之后需要对其进行分析化验。目前我国主要的分析化验方法主要是依据《危险废物鉴别标准 通则》（GB 5085.7—2019）来进行。主要是进行腐蚀性、易燃性、反应性以及毒性的检测（图 6-5），但是对于未知危险废物缺乏一套方便快捷的检测手段。

德国危险化学品废物处置场通过长期的运行，总结出了危险化学品废物特性的快速测定方法，其具体测定步骤如下：

（1）水分含量或 105℃ 烘干失重测定（德国标准 DEV/DIN 法） 水分含量超过 85%（质量分数），往往意味废物在处理处置过程中不能保持原来的形状。测定过程中如有异味出现，往往说明废物中含有有机溶剂。若废物中含有挥发性有机物（溶剂、液体燃料、可升华的有机固体），则水分含量测定结果误差较大。测定过程中如有异味出现，则应进一步测定易挥发性有机溶剂的含量。

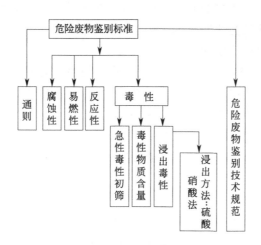

图 6-5　我国危险废物鉴别体系

（2）550℃灼烧试验（德国标准 DEV/DIN 法）　废物的灼烧失重可视为废物中有机物质的含量。

以下几种情况都可能引起测定误差：

① 灼烧温度有偏差。

② 废物中含有大量的结晶水，此时废物应在 180℃烘干后再进行灼烧试验。

③ 无机盐在灼烧过程中发生分解而失重，如碳酸盐分解释放出二氧化碳。

④ 废物中有机物含量很高，引起有机物剧烈燃烧，生成的气体携带出部分固体微粒。此时，应将马弗炉缓慢升温，同时控制马弗炉的空气进气量。

⑤ 有机物在 550℃温度下燃烧缓慢，形成未燃尽残渣。此时，应增大马弗炉的空气进气量；如仍有未燃尽残渣（通常为黑色）存在，应用 1%（质量分数）的硝酸铵溶液处理未燃尽残渣。

（3）石油醚可萃取物（高沸点油和脂肪类）含量的测定　此项测定适用于矿物油工业产生的废物，测定步骤如下：

① 加入低沸点石油醚或其他溶剂于废物中，充分摇动或置于超声浴器中；

② 加适量萃取物于滤纸上，使形成一圆点；

③ 待石油醚或其他溶剂挥发后，测定残余油脂的直径。

此试验中，应严格控制试验条件，如萃取废物的质量、萃取时间和滤纸的类型等。此法应用德国标准 DEV/DIN 法进行校正。

（4）易挥发性有机溶剂含量的测定　易挥发性有机溶剂含量的测定有两种方法，第一种方法较为快速，第二种方法较为准确。

第一种方法测定步骤如下：

① 称20g样品于300mL带旋转盖的广口瓶中，加入200g分析纯的甲醇；

② 将盖好盖子的广口瓶置于超声浴器中，启动超声浴器10～30min；

③ 用Karl Fischer法测定滤出液中的水分；

④ 同时测定一平行样的105℃烘干失重；

⑤ 步骤④测得的105℃烘干失重与步骤③测得的水分之差值即为废物中易挥发性有机溶剂的含量。

第二种方法（装置示意图见图6-6）测定步骤如下：

① 称取100～200g样品，置于瓷皿中；

② 将瓷皿置于带绝缘罩的活塞中，通过热交换介质加热至105℃；

③ 调节活塞内循环气流的大小，使样品中的有机物缓慢挥发经冷凝管至分液漏斗，恒温5～8h；

④ 分离分液漏斗中的两相（水与有机相）并分别称重，用Karl Fischer法分别测定分液漏斗两相中的水分；

⑤ 漏斗的两相总重与两相中的水分重量之差即为废物中易挥发性有机溶剂的含量。

（5）废物释放气体与空气混合物的潜在爆炸性检验　检验步骤如下：

① 取样，用手将大块废物撕碎，同时观察废物的气味、颜色和其他特性；

② 将1～2kg样品置于一可密闭塑料袋内的桶中，将塑料袋密闭，放置30min；

③ 充分摇动塑料袋，将废物释放的气体导入爆炸试验装置（用壬烷校正）中，进行爆炸性检验。

如果结果大于爆炸下限的25%（体积分数），说明具有潜在爆炸性。此时，应进一步检验其可燃性、燃烧行为和溶剂的含量。

（6）可燃性和燃烧行为试验　试验步骤如下：

① 取适量（如100g）样品，置于铝箔上，点燃本生灯并轻轻吹拂火焰，以飘动的本生灯火焰点燃样品；

② 如果样品容易点燃，应进一步测定有机溶剂的含量，并向产生单位了解详细资料，根据具体情况决定先进行预处理后再处置还是拒绝接收；

③ 如果样品很难点燃或不能点燃，将本生灯移至样品下，连续加热，同时，将湿石蕊试纸置于样品上部，检验是否有酸性气体（HCl、SO_2、NO_x）和异味产生。如果此时样品熔解或烧爆（烧得毕剥作响），则废物在处置前应

作适当稀释；如果现象很明显，则应拒绝接收。

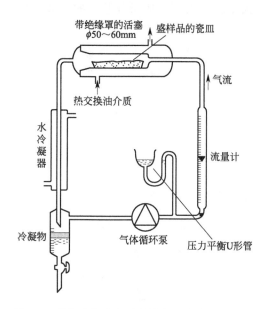

图 6-6　易挥发性有机溶剂含量测定装置示意图

（7）卤代有机物检验（Beilstein 试验）　试验步骤如下：

① 用与水不相溶的非卤代有机物溶剂通过 Soxleth 提取器制备废物的浓萃取液；

② 将浓萃取液中的有机相与水相分离；

③ 将一尺寸适当的铜片（如 3cm×3cm）事先洗净、灼烧并冷却，浸入有机相中；

④ 将此铜片置于气体燃烧器的不发光的火焰上，如果火焰的颜色为绿色或蓝绿色，则说明废物中存在卤代有机物。

（8）与水反应性检验　此试验特别适用于来自轻金属加工厂的危险化学品废物，目的是确定废物在处置现场是否会产生气体或放出热量。

试验步骤如下：

① 取适量（如 50g）样品，置于 300mL 带有量气管和等压漏斗的锥形瓶中；

② 通过漏斗加入过量稀硫酸；

③ 测定生成气体（主要是 H_2）的体积，根据生成氢气的量粗略计算反应释放的热量。

（9）氰化物检验　装置示意图见图 6-7，试验步骤如下：

① 取适量（如 5～10g）样品，置于一小烧杯（如 10mL）中；

② 通过一玻璃漏斗加入 25％（质量分数）的硫酸并使样品完全浸没在硫酸中；

③ 用装有 HCN 试管的 Dräger 气体提取器吸取气体（如可能有 H$_2$S 或 SO$_2$ 生成，则先将气体通过一装有醋酸镉溶液的洗瓶，以去除 H$_2$S 和 SO$_2$）。

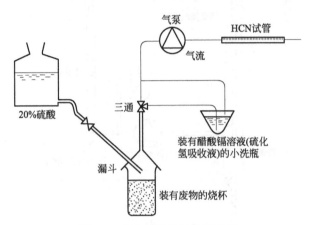

图 6-7　氰化物检验装置示意图

可以借鉴德国的鉴别方法对入场的未知的危险废物进行检测，从而确定相应的储存及预处理方法。

三、储存系统

1. 储存设施要求

入场的危险废物，不会直接送至填埋区进行填埋，需要首先进行化验分析以及预处理，因此需要储存设施来进行储存，填埋场储存设施应该符合以下条件：

① 储存设施的建设应符合《危险废物贮存污染控制标准》（GB 18597—2001）的要求。

② 储存设施的建设应便于废物的存放与回取。

③ 储存设施内应分区设置，将已经过检测和未经过检测的废物分区存放；经过检测的废物应按物理、化学性质分区存放。不相容危险废物应分区并相互远离存放。

④ 应设包装容器专用的清洗设施。

⑤ 应单独设置剧毒危险废物储存设施及酸、碱、表面处理废液等废物的储罐。

⑥ 储存设施应建有堵截泄漏的裙脚，地面与裙脚要用坚固防渗的材料建造。应有隔离设施，报警装置和防风、防晒、防雨设施。基础防渗层为黏土层的，其厚度应在 1m 以上，渗透系数应小于 1.0×10^{-7} cm/s；基础防渗层也可用厚度在 2mm 以上的高密度聚乙烯或其他人工防渗材料组成，渗透系数应小于 1.0×10^{-10} cm/s，衬层上需建有渗滤液收集清除系统、径流疏导系统、雨水收集池。

⑦ 须有泄漏液体收集装置及气体导出口和气体净化装置，用于存放液体、半固体危险废物的地方，还须有耐腐蚀的硬化地面，地面无裂隙。

⑧ 储存设施应有抗震、消防、防盗、换气、空气净化等措施，并配备相应的应急安全设备，储存易燃易爆的危险废物的场所应配备消防设备，储存剧毒危险废物的场所必须有专人 24h 看管。

2. 储存分区分类

入场的危险废物，应该依据《危险废物品名表》（GB 12268—2005）的分类原则、表 6-4 和库房及设备条件情况，对不同特性的危险废物进行分区分类。

表 6-4　不相容危险废物混合储存产生的危害

部分不相容危险废物		混合时会产生的危害
甲	乙	
氰化物	酸类、非氧化	产生氰化氢,吸入少量可能会致命
次氯酸盐	酸类、非氧化	产生氯气,吸入可能会致命
铜、铬及各种重金属	酸类、氧化,如硝酸	产生二氧化氮、亚硝酸烟,引致刺激眼目及烧伤皮肤
强酸	强碱	可能引起爆炸性的反应及产生热能
铵盐	强碱	产生氨气,吸入会刺激眼目及呼吸道
氧化剂	还原剂	可能引起强烈甚至爆炸性的反应及产生热能

危险废物的储存应该符合以下要求：

① 不同性质的危险废物分类分项存放，危险废物之间保持一定的安全距离，隔离存放，不得超量储存；性质不同或接触能引起燃烧、爆炸或灭火方法不同的物品不得同库储存。

② 性质不稳定，如桶、罐密闭封存的废油漆、涂料等，易受温度或其他外部因素影响可引起燃烧、爆炸等事故的应当单独存放，并考虑泄压、防爆。

③ 受阳光照射容易燃烧、爆炸或产生有毒气体的危险废物和桶装、罐装等易燃废液应当在阴凉通风地点存放。

④ 遇火、遇潮容易燃烧、爆炸或产生有毒气体的危险废物，不得在露天、潮湿、漏雨和低洼容易积水的地点装卸、存放和处置。

⑤ 禁止不同性质的危险废物混合储存。

⑥ 易燃、易爆、高毒等特殊物品设专库专罐专人负责。

⑦ 污泥、废液采用密闭容器收运，污泥、废液泵卸车、输送，专用罐、槽储存，在罐、槽上设置相应的搅拌、防静电接地、溢流、罐体呼吸、放散、阻火等安全保护装置。

第三节　预处理

一、预处理系统

填埋是一种常用的危险废物处理技术，具有经济、处理量大、能耗小的特点。填埋场的选址及填埋的预处理是填埋的关键。危险化学品废物为了能达到安全填埋场入场条件，通常需要先对其进行预处理。

无机盐类废弃危险化学品一般先进行解毒、稳定化预处理再进行填埋处置。无机盐类废弃危险化学品的安全处置工艺一般为：

前处理 → 化学转化除活 → 稳定化 → 浸出检测 → 安全填埋

预处理系统应该包括前处理单元、稳定化单元以及浸出检测单元。

二、预处理技术

1. 常用预处理技术

根据《危险废物处置工程技术导则》（HJ 2042—2014），危险废物预处理技术包括物理法、化学法和固化/稳定化等。根据《危险废物安全填埋处置工程建设技术要求》：对不能直接入场填埋的危险废物必须在填埋前进行稳定化/固化处理，并建相应设施。焚烧飞灰可采用重金属稳定剂或水泥进行稳定化/固化处理，重金属类废物应在确定重金属的种类后，采用硫代硫酸钠、硫化钠或重金属稳定剂进行稳定化处理，并酌情加入一定比例的水泥进行固化，酸碱污泥可采用中和方法进行稳定化处理，含氰污泥可采用稳定化剂或氧化剂进行稳定化处理，散落的石棉废物可采用水泥进行固化；大量的有包装的石棉废物可采用聚合物包裹的方法进行处理。

常用的填埋预处理技术如下[3]：

（1）分类、分拣。对要填埋的危险废物进行分类、分拣，一是回收有价值的资源；二是禁止可燃性废物进入填埋场，保证填埋场的安全运行。

（2）压缩减容。对要填埋的危险废物进行压缩减容，减小处理量，降低填埋处理成本。

（3）中和技术。对于酸性或碱性固体废物，可根据其酸碱特性，利用中和技术对其预处理，达到以废治废并减少库容的目的。

（4）氧化还原技术。氧化还原技术主要用来降低或解除危险废物的毒性，使之成为环境的中性物质，减少渗出液的毒性，增加填埋的安全性。如使用 $NaClO$、Cl_2 对 CN^-、NO_3^- 进行解毒处理。

（5）固化/稳定化技术。固化/稳定化技术是填埋预处理技术中最常用、最重要的一种技术，也是今后需要加强研究的一种技术。它是通过化学或物理方法，使有害物质转化成物理或化学特性更加稳定的惰性物质，降低其有害成分的浸出率，或使之具有足够的机械强度，从而满足再生利用或处置要求的过程。固化/稳定化技术对于处理磷污泥[4]、电镀铬泥等重金属类废物，其他汽车工业产生的危险废物[5] 以及氰化物[6] 等，具有良好的效果。例如，在含有空气的条件下，加热含铬污泥时，三价铬可以被氧化为六价铬，在含有钙盐的含铬污泥中加入硅酸钠和黏土后，就可以通过玻璃固化而抑制六价铬的产生，如果在添加剂配比适当时，在烧结过程中可形成 $ZnO \cdot Cr_2O_3$ 尖晶石。目前，根据废物的性质、形态和处理目的的可供选择的固化/稳定化方法主要有：水泥固化、石灰固化、塑性固化、有机聚合物稳定、玻璃固化和自胶结固化。

2. 固化技术

（1）水泥固化技术　该技术适用于重金属、废酸、氧化物等的固化。使用水泥固化技术处理危险废物的主要流程（图 6-8）为：

根据废物处理计划，事先从废物储料区或飞灰储罐抽取将要处理的危险废物试样，根据其化学成分如有害废物性质，结合固化剂、药剂和水等在化验室进行配比实验，检测实验固化体的抗压强度、凝结时间、重金属浸出浓度等参数，找出最佳配比提供给固化车间，包括药剂品种、配方、消耗指标及工艺操作参数等，以指导下一步的固化处理工作[7]。

需固化处理的废物运送到车间的配料机上料区域，散装物料通过小型装载机送入到配料机的受料斗，桶装物料借助专用叉车送入到配料机的受料斗，配料机的受料区域采用耐腐蚀、抗氧化的材质制作而成，其底部设有计量秤和皮带输送机。需处理废物经过自动计量后，通过皮带输送机输送至提升料斗，再经过提升轨道送入搅拌机拌合料槽内。

（2）石灰固化技术　石灰固化技术主要适用于重金属、废酸、氧化物的预处理。石灰固化技术是以石灰、垃圾焚烧飞灰、水泥窑灰以及熔矿炉炉渣等具有波索来反应（Pozzolanic reaction）的物质作为固化基材而进行的危险废物固化/稳定化的操作。在适当的催化环境下进行波索来反应（凝硬反应），将危险废物中的重金属成分吸附于所产生的胶体结晶中。

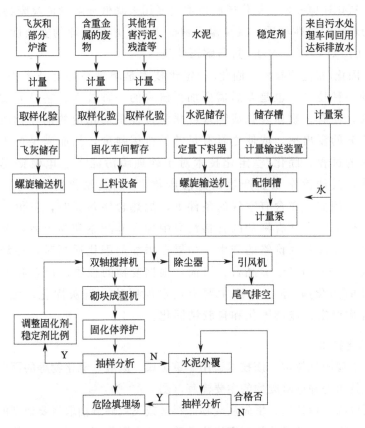

图 6-8　水泥固化技术处理危险废物的工艺流程图

石灰固化工艺设备简单，操作方便，缺点是由于添加石灰和其他添加剂，会使废物固化后的体积增加，固化物容易受到酸性溶液的浸蚀。若添加剂本身就是待处理的废物，如煤粉灰、水泥窑灰等，则此法有以废治废的优点。石灰固化产物结构强度不如水泥固化产物，因此，石灰固化技术较少单独使用。

（3）塑性固化技术　塑性固化技术又叫塑性材料包容技术，属于有机性固化/稳定化处理技术，从使用材料的性能不同可以把该技术划分为热固性塑料包容和热塑性塑料包容两种方法。

热固性塑料是指在加热时会从液体变成固体并硬化的材料。它与一般物质的不同之处在于，这种材料即使以后再次加热也不会重新液化或软化。主要是由于热固性塑料加热后小分子交联聚合成大分子。目前使用较多的材料是脲甲醛、聚酯和聚丁二烯等，有时也可使用酚醛树脂或环氧树脂。由于在绝大多数这种过程中废物与包封材料之间不进行化学反应，所以包封的效果仅分别取决于废物自身的形态（颗粒度、含水量等）以及进行聚合的条件。该法的主要优点是与其他方法相比，大部分引入较低密度的物质，所需要的添加剂数量也较小。热固性塑料包封法在过去曾是固化低水平有机放射性废物（如放射性离子交换树脂）的重要方法之一，同时也可用于稳定非蒸发性的、液体状态的有机危险废物。由于需要对所有废物颗粒进行包封，在适当选择包容物质的条件下，可以达到十分理想的包容效果。此方法的缺点是操作过程复杂，热固性材料自身价格高昂。由于操作中有机物的挥发，容易引起燃烧起火，所以通常不能在现场大规模应用。该法多适合于处理小量高危害性废物，例如剧毒废物、医院或科研单位产生的放射性废物等。

热塑性塑料包容技术是利用熔融的热塑性材料在高温下与危险废物混合，以达到对其稳定化的目的。可以使用的热塑性物质有沥青、石蜡、聚乙烯、聚丙烯等。在冷却以后，废物就为固化的热塑性物质所包容，包容后的废物再经过一定的包装后进行处置。在 20 世纪 60 年代末期所出现的沥青固化，因为护理价格较为低廉，被大规模应用于处理放射性的废物。该法的主要缺点是在高温下进行操作会带来很多不方便之处，而且较为耗费能量；操作时会产生大量的挥发性物质，其中有些是有害物质。另外，有时在废物中含有影响稳定剂的热塑性的物质，或者某些溶剂，都会影响最终的稳定化效果。

在操作时，通常是先将废物干燥脱水，然后将聚合物与废物在适当的高温下混合，并在升温的条件下将水分蒸干。与水泥等无机材料的固化工艺相比，除去污染物的浸出率低很多之外，由于需要的包容材料少，又在高温下蒸发了大量的水分，该技术的增容率也很低。

（4）玻璃固化技术 玻璃固化技术也称为熔融固化，适用对象为不挥发的高危害性废物及核废料。玻璃固化技术的原理是利用热在高温下把固态污染物（如污染土壤、尾矿渣、放射性废物等）熔化为玻璃状或玻璃-陶瓷状物质，借助玻璃体的致密结晶结构，确保固化体的永久稳定。污染物经过玻璃固化作用后，其中有机污染物将因热解而被摧毁，或转化为气体逸出，而其中的放射性物质和重金属元素则被牢固地束缚于已熔化的玻璃体内。利用熔融固化技术处理固态污染物的优点主要是：①玻璃化产物化学性质稳定，抗酸淋滤作用强，能有效阻止其中污染物对环境的危害；②固态污染物质经过玻璃化技术处理后体积变小，处置更为方便；③玻璃化产物可作为建筑材料被用于地基、路基等建筑行业。

实践证明，玻璃化技术不仅能应用于许多固态（或泥浆态）污染物的熔融固化技术处理，而且能用于处理含重金属、挥发性有机污染物（VOCs）、半挥发性有机污染物（SVOCs）、多氯联苯（PCBs）或二噁英等危险废物的熔融固化处理。另外，该技术在工业重金属污泥的微晶玻璃资源化方面也有广泛的应用。

（5）自胶结固化技术　利用废物自身的胶结特性来达到固化目的的方法，该技术主要用于处理含有大量硫酸钙和亚硫酸钙的废物，如磷石膏、烟道气脱硫废渣等。

废物中所含有的 $CaSO_4$ 与 $CaSO_3$ 均以二水化的形式存在，其形式为 $CaSO_4 \cdot 2H_2O$ 与 $CaSO_3 \cdot 2H_2O$。将它们加热到 $107 \sim 170 ℃$，即达到脱水温度时，将逐步生成 $CaSO_4 \cdot 0.5H_2O$ 与 $CaSO_3 \cdot 0.5H_2O$，这两种物质在遇到水后，会重新恢复为二水化合物，并迅速凝固和硬化。将含有大量硫酸钙和亚硫酸钙的废物在控制的温度下煅烧，然后与特制的添加剂和填料混合为稀浆，经过凝结硬化过程即可形成自胶结固化体。这种固化体具有抗渗透性高、抗微生物降解和污染物浸出率低的特点。

自胶结固化法的主要优点是工艺简单，不需要加入大量添加剂，该法已经在美国大规模应用。这种方法只限于含有大量硫酸钙的废物，应用面较为狭窄，此外还要求熟练的操作和比较复杂的设备，煅烧泥渣也需要消耗一定的热量。

此外，采用固化技术对危险废物进行预处理应该注意以下几点基本原则：① 得到的固体产品密实，具有一定集合形状和较好的物理性质并且化学性质稳定；② 处理过程简单，应有有效措施减少有毒有害物质的逸出；③ 最终产品的体积尽可能小于掺入的固废体积；④ 产品中有害物质的水分不能超过容许水平或浸出毒性标准；⑤ 处理费用低廉；⑥ 放射性废物的固化产品应该具有较好的导热性和稳定性。

3. 稳定化技术

对于常规的固化/稳定化技术，如水泥固化、石灰固化及塑性材料包容等，存在一些不可忽视的问题。例如废物经过固化处理后，其体积都有不同程度的增加，有的甚至成倍增加，并且随着对固化体稳定性和浸出率要求的提高，在处理废物时会需要更多的凝结剂，这不仅使固化/稳定化技术的费用接近于其他技术如玻璃化技术，而且会极大地提高固化体的体积，这与废物的减容处理相悖；另一个重要问题是废物的长期稳定性，很多研究表明固化/稳定化技术稳定废物的主要机理是废物和凝结剂之间的化学键合力、凝结剂对废物的物理包容及凝结剂水合产物对废物的吸附作用。然而包容机理作用下的危险废物的包容体在不同化学环境下的长期稳定性的认识还不够，当包容体破裂后，废物会重新进入环境，造成不可预见的影响。对于固化体中微观化学变化没有找到合适的监测方法，对固化体的长期浸出行为和物理完整性没有客观的评价，这些都将影响固化/稳定化技术在未来废物处理中的进一步的应用。针对以上问题，近年来国际上提出针对不同污染物种类的危险废物而选择不同种类稳定化药剂进行化学稳定化处理的概念[8]。

药剂稳定化技术，是指通过特定的药剂对重金属废物进行稳定化处理，达到减毒、稳定的作用。使用化学稳定化技术处理危险废物，可以在实现废物无害化的同时，达到废物少量增容或不增容的效果，从而提高危险废物处理处置系统的总体效果和经济性。

目前，基于不同的原理已发展了许多化学稳定化技术，这些技术主要包括：基于 pH 值控制原理的化学稳定化技术、基于氧化/还原电势控制原理的化学稳定化技术、基于沉淀原理的化学稳定化技术、基于吸附原理的化学稳定化技术以及基于离子交换原理的化学稳定化技术等。具体的化学药剂稳定化技术包括：

（1）氢氧化物化学稳定化技术　氢氧化物化学稳定化技术属于基于pH 值控制原理的化学稳定化技术，利用不同金属在不同 pH 值下具有的不同的溶解度，通过添加碱性药剂来调节溶液的 pH 值从而去除溶液中的重金属。这种方法可以使某些不溶于水的重金属变为可溶，但通常会由于逆反应的存在而无法使浸出残渣达到浸出毒性标准，甚至使污染物重新释放。

（2）硫化物化学稳定化技术　在重金属稳定化技术中，有三类常用的硫化物沉淀剂：可溶性无机硫化物沉淀剂、不可溶性无机硫沉淀剂和有机硫沉淀剂。

无机硫化物沉淀剂是除氢氧化物沉淀剂之外利用最广泛的一种重金属化学稳定化剂。与前者相比，其主要优势是大多数重金属硫化物在所有 pH 值下的溶解度都明显低于其氢氧化物。但为了防止 H_2S 逸出以及沉淀物的再溶解，需要将 pH 值保持在 8 以上。此外，由于钙、铁、镁等金属也会与硫离子反应，与重金属形成竞争，因此在实际应用中需要通过实验来确定达到所需要求的硫化物的添加量。

有机硫稳定剂普遍具有较高的化学稳定性，与重金属形成的不可溶性沉淀具有良好的工艺性能，易于沉降、脱水和过滤等操作。在实际应用中，有机硫稳定剂具有独特的优势，例如可以将废水或固体废物中的重金属浓度降到很低，并且适应的 pH 范围也很大。

欧盟指令 2013/39/EU 将汞列为优先危险物质。目前含汞危险废物的主要预处理技术是稳定化/固化技术中的硫聚合物稳定剂固化[9]。

（3）硅酸盐化学稳定化技术　该技术主要是利用水合金属离子与 SiO_2 或硅胶按不同比例结合形成混合物来对重金属进行稳定化，这种混合沉淀在很宽的 pH 范围内（2～11）有较低的溶解度，也有少部分重金属是以磷酸盐沉淀的形式被稳定。技术原理主要以离子交换和离子吸附为主。

硅酸盐矿物（如沸石）对飞灰中的 Pb^{2+} 具有良好的处理效果，但是由于其主要机理为离子交换和吸附，存在长期稳定性的问题。并且稳定的重金属种类较为单一，总体效果欠佳。

（4）碳酸盐化学稳定化技术　利用碳酸盐与重金属发生化学反应生成沉淀，从而去除其中可溶性的重金属离子，碳酸盐化学稳定化技术对重金属 Cd 及 Pb 等具有较好的稳定化效果。Cd 及 Pb 以氢氧化物法处理其 pH 需要达到 10 以上才能沉淀，以碳酸盐法处理其 pH 值只要达到 7.5～8.5 即可形成沉淀，但其对 Zn 和 Ni 的处理效果不佳。

一些重金属，如 Ba、Cd、Pb 的碳酸盐溶解度低于其氢氧化物，但传统的碳酸盐沉淀法并没有得到广泛应用，原因在于在 pH 值较低时 CO_2 会逸出，即使最终 pH 值较高，最终产物也是氢氧化物沉淀而不是碳酸盐沉淀。

（5）利用 CO_2 的加速碳酸化技术　加速碳酸化技术来源于人们对水泥的重金属固化作用的研究，它模仿自然界中 CO_2 的矿物吸收过程，即 CO_2 与含碱土金属氧化物的矿石反应，生成永久的、更为稳定的碳酸盐的过程。在自然界中，碳酸化过程是一个极其缓慢的过程，加速碳酸化应用于 CO_2 固定需要通过过程强化，加速 CO_2 气体与废物之间的化学反应，达到工业上可行的反应速率并使工艺流程更节能。一些富含 Ca、Mg 的固体废物，可以作为 CO_2 矿物碳酸化固定的原料，主要包括钢铁渣、煤飞灰、废弃的焚化炉灰、废弃的建筑材料及某些重金属冶炼过程中的尾矿等。

此外，加速碳酸化技术在对重金属废物进行稳定化处理的同时也能吸收和固定一定量的 CO_2，研究发现，焚烧飞灰对 CO_2 的吸收量能达到飞灰质量的 7% 左右，该项技术也是 CO_2 减排及固定技术之一，其优势是在固定 CO_2 的同时实现危险废物的无害化处理。

（6）磷酸盐化学稳定化技术　磷酸盐沉淀技术是利用磷酸根与可溶的重金

属离子反应，生成不溶的金属磷酸盐[$Pb_3(PO_4)_2$、$Cd_3(PO_4)_2$]或者具有高稳定性的磷灰石族矿物[$Pb_5(PO_4)_3Cl$、$Pb_5(PO_4)_3OH$]，从而达到稳定化重金属的目的。这种方法的特点是反应所形成的总金属盐类具有羟基磷灰石和/或磷钙矿的结晶结构，在后续的填埋后，将具有良好的稳定性，不会对环境造成二次污染。

磷酸盐沉淀技术通过将可溶性的重金属离子转变为不可溶的金属磷酸盐或者稳定的磷灰石族矿物，从而达到稳定化目的。在此过程中，不会产生有毒有害气体，与硫化物沉淀技术相比，更加安全。但是这种方法受到金属磷酸盐沉淀溶解度以及所产生矿物的稳定性的限制。此外，对不同重金属离子，其处理效果存在一定差异，对Pb的去除效果优于其他重金属离子。磷酸盐沉淀技术可以用于含重金属废水的处理、铅污染土壤的修复和焚烧飞灰中重金属的稳定化。

（7）亚铁盐化学稳定化技术　在非铁二价重金属离子与Fe^{2+}共存的溶液中，投加等当量的碱调pH值，生成暗绿色的混合氢氧化物，再利用空气氧化使之溶解，再经络合生成黑色的尖晶石型化合物（铁氧体）$M_xFe_{3-x}O_4$。在铁氧体中，三价铁离子和二价金属离子（包括二价铁离子）之比为2:1，该技术实际是利用了二价重金属和Fe^{2+}、Fe^{3+}发生共沉淀而达到稳定化的目的。

（8）无机及有机螯合物化学稳定化技术　螯合物是指多齿配体以两个或两个以上配位原子同时和一个中心原子配位所形成的具有环状结构的配合物。络合剂的种类有磷酸酯、柠檬酸盐、葡萄糖酸、氨基乙酸、EDTA及许多天然有机酸等。以EDTA为例，它可以通过沉淀可溶性盐类的方法使得浸出毒性减少，从而去除飞灰中的重金属。

目前清华大学课题组通过实验室实验成功合成了多胺类和聚乙烯亚胺类重金属螯合剂[10]，实验证明，该重金属螯合剂在处理重金属废物时具有捕集重金属离子效率高和种类多，处理重金属废物的类型广泛，并且稳定化产物不受废物pH变化的影响等优点。有机螯合物处理重金属废物虽然能取得很好的稳定化效果，但作为有机物，其生物降解和热分解的特性可能影响其长期稳定性，另外，螯合剂较一般的无机化学药剂的价格高出很多，这些都是影响其广泛应用的重要因素。

4. 不同预处理技术适应性

根据上文可以看出，不同的固化/稳定化技术适应不同危险化学品的处理，具体不同固化/稳定化技术的适应性、适用对象及优缺点如表6-5、表6-6所示。在实际应用中应该根据废物的种类以及最终处置的要求选择合适的固化/稳定化技术。

表 6-5 不同危险化学品废物种类对不同固化/稳定化技术的适应性

废物成分		处理技术					
		水泥固化法	石灰固化法	塑性固化法	自胶结固化法	玻璃固化法	药剂稳定化
有机物	有机溶剂和油	影响凝固,有机气体挥发	影响凝固,有机气体挥发	有机气体挥发	不适应	可适应	不适应
	固态有机物	可适应,提高固化体耐久性	可适应,能提高固化体耐久性	有可能作为凝结剂来使用	不适应	可适应	不适应
无机物	酸性废物	水泥可中和酸	可适应,中和酸	先中和处理	不适应	不适应	可适应
	氧化剂	可适应	可适应	不适应	不适应	不适应	可适应
	硫酸盐	影响凝固,引起表面剥落	可适应	会引起基料破坏或燃烧	可适应	可适应	可适应
	卤化物	易浸出,妨碍凝固	妨碍凝固,易浸出	发生脱水反应和再水合反应	不适应	可适应	可适应
	重金属盐	可适应	可适应	可适应	不适应	可适应	可适应
	放射性废物	可适应	可适应	可适应	不适应	可适应	不适应

表 6-6 各种固化/稳定化金属的适用对象和优缺点

技术	适用对象	优点	缺点
水泥固化法	重金属、废酸、氧化物	能适应废物性质的变动 处理成本低,无需特殊设备 通过控制比例来控制结构强度和不透水性	废物中含有盐类会造成固化体破裂 有机物分解造成破裂,降低结构强度 大量水泥,增加处置物体积和质量
石灰固化法	重金属、废酸、氧化物	物料价格便宜、容易购得 操作不需特殊设备及技术 可维持波索来反应	固化体强度低、养护时间长 体积膨胀率大,增加清运处置量
塑性固化法	部分非极性有机物、废酸、重金属	固化体渗透性较其他固化法低 对水溶液有良好的阻隔性	需要特殊设备和专业技术人员 废物需要先干燥、破碎
玻璃固化法	不挥发的高危害性废物、核废料	玻璃体可确保长期的稳定性 可以利用废玻璃进行固化 对核废料处理技术成熟	不适用可燃或挥发性废物、高温能耗大 需要特殊设备及专业技术人员 设施投入和处理成本高
自胶结固化法	含有大量硫酸钙和亚硫酸钙的废物	烧结体性质稳定、结构强度高 烧结体不具有生物反应性和易燃性	应用范围窄 需要特殊设备和专业人员
药剂稳定化	重金属、氧化剂、还原剂	技术成熟、多种化学药剂 重金属稳定化效果好 增容增重少,处理成本低	对不同废物需要研制不同配方 废物成分发生变化时,会影响稳定化效果

三、固化/稳定化效果评价

1. 固化/稳定化产物性能的评价方法

废物在经过固化/稳定化处理之后是否真的达到填埋标准，需要对其进行有效的测试，以检测经过稳定化的废物是否会再次污染环境，或者固化以后的材料是否能被用作建筑材料等。

为了达到无害化的目的，要求固化/稳定化的产物必须具备一定的性能，包括：① 抗浸出性；② 抗干-湿性、抗冻融性；③ 耐腐蚀性、不燃性；④ 抗渗透性（固化产物）；⑤ 一定的机械强度（固化产物）。应用相应的技术手段来对上述各项要求进行检验评价。通常通过以下的物理、化学指标来鉴定固化/稳定化产品的优劣。

（1）浸出率　将有毒的危险废物转化为固体形式的目的是减少其在储存或者填埋处置过程中污染环境的潜在危险性。污染扩散的主要途径是有毒有害物质溶解进入地表或者地下水环境中，因此固化体在浸泡时的溶解性能，即浸出率，是鉴别固化体性能的重要指标之一。浸出率是指固化/稳定化产物浸于水或其他溶液中时，有害物质的浸出速率。通常用标准比面积的样品每日浸出污染物的量（R_{in}）来表示：

$$R_{in} = \frac{a_r/A_0}{(F/M)t} \tag{6-1}$$

式中，a_r 为浸出时间内浸出的有害物质的量，mg；A_0 为样品中含有有毒物质的量，mg；F 为样品的表面积，cm^2；M 为样品的质量，g；t 为浸出时间，d。

我国颁布的浸出率的测定方法有三种，分别为硫酸硝酸法、醋酸缓冲溶液法和水平震荡法，依据《固体废物浸出毒性浸出方法——硫酸硝酸法》（HJ/T 299—2007）、《固体废物浸出毒性浸出方法——醋酸缓冲溶液法》（HJ/T 300—2007）以及《固体废物浸出毒性浸出方法——水平震荡法》（HJ 557—2012）执行。其中，硫酸硝酸法适用于固体废物及其再利用产物以及土壤样品中有机物和无机物的浸出毒性鉴别，醋酸缓冲溶液法适用于固体废物及其再利用产物中有机物和无机物的浸出毒性鉴别（不适用于氰化物的浸出毒性鉴别），水平震荡法适用于固体废物中无机污染物（氰化物、硫化物等不稳定污染物除外）的浸出毒性鉴别。但对于非水溶性液体的样品，以上三个标准均不适用。

（2）体积变化因数　体积变化因数是指固化/稳定化前后危险废物的体积比，可以用下列公式表示

$$C_R = \frac{V_2}{V_1} \tag{6-2}$$

式中，C_R 为体积变化因数；V_1 为固化处理前危险废物的体积；V_2 为固化处理后危险废物的体积。体积变化因数在有些文献中也叫增容比，是鉴别固化方法好坏和衡量最终处置成本的一项重要指标。体积变化因数的大小主要取决于使用的固化剂种类以及可接受的浸出有毒有害物质浸出水平。对于放射性废物，C_R 还受辐照稳定性和热稳定性的影响。

（3）抗压强度　抗压强度主要是针对固化产物的评价指标，固化产物需要具有一定的机械强度，否则在储存或填埋过程中，可能会因为固化体的破碎而引起污染物的泄漏。

对于一般危险废物，经过固化处理后得到的固化体，如果进行填埋处置或装桶储存，对其抗压强度要求较低，一般控制在 1～5MPa 即可，若用作建筑材料，则对其抗压强度要求较高，应该大于 10MPa。对于放射性废物，其固化产品的抗压强度，英国要求达到 20MPa。

2. 入场填埋条件

危险废物入场填埋要求即为稳定化最终需要达到的目标。根据《危险废物填埋污染控制标准》（GB 18598—2019），废物入场填埋需要满足以下条件：

① 根据 HJ/T 299 测得的废物浸出液中有一种或一种以上有害成分浓度超过 GB 5085.3 中的标准值并低于表 6-1 中的允许进入填埋区控制限值的废物；

② 根据 GB/T 15555.12 测得的废物浸出液 pH 值在 7.0～12.0 之间的废物；

③ 含水率低于 60％（质量分数）的废物；

④ 水溶性盐总量少于 10％（质量分数）的废物，测定方法按照 NY/T 1121.16 执行，待国家发布固体废物中水溶性盐总量的测定方法后执行新的监测方法标准；

⑤ 有机质含量小于 5％（质量分数）的废物，测定方法按照 HJ 761 执行；

⑥ 不再具有反应性、易燃性的废物。

入场废物达到上述标准，或预处理后达到上述标准的废物，可进入柔性填埋场填埋处置。

第四节　安全填埋处置

一、填埋场选址与评价

1. 选址准则

填埋场是处置废物的一种陆地处置设施，它由若干个处置单元和构筑物构成，处置场有界限规定，主要包括废物与处理设施、废物填埋设施和渗滤液收集处理设施。

填埋场场址选择应该符合城市总体规划、环境卫生专业规划以及环境规划的要求，并满足国家标准《危险废物填埋污染控制标准》（GB 18598—2019）、《危险废物安全填埋处置工程建设技术要求》以及《危险废物和医疗废物处置设施建设项目环境影响评价技术原则》中对危险废物填埋场选址的具体要求。

根据《危险废物填埋污染控制标准》（GB 18598—2019），填埋场场址的选择应满足以下几点：

（1）符合国家及地方城乡建设总体规划要求，场址应处于一处相对稳定的区域，不会因自然或人为的因素而受到破坏。

（2）危险废物填埋场场址的位置以及周围人群的距离应依据环境影响评价结论确定，并经具有审批权的环境保护行政主管部门批准，并可作为规划控制的依据。在对危险废物填埋场场址进行环境影响评价的时候，应该重点考虑危险废物填埋场渗滤液可能产生的风险、填埋场结构及防渗层长期安全性及由此造成的渗漏风险等因素，根据其所在地区的环境功能区类别，结合该地区的长期发展规划和填埋场的设计寿命，重点评价其对周围地下水环境、居住人群身体健康、日常生活和生产活动的长期影响，确定其与常住居民居住场所、农用地、地表水体以及其他敏感对象之间合理的位置关系。有关研究表明，重金属的稀释衰减对距离的敏感性较弱，特别是当距离大于 800m 时；有机污染物对距离更敏感，甚至超过 800m；对于处置有机污染物的填埋场，400m 的缓冲距离是保守的选择，而对于处置重金属废弃物的填埋场，400m 可能是一个冒险的决定，需要进一步地计算和论证[11]。

（3）场址不应选在城市工农业发展规划区、农业保护区、自然保护区、风景名胜区、文物（考古）保护区、生活饮用水源保护区、供水远景规划区、矿产资源储备区和其他需要特别保护的区域内。

（4）填埋场场址的地质条件应符合下列要求：① 地质结构简单、完整、稳定，天然地质岩性均匀，渗透性低，不存在泉眼，能充分满足基础层的要求；② 填埋场基础层底部应与地下水年最高水位保持 3m 以上的距离，否则必须提高防渗设计标准并取得当地环境保护行政主管部门的同意。

（5）填埋场场址不得选在以下区域：破坏性地震及活动构造区；海啸及涌浪影响区；湿地和低洼汇水处；地应力高度集中，地面抬升或沉降速率快的地区；石灰溶洞发育地带；废弃矿区或塌陷区；崩塌、岩堆、滑坡区；山洪、泥石流地区；活动沙丘区；尚未稳定的冲积扇及冲沟地区；高压缩性淤泥、泥炭及软土区域及其他可能危及填埋场安全的区域。

(6) 填埋场的选址标高应位于重现期不小于 100 年一遇的洪水位之上,并在长远规划中的水库等人工蓄水设施淹没和保护区之外。

(7) 填埋场场址必须有足够大的可使用面积和扩建场地,保证填埋场建成后具有 15 年或更长的使用期。

根据《危险废物和医疗废物处置设施建设项目环境影响评价技术原则》要求,危险废物处置设施选址必须严格执行国家法律、法规、标准等有关规定。其场址选择前应该进行社会环境、自然环境、场地环境、工程地质/水文地质、气候、应急救援等因素的综合分析。确定场址的各种因素可以分为 A、B、C 三类(A 类为必须满足,B 类为场址比选优劣的重要条件,C 类为参考条件,具体见表 6-7)。

表 6-7 处置设施选址的因素

环境	条件	因素划分
社会环境	符合当地发展规划、环境保护计划、环境功能区划	A
	减少因缺乏联系而使公众产生过度担忧,得到公众支持	
	确保城市市区和规划区边缘的安全距离,不得位于城市主导风向上风向	
	确保与重要目标(包括军事设施、大型水利电力设施、交通主要干线、核电站、飞机场、重要桥梁、易燃易爆危险设施)的安全距离	
	社会安定、治安良好的地区,避开敏感区。危险废物填埋场场界应位于居民区 800m 以外	
自然环境	不属于河流溯源地、饮用水源保护区	A
	不属于自然保护区、风景区、旅游度假区	
	不属于国家、省(自治区、直辖市)划定的文物保护区	
	不属于重要资源丰富区	
场地环境	避开现有和规划中的地下设施	A
	地形开阔,避免大规模平整土地、砍伐森林、占用基本保护农田	B
	减少设施用地对周围环境的影响,避免公用设施和居民的大规模拆迁	B
	具备一定的基础条件(水、电、交通、通信、医疗等)	C
	可以常年获得危险废物的供应	A
	危险废物运输风险	B
工程地质/水文地质	避免自然灾害多发区和地质条件不稳定区域(废弃矿区、塌陷区、崩塌、岩堆、滑坡区、泥石流多发区、活动断层、其他危及设施安全的地质不稳定区),设施选址应在百年一遇洪水位以上	A
	地震烈度在Ⅶ度以下	B
	最高地下水位应在不透水层以下 3.0m	B
	土壤不具有强烈腐蚀性	B

续表

环境	条件	因素划分
气候	有明显的主导风向,静风频率低	B
	暴雨、暴雪、雷暴、尘暴、台风等灾害性天气出现概率小	
	冬季冻土层厚度低	
应急救援	有应急救援的水、电、通信、交通、医疗条件	A

2. 选址程序与方法

填埋场选址应按下列顺序进行。

（1）确定填埋场选址的区域范围。根据城市总体规划、区域地形,以所要填埋垃圾的城市中心为圆心,以一定的半径画圆,确定出一个范围,从中排除那些受到土地使用法规定限制的土地（如军事要地、自然保护区、文物古迹等）,缩小可征用土地范围。如果在这个范围内没有合适的场址,则需要再扩大搜索半径,再次进行选择。

（2）资料的搜集。填埋场选址工作应充分利用现有的区域地质调查资料包括气象资料、地形图、土壤分布图、土地使用规划图、交通图、水利规划图、洪泛图、地质图、航测图片等,我国已完成各省区内1:5万或1:10万的地质调查工作,有的区域还完成了水文地质和工程地质调查工作。搜集这些区域的地质调查资料对选址是非常重要的。通过这些资料的收集,掌握区域地质、水文地质和工程地质特征。在利用区域地质调查资料的基础上,可以制定选址的野外踏勘路线和计划,指导选址工作向更进一步发展。地面卫星图像是一个很好的信息源,它可反映出最新的地面上的所有信息资料,准确显示出地面上的所有物标,明显指出填埋场选址工作应开展的范围或地点,使选址工作有的放矢,做出详细的选址规划。

此外,还应收集关于废物类型、填埋量、填埋设备的原始资料及利用率、运输距离、资金保障等的信息以及人文原始资料和民意调查,了解人们对使用填埋场地的支持率。

（3）场址初选。根据填埋场选址标准和准则,对上述区域的资料进行全面的分析,在此基础上筛选出几个（标准要求为3个）比较合适的预选场地。

（4）野外踏勘。野外踏勘是填埋场选址工作中最重要的技术环节,它可直观地掌握预选场地的地形、地貌、土地利用情况、交通条件、周围居民点的分布情况、水文网分布情况和场地的地质、水文地质和工程地质条件以及其他与选址有关的信息和资料。

根据野外踏勘实际调查取得的资料,再结合搜集到的所有其他资料和图片进行整理和分析研究、确定被踏勘调查地点的可选性并进行排序。在排序过程中，要对每个可选地点的基本条件进行分析对比，分别列出每个地点可选性的有利和不利因素。

（5）对预选场地的社会、经济和法律条件调查。对于一个初步确定的预选场地，要进一步调查场地及其周围的社会、经济条件以及公众对填埋场建设的反应和社会影响，确定填埋场的建设是否有碍于城市整体经济发展规划（或工农业发展规划），是否有碍于城市景观。

详细调查地方的法律、法规和政策，特别是环境保护法、水域和水源保护法，从而可评价预选场地是否与这些法律和法规相互冲突，相互抵触，并要取消那些受法律、法规限制的预选场地，如地下水保护区、洪泛区、淤泥区、活动的坍塌地带、地下蕴矿区、灰岩坑基及溶岩洞区。

（6）场址的优选。根据前阶段收集的区域资料、野外现场踏勘结果和场地的社会、法律调查，对预选场址进行技术、经济方面的综合评价和比较。通过对比优选出较为理想的安全填埋场场址首选方案。可采用的技术方法有灰色系统理论的灰色聚类法、模糊数学中的模糊综合评判法、专家系统法、层次分析法和地理信息系统（GIS）等。GIS（geographical information system）技术的第一步就是决定场地可选性的限制因素，将收集的一系列因素绘制成各种图表，并在图中突出那些限制性因素的作用。在计算机显示器上把这些图相互叠加和对比，就可明显查找出不受限制性因素制约的具有可选性的预选场地的空间位置，同时也可对比出各预选场地的条件优、劣等级。而层次分析法能综合处理具有递阶层次结构的场地适宜性影响因素之间的复杂关系，又易于操作，得到比较量化的结果，方法比较科学而准确。

（7）编制预选场地的可行性研究报告。预选场址调查结束后应提交预选场地的可行性研究报告，但这并不意味着选址工作已结束。提交预选场地可行性报告的目的，主要是利用充足的调查资料说明场地具有可选性，以报告的形式提出并报请项目主管单位，再由主管单位报请审批，列入国家或地方的计划项目，使工程项目从可行性研究阶段进入正式计划内的工程项目阶段，从而可以履行一切计划工程项目的手续。

（8）预选场地的初勘工作。前述工作只是选择出较为理想的场地位置，并征得管理部门的肯定和同意。但是场地的综合地质条件能否满足工程的要求，应对场地进行综合地质初步勘察，查明场地的地质结构、水文地质和工程地质特征。如初勘证实场地具有渗透性较强的地层（$K > 10^{-6}\,\text{m/s}$）或含水丰富的含水层，或含有发育的断层组成，则场地的地质质量就很差，会使工程投资增大，该场地也不具有可选性，可能需要放弃该场地而另选其他场地。如初勘证实场地具有良好的综合地质技术条件，则场地的可选性就会得到最终定案。因此场地的地质初步勘察工作是填埋场场址是否可选的最终依据。

（9）预选场地的综合地质条件评价技术报告。场地初步勘察施工结束，应由钻探施工单位提出场地地质勘查技术报告，再根据地质报告提供的技术资料和数据，由项目主管单位编制场地综合地质条件评价技术报告。报告应详细说明场地的综合地质条件，详细描述场地的不利和有利因素，做出场地可选性的结论，并对下一步场地详细勘察和工程的施工设计提出建议。

场地综合地质条件评价技术报告是场地选择的最终依据和工程立项的依据，也是场地详勘的依据，是固体废物填埋场项目由选址阶段正式过渡到工程阶段的标志，如果场地得到不可选的结论，选址工作又要重新开始或进行第二或第三场址的初勘工作。

3. 填埋场库容和规模的确定

填埋场库容和规模的设计，除了需要考虑废物的数量之外，还与废物的填埋方式、填埋高度、废物的压实密度、覆盖材料的比率有关。根据《危险废物安全填埋处置工程建设技术要求》，危险废物安全填埋场的建设规模应根据填埋场服务范围内的危险废物种类、可填埋量、分布情况、发展规划以及变化趋势等因素综合考虑确定，并且填埋场必须有足够大的可使用容积以保证填埋场建成后具有 10 年或者更长的使用期限。同时，安全填埋场应主要以省为服务区域，根据当地的危险废物填埋量的情况，采取一步到位或分期建设的方式集中建设，避免过于分散建设危险废物填埋场或已建填设施长期闲置。

（1）填埋场库容　通常合理的填埋场一般依据场址所在地的自然人文环境与投资额度规划其总容量，此值是指填埋开始到计划目标年（10 年以上）为止填埋的总废物再加上总覆土、覆盖材料的量。工程上往往通过以下近似算法进行填埋场库容的计算：

$$V_n = 填埋垃圾量 + 覆盖材料量 = \frac{365W}{\rho}C_R + \frac{365W}{\rho}\varphi \tag{6-3}$$

$$V_t = \sum_{n=1}^{N} V_n \tag{6-4}$$

式中，V_t 为填埋总容量，m^3；V_n 为第 n 年填埋场容量，m^3/a；N 为规划填埋场使用年限，a；C_R 为体积变化因数，主要指危险废物填埋前预处理过程的增容比，废物种类不同、预处理方法的不同，C_R 的值也会有所差异；W 为每日计划填埋废物量，kg；φ 为填埋时覆土体积占废物比率，约 0.15～0.25；ρ 为废物的平均密度，在填埋场中压实之后垃圾密度可以达到 750～950kg/m^3。

（2）填埋场规模　通常表示一组填埋场的规模，均以填埋场的总面积为准。从库容的计算中可以得到填埋总容量，根据场址当地的自然及地下水文情况，计算填埋场最大深度，填埋场的规模可以通过下式进行估算：

$$A = (1.05 \sim 1.20) \frac{V_t}{H} \tag{6-5}$$

式中，A 为场址总面积，m^2；H 为场址最大深度，m；1.05～1.20 为修正系数，由填埋场地面下的方形度以及周边设施占地大小决定。

二、填埋场系统设计要求

危险废物的填埋处置不同于普通生活垃圾的卫生填埋，其要求更为严格。安全填埋是指将危险废物填埋于抗压及双层不透水材质所构筑并设有组织污染物外泄及地下水监测装置的填埋场。

为了实现安全填埋场的储留功能和隔水功能，安全填埋场的系统设置应该包括防渗系统、渗滤液控制系统（包括渗滤液集排水系统、雨水集排水系统、地下水集排水系统、渗滤液处理系统）、气体控制系统和其他公用系统[12-15]。图 6-9 为安全填埋场主要构造示意图。

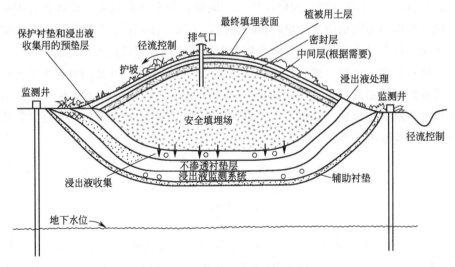

图 6-9　安全填埋场构造示意图

1. 防渗系统

填埋场的防渗功能主要通过衬层系统来实现。衬层系统从上到下主要由过滤层、排水层、保护层和防渗层组成。其中，防渗层的主要功能是保护排水层，过滤掉渗滤液中的悬浮物和其他固态、半固态的物质；排水层的主要功能是及时将被阻隔的渗滤液排出，减轻对防渗层的压力，减少渗滤液的外渗可能性；保护层的主要作用是对防渗层提供合适的保护，防止防渗层受到外界影响而被破坏；防渗层主要是通过铺设渗透性低的材料来阻隔渗滤液于填埋场中，防止其迁移到填埋场之外的环境中，同时也可以防止外部的地表水进入填埋场中。

（1）填埋场防渗技术类型　根据《危险废物填埋污染控制标准》（GB 18598—2019），填埋场天然基础层的饱和渗透系数不应大于 1.0×10^{-5} cm/s，且其厚度不应小于 2m。填埋场应采用双人工衬层（图 6-10）作为防渗层。当使用 HDPE 膜作为人工防渗材料时，应符合 CJ/T 234 相关技术要求。

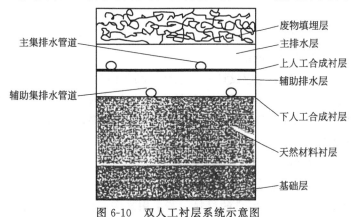

图 6-10　双人工衬层系统示意图

双人工衬层必须满足下列条件：下层人工合成材料衬层下应具有厚度不小于 0.5m，且其被压实、人工改性等措施后的饱和渗透系数小于 1.0×10^{-7} cm/s 的黏土衬层；上人工合成衬层可以采用 HDPE 材料，厚度不小于 2.0mm；下人工合成衬层可以采用 HDPE 材料，厚度不小于 1.5mm。

双人工衬层之间应布设渗漏检测层，以检测上人工衬层的渗漏并且排出渗漏的液体。渗漏检测层采用天然卵石或土工网格作为导水材料，在边坡部位坡度大于 1∶3 时，应采用土工网格。

根据《危险废物安全填埋处置工程建设技术要求》，填埋场双人工衬层结构由下到上依次为：基础层、地下水排水层、压实的黏土衬层、高密度聚乙烯膜、膜上保护层、渗滤液次级集排水层、高密度聚乙烯膜、膜上保护层、渗滤液初级集排水层、土工布、危险废物。

在填埋场选址不能符合上述要求时，可采用钢筋混凝土外壳与柔性人工衬层组合的刚性结构，以满足要求。其结构由下到上依次为：钢筋混凝土底板、地下水排水层、膜下的复合膨润土保护层、高密度聚乙烯防渗膜、土工布、卵石层、土工布、危险废物。四周侧墙防渗系统结构由外向内依次为：钢筋混凝土墙、土工布、高密度聚乙烯防渗膜、土工布、危险废物。根据《危险废物安全填埋处置工程建设技术要求》，在安全填埋场中的黏土衬层和人工合成衬层要满足特定的要求。

1) 黏土衬层　黏土塑性指数应＞10％，粒径应在 0.075～4.74mm 之间，至少含有 20％（质量分数）细粉，含砂砾量应＜10％（质量分数），不应含有直径＞30mm 的土粒。

① 若现场缺乏合格黏土，可添加 4％～5％（质量分数）的膨润土。宜选用钙质膨润土或钠质膨润土，若选用钠质膨润土，应防止化学品和渗滤液的侵害。

② 须对黏土衬层进行压实，压实系数≥0.94，压实后的厚度应≥0.5m，且渗透系数≤1.0×10^{-7}cm/s。

③ 在铺设黏土衬层时应设计一定坡度，利于渗滤液收集。

④ 在周边斜坡上可铺设平行于斜坡表面或水平的铺层，但平行铺层不应建在坡度大于 1：2.5 的斜坡上，应使一个铺层中的高渗透区与另一个铺层中的高渗透区不连续。

2) 人工合成衬层

① 人工衬层材料应选择具有化学兼容性、耐久性、耐热性、高强度、低渗透率、易维护、无二次污染的材料。若采用高密度聚乙烯膜，其渗透系数必须≤1.0×10^{-12}cm/s。

② 柔性填埋场中，上层高密度聚乙烯膜厚度应≥2.0mm；下层高密度聚乙烯膜厚度应≥1.0mm。刚性填埋场底部以及侧面的高密度聚乙烯膜的厚度均应≥2.0mm。

在铺设人工合成衬层以前，必须妥善处理好黏土衬层，除去砖头、瓦块、树根、玻璃、金属等杂物，调配含水量，分层压实，压实度要达到有关标准，最后在压平的黏土衬层上铺设人工合成衬层，以使黏土衬层与下人工合成衬层紧密结合。

刚性结构填埋场钢筋混凝土箱体侧墙和底板作为防渗层，应按抗渗结构进行设计，按裂缝宽度进行验算，其渗透系数应≤1.0×10^{-6}cm/s。

3) 刚性安全填埋场设计　在《危险废物填埋污染控制标准》（GB 18598—2019）中补充了当填埋场选址条件不能满足要求规定时，可采用刚性安全填埋场设计。其设计要求为：① 刚性安全填埋场应采用钢筋混凝土结构，内衬HDPE 或其他同等以上隔水效力的材料衬层，混凝土侧压强度不低于 25N/mm^2，厚度不小于 35cm；② 填埋结构应该设计成若干独立对称的填埋单元，

每个单元不得超过 $50m^2$ 或 $250m^3$；③ 填埋结构设有雨棚，杜绝雨水进入；④ 填埋结构的设计应能通过目视检测到填埋单元的破损情况，以方便进行修补。

（2）填埋场防渗层铺装及质量控制　填埋场防渗层的铺设安装有着严格的质量要求，其中人工材料 HDPE 土工膜和膨润土防渗卷材 GCL 是人工水品防渗技术的关键性材料，在施工过程中除需要保证其焊接质量外，在与其相关的层施工时，还需要注意保护，避免对其造成破坏。其安装程序及要求如下：

① 施工前检查。确定场地基础层平整、压实、无裂缝、无松土，表面无积水、石块、树根及尖锐杂物等。用于填埋场防渗系统工程的 HDPE 膜厚度不应小于 1.5mm，膜的幅宽不宜小于 6.5m，膜平直、无明显锯齿现象，不允许有穿孔修复点、气泡和杂质，不允许有裂纹、分层和接头，无机械加工划痕，糙面膜外观均匀，不应有结块、缺损等现象。用于填埋场防渗工程的 GCL 材料应表面平整，厚度均匀，无破洞、破边现象，针刺类产品针刺均匀密实，应无残留断针，GCL 单位面积总质量不应小于 $4800g/m^2$，其中单位面积膨润土质量不应小于 $4500g/m^2$。土工布各项性能指标应符合国家现行相关标准的要求，应具有良好的耐久性能，土工布用作 HDPE 膜保护材料时，应采用非织造土工布，规格不应小于 $600g/m^2$，土工布用于盲沟和渗滤液收集导排层的反滤材料时，规格不宜小于 $150g/m^2$。用于填埋场防渗系统的土工复合排水网各项性能指标应符合国家现行相关标准的要求，土工复合排水网的土工网宜使用 HDPE 材质，纵向抗拉强度应大于 8kN/m，横向抗拉强度应大于 3kN/m，土工网和土工布应预先黏合，且黏合强度应大于 0.17kN/m。

② 土工布铺设。当 HDPE 膜采用土工布作保护层时，应合理布局每片材料的位置，力求接缝最少，并合理选择铺设方向，减少接缝受力。一般，织造土工布和非织造土工布采用缝合连接时，其搭接宽度为 75mm±15mm，而非织造土工布采用热黏连接时，其搭接宽度为 200mm±25mm。

③ 防渗膜铺设。铺膜及焊接顺序是从填埋场高处往低处延伸，HDPE 土工膜采用热压熔焊接（热熔焊接）时，其搭接宽度以 100mm±20mm 为宜；采用双轨热熔焊接（挤出焊接）时，其搭接宽度以 75mm±20mm 为宜。GCL 材料一般采用自然搭接，其搭接宽度以 250mm±50mm 为宜。HDPE 土工膜接头必须干净，不得有油污、尘土等污染物存在；天气应当良好，下雨、大风、雾天等不良气候不得进行焊接，以免影响焊接质量。两焊缝的交点采用手提热压焊机加强（或加层）焊补。

④ 防渗膜锚固。为保证防渗膜在边坡的稳定，垃圾填埋场四周边坡的坡高与坡长有限值要求，边坡坡度一般在(1∶2)～(1∶5)之间，限制坡高一般为

15m，限制坡长在 40～55m 之间，达到限制要求时需要设置锚固沟，HDPE 膜的锚固有三种方法，即沟槽锚固、射钉锚固和膨胀螺栓锚固。采用沟槽锚固时，应根据垫衬使用条件和受力情况计算锚固沟的尺寸，锚固沟距离边坡边缘不宜小于 800mm，防渗系统工程材料转折处不得存在直角的刚性结构，均应做成弧形结构，锚固沟断面应根据锚固形式，结合实际情况加以计算，并不宜小于 800mm×800mm。采用射钉锚固时，压条宽度不得小于 20mm，厚度不得小于 2mm，橡皮垫条宽度应与压条一致，厚度不小于 1mm，射钉间距应小于 400m，压条和射钉应有防腐能力，一般情况下采用不锈钢材质。采用膨胀螺栓锚固时，螺栓直径不得小于 4mm，间距不应大于 500mm，膨胀螺栓材质为不锈钢。

⑤ 防渗膜焊接。高密度聚乙烯膜的焊接方式主要有热压熔焊接（又分为挤压平焊和挤压角焊）和双轨热熔焊接（又称热楔焊）之分。其中挤压平焊应用最广，这种方法具有较大的剪切强度和拉伸强度，焊接速度较快，焊缝均匀，温度、速度和压力易调节，易操作，可实现大面积快速自动焊接等优点。为了有效控制质量，一方面宜挑选焊接经验丰富的人员施工；另一方面在每次焊接之前进行试焊。同时必须对焊缝作破坏性检验和非破坏性检验。非破坏性检验是对已施工的每条焊缝进行气压试验和真空皂泡试验。在进行气压检验时，先将双轨热熔焊缝的两端孔封闭，用气压泵对焊接形成的空隙加压 207～276kPa。若其气压在 5～10min 内下降不超过 34kPa，则焊缝合格。真空皂泡试验是在热压熔焊表面涂上皂液后用真空箱抽气，抽气压力在 16～32kPa。若 5～10min 内焊缝表面不产生气泡，则可认为焊缝合格。当检验发现焊缝不合格时，必须加以重焊，并重做检测试验。破坏性检验是指对已施工的焊缝每 600m 取一个样，送往专业检测单位进行剥离强度和剪切强度测试。若剥离强度低于 30N/mm 或剪切强度低于 34N/mm，则该试样对应的焊缝为不合格，需对其进行重新焊接，并重新取样测试。

⑥ 防渗膜焊接质量检查。焊接结束后，应严格检查焊缝质量，如有漏焊、小洞或虚焊等现象，应坚决返工，不得马虎。根据国外 20 多年的实践经验，防渗层的泄漏或破坏现象，大多出现在接缝上，因此应用真空气泡测试薄膜之间的粘接性，用破坏性试验测试焊缝强度，每天每台机至少测试一次，以保证合格的施工质量。为了保证 HDPE 土工膜长用久安，保证不受填埋垃圾物的损伤，薄膜上面必须铺盖一层土工布。也可以铺 300～500mm 的黏土，铺平拍实，作为防渗保护衬层；而在大斜坡面上可铺设一层废旧轮胎或砂包。

此外，根据《危险废物处置工程技术导则》，安全填埋场应该设置防渗衬层渗漏检测系统，以保证在防渗层发生渗滤液泄漏时及时发现并采取必要的污染控制措施。

2. 渗滤液集排水系统

为了保障填埋场的安全以及实现其环境友好性，填埋场必须设置渗滤液控制系统，渗滤液控制系统包括三个部分，分别是渗滤液集排水系统、雨水集排水系统、集排气系统和渗滤液处理系统。各个系统在设计时采用的暴雨强度重现期不得低于 50 年。管网坡度不应小于 2%；填埋场底部应以不小于 2% 的坡度坡向集排水管道。对于渗滤液集排水系统，其系统设置、材料选择以及建设等应该满足以下条件：

（1）系统设置　填埋场应设渗滤液主集排水系统，该系统包括底部排水层、集排水管道和集水井，主集排水系统的集水用于渗滤液的收集和排出。采用双层人工合成衬层的填埋场除了设置渗滤液主集排水系统外，还应设置辅助集排水系统，它包括双人工衬层之间的渗漏检测层（作为排水层）、坡面排水层、集排水管道和集水井。排水层透水能力不应小于 0.1cm/s。填埋场应设置防渗层渗漏在线监测设施，确保在运行过程中及时发现人工衬层 HDPE 膜的渗漏位置并开展相关修补工作。

根据《危险废物处置工程技术导则》，渗滤液集排水系统根据所处衬层系统中的位置可分为初级集排水系统、次级集排水系统和排出水系统。各系统应该满足以下条件：

① 初级集排水系统应位于上衬层表面和废物之间，并由排水层、过滤层、集水管组成，用于收集和排除初级衬层上面的渗滤液；

② 次级集排水系统应位于上衬层和下衬层之间，用于监测初级衬层的运行状况，并作为初级衬层渗滤液的集排水系统；

③ 排出水系统应包括集水井、泵、阀、排水管道和带孔的竖井等。集水井用于收集来自集水管道的渗滤液，若集水井设置在场外，管道与衬层之间应注意密封，防止渗漏；泵的材质应与渗滤液的水质相容；分单元填埋时，可在集水管末端连接两个阀门，使未填埋区的雨水排至雨水沟，使填埋区的渗滤液排至污水处理系统。

（2）材料选择　集排水系统所用材料应包括排水材料、过滤层材料和管材。

① 底部排水材料的渗透系数应≥0.1cm/s，可采用有级配的卵石或土工网格；

② 过滤层可采用砂或土工织物；

③ 集排水管道应首先用无纺布包裹，再采用粒径为 30～50mm 的卵石覆

盖，管道材料及无纺布应符合耐腐蚀性和高强度要求，集排水管管道材料应采用高密度聚乙烯；

④ 次级集排水系统排水层可用卵石或土工网格，如用土工网格可不设集排水管道，次级集排水系统必须设立坡面排水层。

（3）若填埋坑分单元建设，渗滤液排出装置应按不作业单元与作业单元液体分开排放设计。

（4）若渗滤液沉积堵塞管道，应在管道设计环节考虑管道清洗的可能性，保证管道畅通。

3. 雨水集排水系统

对于雨水集排水系统，其系统设置以及建设等应该满足以下条件：

（1）柔性填埋场作业单元应用临时衬层覆盖，刚性填埋场作业单元应设置遮雨篷。

（2）山谷型填埋场上游雨水排水沟应根据地形设立，绕过填埋场排入下游；若条件所限难以绕过，可用管道从填埋场下部穿过，应避免管道对底部结构造成破坏。上游可设立防洪调整池，用于接收雨水冲刷下来的泥土和缓冲雨水对系统的压力。应定期清理淤泥，避免沟渠淤积。

（3）周边雨水集排水沟渠可设在填埋场四周、道路外侧、四周斜壁或与上游雨水沟建在一起。截面形状可根据施工材料不同建成梯形、半圆形或矩形。沟渠的材料可选用混凝土或塑料。

（4）填埋区宜设立分区独立排水系统，将填埋区的渗滤液和未填埋区的未污染雨水分别排出。应对储存区及运输车辆工作区前期雨水进行收集、检测及相应的处理。

（5）在较深的填埋场中，可在坡面上设置排水渠，收集和排放落在坡面上的雨水；当废物填至这一高度时，可填入卵石，使其成为渗滤液排水沟。

（6）封场后的填埋场表面集排水沟应与周边集排水沟结合在一起，便于雨水排放。

4. 地下水集排水系统

对于地下水集排水系统，其系统设置、材料选择以及建设等应该满足以下条件：

（1）地下水排水系统应由砂石过滤材料包裹穿孔管构成的暗沟组成。在管沟下部应铺设混凝土管基，管道四周应用砾石覆盖。

（2）应按水流方向布置干管，在横向上布置支管。

（3）排水能力设计应有一定富余，管道直径应不小于 200 mm。

（4）地下水集排水系统应进行永久维护。

5. 渗滤液处理系统

对于安全填埋场产生的渗滤液，其污染以及危害性更大，因此在排入自然环境前必须经过严格处理，根据《危险废物填埋污染控制标准》（GB 18598—2019），严禁将集排水系统收集的渗滤液直接排放，必须对其进行处理并达到表 6-8 所示的污染物排放控制要求。

表 6-8　危险废物填埋场废水污染物排放限值

序号	污染物项目	直接排放	间接排放[①]	污染物排放监控位置
1	pH	6～9	6～9	企业污水总排放口
2	生化需氧量 BOD_5/(mg/L)	4	50	
3	化学需氧量 COD_{Cr}/(mg/L)	20	200	
4	总有机碳 TOC/(mg/L)	8	30	
5	悬浮物 SS/(mg/L)	10	100	
6	氨氮/(mg/L)	1	30	
7	总氮/(mg/L)	1	50	
8	总铜/(mg/L)	0.5	0.5	
9	总锌/(mg/L)	1	1	
10	总钡/(mg/L)	1	1	
11	氰化物(以 CN 计)/(mg/L)	0.2	0.2	
12	总磷(TP,以 P 计)/(mg/L)	0.3	3	
13	氟化物(以 F 计)/(mg/L)	1	1	
14	总汞/(mg/L)	0.001		生产设施废水排放口
15	烷基汞/(mg/L)	不得检出		
16	总砷/(mg/L)	0.05		
17	总镉/(mg/L)	0.01		
18	总铬/(mg/L)	0.1		
19	六价铬/(mg/L)	0.05		
20	总铅/(mg/L)	0.05		
21	总铍/(mg/L)	0.0002		
22	总镍/(mg/L)	0.05		
23	总银/(mg/L)	0.5		
24	苯并(a)芘/(mg/L)	0.00003		

① 工业园区和危险废物集中处置设施内的危险废物填埋场向污水处理系统排放废水时执行间接排放限值。

根据《危险废物安全填埋处置工程建设技术要求》（国家环境保护总局环

发［2004］75 号），相应的渗滤液处理系统的系统设置、技术选择等应该满足以下条件：

（1）填埋场内必须自设渗滤液处理设施，严禁将危险废物填埋场的渗滤液送至其他污水处理厂处理。

（2）应根据各地危险废物种类不同，设置相应的渗滤液调节池调节水质水量。渗滤液处理前应进行预处理，预处理应包括水质水量的调整、机械过滤和沉砂等。

（3）渗滤液处理应以物理化学方法处理为主，生物处理方法为辅。可根据不同填埋场的不同特性确定适用的处理方法。物理化学方法可采用絮凝沉淀、化学沉淀、砂滤、吸附、氧化还原、反渗透和超滤等，以去除水中的无机物质和难以生物降解的有机物质；生物处理法可采用活性污泥、接触氧化、生物滤池、生物转盘和厌氧生物等处理方式去除水中的有机物质。

（4）渗滤液宜在固化处理工艺中循环利用。

6. 其他公用系统

包括运输道路、防飞散设备、供电系统、给水、排水和消防系统、采暖、通风与空调系统、防灾设施以及其他一些辅助设施等，其设计及施工等按照相应的标准规范进行。

三、填埋场运行及管理要求

根据《危险废物填埋污染控制标准》（GB 18598—2019），在填埋场投入运行之前，要制定一个运行计划。此计划不但要满足常规运行，而且要提出应急措施，以保证填埋场的有效利用和环境安全。

1. 填埋场运行要求

入场的废物必须符合《危险废物填埋污染控制标准》（GB 18598—2019）对废物的入场要求；散状废物入场后要进行分层碾压，每层厚度视填埋容量和场地情况而定；危险废物安全填埋场的运行不能露天进行，必须有遮雨设施，以防止雨水与未进行最终覆盖的废物接触；填埋场运行过程中应进行每日覆盖，并视情况进行中间覆盖；同时为了保障填埋场的及时覆盖，其作业面积应该尽可能小；废物对填堆表面要维护最小坡度，一般为 1∶3（竖直∶水平）；通向填埋场的道路应该设置栏杆和大门加以控制；必须设置醒目的标志牌，指示正确的交通路线，标志牌应该满足《环境保护图形标志 固体废物贮存（处置）场》（GB 15562.2）的要求；应该保证在不同季节气候条件下，填埋场进出口道路畅通；每个工作日都应有填埋场运行情况的记录，应记录设备工艺参数，入场废物来源、种类、数量，废物填埋位置及环境监测数据等；运行机械的功能要适应废物压实的要求，为了防止发生机械故障等情况，填埋场必须配有备用机械；填埋场运行管理人员应该参加环保管理部门的岗位培训，合格后上岗。

危险废物安全填埋过程中，应该对填埋场进行分区，分区应该满足以下几点原则：①使每个填埋区能在尽量短的时间得到封闭；②不相容的废物分区填埋；③分区的顺序应有利于废物运输和填埋。

2. 填埋场管理要求

填埋场运行过程中应严格禁止外部雨水的进入。每日工作结束时，以及填埋后完毕的区域必须采用人工材料覆盖。除非设有完备的雨棚，雨天不得填埋作业。填埋场的含水量、力学参数要根据填埋场边坡稳定性要求进行控制，避免出现连通的滑动面。每个工作日都确保有填埋场运行情况的记录，应记录设备工艺控制参数，入场废物来源、种类、数量，废物填埋位置及环境监测数据。

填埋场管理单位应建立有关填埋场的全部档案，从废物特性、废物倾倒部位、厂址选择、勘察、征地、设计、施工、运行管理、封场及封场管理、监测直至验收等全过程的一切文件资料，必须按照国家档案管理条例进行整理与保管，保证完整无缺[16]。

填埋场运行管理单位应事先交纳给地方政府一定额度的保证金，用于填埋场封场后 30 年内的日常运行和维护费用。

第五节 封场及污染控制

一、封场系统

填埋场填埋作业至设计终场标高或不再受纳垃圾而停止使用后，应该对其进行封场。封场系统由下至上应依次为气体控制层、表面复合衬层、表面水收集排放层、生物阻挡层以及植被层。

1. 气体控制层

① 应在封场系统的最底部建设 30cm 厚的砂石排气层，并在砂石排气层上安装气体导出管；

② 气体导出管安装应符合如下要求：气体导出管应由直径为 15cm 的

高密度聚乙烯制成，竖管下端与安装在砂石排气层中的气体收集横管相接，竖管上端露出地面部分应设成倒 U 形，整个气体导出管成倒 T 形，气体收集横管带孔并用无纺布包裹。导气管与复合衬层交界处应进行袜式套封或法兰密封；必须对排气管进行正确保养，防止地表水通过排气管直接进入安全填埋场。

2. 表面复合衬层

① 砂石排气层上面应设表面复合衬层，其上层为高密度聚乙烯膜，下层为厚度≥60cm 的压实黏土层；

② 表面人工合成衬层材料选择应与底部人工合成衬层材料相同，且厚度≥1mm、渗透系数≤$1.0×10^{-12}$cm/s。

3. 表面水收集排放层

① 复合衬层上面应建表面水收集排放层，其材质应选择小卵石或土工网格；

② 若选择小卵石，不必另设生物阻挡层；

③ 若选择土工网格，必须另设生物阻挡层并解决土工网格与人工合成衬层之间的防滑问题。

4. 生物阻挡层

当使用土工网格作为地表水收集排放系统材料时，应在表面水收集排放系统上面铺一层≥30cm 厚的卵石，以防止挖洞动物入侵安全填埋场。

5. 植被层

封场系统的顶层应设厚度≥60cm 的植被层，以达到阻止风与水的侵蚀、减少地表水渗透到废物层、保持安全填埋场顶部的美观及持续生态系统的作用。

封场系统的坡度应大于 2%，封场后应对渗滤液进行永久的收集和处理，并定期清理渗滤液收集系统。封场后应对提升泵站、气体导出系统、电力系统等做定期维护，应预留定期维护与监测的经费，确保在封场后至少持续进行30 年的维护和监测（包括维护最终覆盖层的完整性和有效性；维护和监测检漏系统；继续进行渗滤液的收集和处理；继续监测地下水水质的变化等），若因侵蚀、沉降而导致排水控制结构需要修理时，应实行正确的维护方案以防止情况进一步恶化。

另外，当发现场址或处置系统的设计有不可改正的错误，或发生严重事故及发生不可预见的自然灾害使得场地不能正常运行时，填埋场应该实行非正常封场。非正常封场应该预先作出相应补救计划，防止污染扩散。同时，实施非正常封场必须获得环保部门的批准。

二、污染控制监测系统

垃圾填埋场在世界范围内广泛应用于固体废物的处置。特别是发展中国家，由于其客观的优势，包括经济效率和低技术壁垒，将垃圾填埋场作为处理无害固体废物的主要方法。然而，研究表明，垃圾填埋场产生的渗滤液可能对地下水有毒，甚至对垃圾填埋场附近的人类也是有毒的。

填埋场渗滤液通过土工膜的制造和施工缺陷（穿孔、撕裂和缝合缺陷）以及通过衬垫的蒸气扩散进入土壤和水环境。因此，渗滤液及其有毒物质的产生、渗漏和随后的污染可能会对生态系统和人类健康产生负面影响，随着填埋场的主要单元，包括衬垫系统（LS）、封盖系统（CS）及渗滤液收集和排水系统（LCDS）的恶化，这些影响可能会进一步恶化。因此，迫切需要对填埋场的渗滤污水的产生、渗漏及其对环境质量和人类健康的潜在不良影响进行监测，便于后续进行填埋场的修复和堆填区的管理[17]。

填埋场环境监测是填埋场管理的重要组成部分，是确保填埋场正常运行和进行环境评价的重要手段。对填埋场的监督性监测的项目和频率应该按照有关环境监测技术规范进行，监测结果应定期报送当地环保部门，并接受当地环保部门的监督检查。

根据《危险废物安全填埋处置工程建设技术要求》，填埋场应设置监测系统，以满足运行期和封场期对渗滤液、地下水、地表水和大气的监测要求，并应在封场后连续监测 30 年。安全填埋场的监测系统主要包括：渗滤液监测、地下水和地表水监测以及废气监测。

垃圾填埋场位置通常会对居住在附近的居民产生影响，监测研究是确保这些设施在高环境标准下运行的基础。

1. 渗滤液监测

对于填埋场渗滤液的监测，通常是利用填埋场每个集水井进行水位和水质的监测，采样的频率应根据填埋物的特性、覆盖层和降水等条件加以确定，应能充分反映填埋场渗滤液变化情况。渗滤液水位、水质监测频率至少每个月一次。对于填埋场渗滤液的监测包括主收集管以及次级收集管渗滤液的监测两个部分：

（1）主收集管渗滤液监测

① 渗滤液监测点位应位于每个渗滤液集水池。

② 渗滤液监测指标应包括水位及水质。主要水质指标应根据填埋的危险废物主要有害成分及稳定化处理结果来确定。

③ 采样频率应根据填埋场的特性、覆盖层和降水等条件确定。渗滤液水质、水位监测频率应最少每个月一次。

（2）次级收集管渗滤液监测

① 应对次级收集管的水量和污染物浓度进行监测，以检查初级衬层系统的渗漏情况。

② 监测指标及频率应与主收集管渗滤液要求相同。

2. 地下水和地表水监测

地下水和地表水监测是对填埋场附近的地下水和地表水进行监测，其目的是确定附近水体是否受填埋场污染。

（1）地下水监测井应尽量接近填埋场，各监测井应沿地下水渗流方向设置。上游设一眼，下游至少设三眼，呈扇形分布。监测井深度应足以采取具有代表性的样品。

（2）地下水监测指标应包括水位和水质两部分。水质监测指标应与渗滤液监测指标相同。

（3）在使用期、封场期及封场后的管理期内，应每两个月监测一次，运转初期每个月一次，全分析一年一次。发现地下水出现污染现象时，应加大取样频率，并根据实际情况增加监测项目，查出原因以便进行补救。

（4）地表水应从排洪沟和雨水管取样后与地下水同时监测，监测项目应与地下水相同；每年丰水期、平水期、枯水期各监测一次。

3. 废气监测

填埋场气体监测包括厂区大气监测和填埋气体监测，其目的是了解填埋场气体的排出情况及周围大气的质量状况。大气监测的采样点布设及采样方法应按照 GB 16297 的规定执行。

（1）场区内、场区上风向、场区下风向、集水池、导气井应各设一个采样点。污染源下风向为主要监测方位。超标地区、人口密度大地区、距离工业区较近的地区应加大采样密度。

（2）监测项目应根据填埋的危险废物主要有害成分及稳定化处理结果来确定。填埋场运行期间，应每个月取样一次，如出现异常，取样频率应适当增加。

参考文献

[1]　秦旸．废弃危险化学品安全填埋处置的主要环节及控制［J］．环境保护科学，2003（03）：28-30.

[2]　Herrer M，Povira J，Marques M，et al. Human exposure to trace elements and PCDD/Fs around a hazadous waste landfill in Catalonia［J］．Science of the Total Environment，2020，710：136313.

[3]　王宇，肖红，韩斌．危险废物的预处理及再处理技术［J］．济南教育学院学报，2004（03）：53-55.

[4]　Ucaroglu S，Talinli I. Recovery and safer disposal of phosphate coating sludge by solidification/stabilization［J］．Journal of Environmental Management，2012，105：131-137.

[5]　Navarro B I，Duran A，P é rez N M，et al. A safer disposal of hazardous phosphate coating sludge by formation of an amorphous calcium phosphate matrix［J］．Journal of Environmental Management，2015，159：288-300.

[6]　Vaidya R，Kodam K，Ghole V，et al. Validation of an in situ solidification/stabilization technique for hazardous barium and cyanide waste for safe disposal into a secured landfill［J］．Journal of Environmental Management，2010，91：1821-1830.

[7]　刘大勇，李耀和，李娜．危险固体废物处置设备工艺流程的完善［J］．建设机械技术与管理，2014，27（06）：128-129.

[8]　蒋建国．固体废物处置与资源化［M］．2版．北京：化学工业出版社，2013.

[9]　L ó pez F A，Alguacil F J，Rodr í guez O，et al. Mercury leaching from hazardous industrial wastes stabilized by sulfur polymer encapsulation［J］．Waste Management，2015，35：301-306.

[10]　蒋建国，王伟，赵翔龙，等．重金属螯合剂在废水治理中的应用研究［J］．环境科学，1999（01）：66-68.

[11]　Xu Y，Liu J C，Dong L，et al. Buffering distance between hazardous waste landfill and water supply wells in a shallow aquifer［J］．Journal of Cleaner Production，2019，211：1180-1189.

[12]　李金惠．危险废物处理技术［M］．北京：中国环境科学出版社，2006.

[13]　孙英杰，赵由才．危险废物处理技术［M］．北京：化学工业出版社，2006.

[14]　赵由才．危险废物处理技术［M］．北京：化学工业出版社，2003.

[15]　王罗春，何德文，赵由才．危险化学品废物的处理［M］．北京：化学工业出版社，2006.

[16]　唐圣钧，俞露．深圳市危险废物处理及处置专项规划［Z］．深圳市规划局，2010.

[17]　Xu Y，Xue X S，Dong L，et al. Long-term dynamics of leachate production，leakage from hazardous waste landfill sites and the impact on groundwater quality and human health［J］．Waste Management，2018，82：156-166.

第七章

特种危险化学品的处理处置方法

第一节　废弃火炸药的销毁

一、废弃火炸药的焚烧销毁

焚烧法是对火炸药的含能材料实施火焰（或热能）刺激，使含能物质进行燃烧销毁的技术途径。废弃火炸药的燃烧处理分为露天焚烧和密闭焚烧。露天焚烧是处理废弃火炸药的常用销毁方法，即将废弃火炸药在野外开阔场地进行焚烧。密闭焚烧是将废弃火炸药置于专用炉中进行密闭燃烧销毁。

焚烧法适用于能安全燃烧而不产生爆轰的爆炸物品，包括：①各种发射药、火药、延期药、烟火剂及硝化纤维素制品；②特屈儿、梯恩梯、黑索金等单质炸药和硝酸铵类、氯酸盐类混合炸药，以及低百分比的硝化甘油类炸药；③各种少量的起爆药和击发药；④烟花爆竹及其半成品；⑤过期失效变质的火炸药[1]。

1. 露天焚烧

露天焚烧方法操作简单、经济，相对安全，对场地的投资和维护费用也较低。该方法主要适用于销毁推进剂、烟幕弹、导火线、引信、炸药以及填充剂等。

采用露天焚烧法处理火炸药时，必须防止被烧毁的火炸药由燃烧转为爆炸。在进行火炸药的焚烧时，药层不要铺得过厚，大药块要用木棒粉碎，同时不得在洞穴或密闭环境中进行。在进行大规模烧毁火炸药前，要先取少量或由少到多进行试烧毁，以准确掌握待销毁火炸药的燃烧爆炸特性。

露天焚烧场应该四面环山，远离人群居住地，且场地较为开阔，没有杂草树木，其风向不使燃烧产物流向人口稠密区。为防止未燃尽物的飞散，有时需在焚烧物的上方设置铁丝网。

用燃烧法销毁弹药，要制作点火药包，以保证点火人员能安全点火。点火药包必须满足三个要求：①点燃方法简单，能够可靠点燃；②足以将被销毁的物品点燃；③保证点火人员点火后能够从容地撤离到安全地点。用电力点火时，点火的地点与现场要保持足够的安全距离。

点火药包有两种形式：一种是导火索点燃药包，即将一定数量（不少于100g）的火药（黑火药或枪弹发射药）用纸或布包成球形药包，然后插入一定长度的导火索；另一种是电力点火药包，将按照第一种方法包成的火药包，插入一个用电线和电阻丝制成的电点火装置，用电线远距离通电点火。严禁在点火药包内混入雷管。在正式使用前，要进行预先试验，确保现场使用的可靠性。

露天焚烧方法的主要缺点，是无法控制对环境的污染程度。废弃火炸药焚烧后，生成大量高浓度致癌物，并生成较多的含氮氧化物。在焚烧烟火剂时，有可能生成许多有潜在危险的化学物质，如钡、硒等卤化物与氧化物以及其他的固态燃烧产物，它们将随空气或水进入生态环境，造成污染。

(1) 火药和炸药的露天焚烧　大多数火药、炸药都可以用焚烧方法安全销毁。烧毁时，要将火、炸药铺成厚度不大于10cm，宽度不大于30cm的长条，每条要顺风铺直，条间距不得小于5m，总药量不超过10kg，严禁在被销毁的火、炸药中混有起爆器材。焚烧场地应选择在开阔平坦的地区，要从下风方向铺设导火索和引燃物，人员要在逆风方向点火。待场地冷却后才能再次铺药烧毁。

(2) 起爆药、鞭炮药的露天焚烧　起爆药焚烧前，先将起爆药放在装有机油的桶中，废药与机油的质量比大约为2:1，经6h或一昼夜的时间使其浸透，以将待销毁起爆药钝化并能确保燃速缓慢均匀。然后将浸入机油的起爆药运到销毁场，铺成薄层长条，用点火药包在下风方向远距离点燃即可。

二硝基重氮酚可用桶（箱）烧毁。先将待烧毁的起爆药置于浸过水的棉布上并喷水，使药全部被水浸透，再用原来的湿布连同药物一起包成小包，然后运往销毁场地，打开湿布包，将起爆药和棉布一起倒入装有机油的桶内，用木棍轻轻搅拌均匀，再在逆风方向用点火药包点燃。每次烧毁二硝基重氮酚的量不得大于2kg，所需机油约1kg。

烧毁少量烟花爆竹药时，应现在药上喷少量的水进行钝化处理。

(3) 导火索和导爆索的露天焚烧　导火索和导爆索都可以放在干柴上烧毁。一次烧毁导火索和导爆索的数量分别不宜超过1000m和500m。在烧毁时，要严防混入雷管等起爆器材。采用容器烧毁导火索时，要放在高 1m、壁厚 5cm 的铁筒内均匀燃烧，每次投入数量不超过 200g。

（4）烟花爆竹的露天焚烧　烧毁少量的烟花爆竹时，可以选择在空旷地区，用燃放方式焚烧，如果数量较大，可在空旷地区将火力较强的引燃物放在烟花爆竹的下面点燃，并在已铺好的待销毁烟花爆竹上淋散柴油，确保燃烧充分。烧毁前要将烟花类与爆竹类分开，升空火箭类要与地面烟花类分开。烧毁法不适用于不能拆卸的高空礼花弹。

2. 密闭焚烧

密闭焚烧也可称为焚烧炉焚烧。焚烧炉的焚烧是在炉内温度可调控的条件下，使销毁火炸药在焚烧炉内得到充分的燃烧氧化，并使氮氧化物减少到最低限度。焚烧炉焚烧还能处理被废弃火炸药和弹药污染的其他物质，并能从焚烧过程中回收能量用作他用，如加热、发电。

专用于废弃火炸药焚烧的焚烧炉有转窑焚烧炉、流化床焚烧炉、封闭坑焚烧炉、空气幕焚烧炉、多室焚烧炉以及简易焚烧炉等。其中流化床和转窑焚烧炉具有费用较低、操作简单、污染控制效率高等优点。焚烧炉焚烧方法的主要缺点是费用较高。

二、废弃火炸药的爆炸销毁

爆炸法销毁火炸药就是将待销毁火炸药进行引爆销毁。我国目前多采用这种方法。用爆炸方法销毁炸药时，应遵守以下原则：

（1）被销毁的火炸药必须能够起爆，而且有符合安全要求的场地。

（2）炸毁时需要用起爆体引爆，起爆体所需的炸药可以适当减少，起爆的方法可以根据条件来选择。

（3）堆放的炸药尽量成集团状，炸药堆的长度不应超过宽度和高度的 4 倍。要根据销毁场的地势和周围环境确定爆破坑，如砂石场的砂石坑、干涸的池塘都可以利用，以保证工作人员的安全以及空气冲击、地震波和飞石等不致造成周围环境的破坏。每堆或每坑炸毁炸药的数量不应超过 20kg。

三、废弃火炸药的生物降解

生物降解法可用于处理炸药生产废水中所含的炸药成分梯恩梯、地恩梯（DNT）、黑索金等硝基类物质。厌氧颗粒污泥对氮取代的芳香化合物有很强的降解能力，可有效处理含黑索金、奥克托今的废水，预处理过程是用碱水解黑索金和奥克托今，生成乙酸盐、甲酸盐、甲醛和亚硝酸盐。

四、废弃火炸药的水溶解

水溶解法的基本原理是将部分混合炸药中能溶于水的氧化剂溶解后，使炸药失去爆炸性能。如用硝酸钾、硝酸钠、硝酸铵等配制的混合炸药，通过水溶解，就能使之失去爆炸性能。水溶解销毁的优点是操作方法简单，安全经济，无需过大的销毁场地。销毁的容器可以是水桶、小缸或水池。具体操作时，先将炸药倒入容器中，加 30 倍以上的水充分搅拌，待硝酸盐溶解后，将水面上的木粉、炭等漂浮物捞出，再将水倒出，取出底部沉淀物。如硝酸铵类混合炸药，则底部沉淀物是梯恩梯；待漂浮物和沉淀物晾干后，可用火烧毁。水溶解法销毁的物品中不得含有遇水燃烧或遇水爆炸的物品，如铝、镁、钠等金属及其粉末。

为提高火炸药的水解效率，通常在采用水溶解法处理废弃火炸药时添加氢氧化钠和氨水，从而使待销毁火炸药与水溶液中的碱反应，使水解充分。适用于加碱水解反应的火炸药有多种发射药、炸药、烟火剂，其产物一般为有机盐和无机盐。水解的速度取决于被水解材料的颗粒度、反应温度及搅拌强度。当发射药与水的比例为 10：1、发射药与氢氧化钠之比为 2.3：1、反应温度为 150～160℃时，发射药水解的主要产物是一元酸和二元酸。

五、废弃火炸药的化学销毁

化学销毁法是利用一种或多种化学试剂与弹药（主要是火炸药）发生化学反应，破坏爆炸基团，使之产生一种或多种完全失去爆炸性的物质。用该方法销毁的弹药范围是很有限的，而且要在销毁数量很少的情况下才宜使用。

采用化学销毁法处理火炸药必须注意以下事项：

（1）必须根据所销毁炸药的性质，选择适合的销毁液。如雷汞禁用硫酸，与硫酸作用会发生爆炸；叠氮化铅禁用浓硝酸和浓硫酸处理。

（2）控制反应速度。销毁液浓度愈大，分解反应速度愈快，放热效应则愈大，就容易转化为爆炸反应。必须少量地向销毁液中投入废药或含药废液，并且同时进行搅拌，以防反应过热。

（3）必须将少量废药倒入大量销毁液中，而不能将少量销毁液倒入大量的废药中，以避免销毁事故的发生和防止销毁不完全。

（4）销毁液必须保证有足够的过量，防止废药反应不完全。

（5）销毁时要有良好的散热条件，防止反应热不易散失而发生爆炸。

1. 叠氮化铅

（1）硝酸-亚硝酸钠法　加入 $10\%\sim15\%$ （质量分数）的稀硝酸在有良好的通风条件下进行分解销毁，反应式为

$$Pb(N_3)_2 + 2HNO_3 \Longleftrightarrow Pb(NO_3)_2 + 2HN_3 \uparrow$$

生成的叠氮酸有毒和具有爆炸性，在加稀硝酸前，先加入一定量的亚硝酸钠水溶液，以便与硝酸作用生成不稳定的亚硝酸。亚硝酸分解生成的氧化氮，可与叠氮酸作用生成游离的氮气，从而消除叠氮酸的毒性，其反应式为

$$HNO_3 + NaNO_2 \Longleftrightarrow NaNO_3 + HNO_2$$
$$3HNO_2 \Longleftrightarrow 2NO \uparrow + HNO_3 + H_2O$$
$$4HN_3 + 2NO \Longleftrightarrow 2H_2O + 7N_2 \uparrow$$

为检查销毁是否彻底，可用黄色的三氯化铁溶液检查 N_3^- 的存在情况。如果溶液颜色由黄变红，则说明试剂中的 Fe^{3+} 与 N_3^- 作用生成了叠氮化铁，证明销毁不彻底，还需补加亚硝酸钠饱和溶液和稀硝酸继续销毁。用该方法销毁时要特别注意，浓硝酸能使干的叠氮化铅剧烈分解而引起爆炸，所以切忌使用浓硝酸。

（2）硫酸-亚硝酸钠法　用 500 倍量的水浸湿，再慢慢加入 12 倍量的 25% （质量分数）亚硝酸钠溶液，搅拌后，再加入 14 倍量的 36% （质量分数）硫酸。反应式如下：

$$Pb(N_3)_2 + H_2SO_4 \Longleftrightarrow PbSO_4 + 2HN_3 \uparrow$$
$$2NaNO_2 + H_2SO_4 \Longleftrightarrow 2HNO_2 + Na_2SO_4$$
$$2HN_3 + 2HNO_2 \Longleftrightarrow 2N_2 \uparrow + 2N_2O + 2H_2O$$

此外，还可将叠氮化铅溶于 10% （质量分数）的氢氧化钠，放置 16h，然后将上层的叠氮化钠液倒出，埋至土壤中进行销毁。

2. 雷汞

（1）硫代硫酸钠法　用 $20\%\sim25\%$ （质量分数）的硫代硫酸钠试液在处理槽内将其分解。销毁的反应式如下：

$$Hg(ONC)_2 + 2Na_2S_2O_3 + 2H_2O \Longleftrightarrow HgS_4O_6 + C_2N_2 + 4NaOH$$

时间稍长，又进行下列反应：

$$C_2N_2 + 2NaOH \Longleftrightarrow NaCN + NaONC + H_2O$$

具体操作方法为：将雷汞充分浸湿后，在不断搅拌的情况下，分次加入销毁液，使其全部溶解。然后取少量沉淀物在坩埚中加热，如无火花产生，则证明雷汞已失去爆炸性。

如大量处理，需要将汞回收时，待冷却分解后可加入 4 倍量水稀释的硫酸使其成为酸性，加热或静置 5h，沉淀出硫化汞（HgS），取出硫化汞沉淀，再与氧化钙搅拌均匀并加热使其蒸发，待冷却后即可回收。但要特别注意严防汞蒸气中毒。其反应式为

$$4HgS + 4CaO \Longleftrightarrow 4Hg\uparrow + 3CaS + CaSO_4$$

（2）强碱销毁法　强碱能使雷汞分解，在水为介质的情况下，硫化氢能与雷汞作用，反应式为

$$Hg(ONC)_2 + 2H_2S \xrightarrow{H_2O} HgS\downarrow + NH_4CNS + CO_2\uparrow$$

此外，还可以用 10%（质量分数）硫化钠溶液加热处理，其反应式为

$$Hg(ONC)_2 + Na_2S \Longleftrightarrow HgS\downarrow + 2NaONC$$

$$NaONC + H_2O \Longleftrightarrow NaOH + HONC$$

雷酸在酸性介质中，可继续分解成二氧化碳和氨。回收汞的方法同前。

3. 氯酸盐混合炸药

氯酸盐混合炸药的化学销毁，实质上是将炸药中的氯酸盐进行分解。在碱性溶液中，用铝粉还原氯酸钾，生产偏铝酸钠，便可销毁。

$$KClO_3 + 2Al + 2NaOH \Longleftrightarrow 2NaAlO_2 + H_2O + KCl$$

操作中，应将氯酸钾加入温热水中，再加入氢氧化钠固体［过量 5%（质量分数）］。氯酸钾对人和温血动物有毒，对皮肤和黏膜有刺激作用，故在具体操作中，操作人员应戴口罩，穿着防护工作服。

4. 过氯酸钾混合炸药

将其溶于水，加入氢氧化亚铁煮沸，炸药中的过氯酸钾即产生下列反应：

$$KClO_4 + 12Fe(OH)_2 \Longleftrightarrow 4Fe_3O_4\downarrow + 12H_2O + KCl$$

氢氧化亚铁的用量要根据混合炸药中过氯酸钾实际含量计算得出。

5. 二硝基重氮酚

（1）硫化钠法　用 10%～25%（质量分数）硫化钠溶液，反应生成二硝基邻苯二酚钠和有毒的硫化氢，反应式如下：

（2）氢氧化钠法　浓碱和稀碱溶液都能使二硝基重氮酚分解，而失去爆

炸性。

6. 三硝基间苯二酚铅

可溶于 40 倍量的 20％（质量分数）氢氧化钠或 100 倍量的醋酸铵溶液中，并加入由 0.5 倍量的重铬酸钠和 10 倍量的水组成的溶液中，即可进行销毁。也可以用浓硝酸处理排放。

7. 其他炸药

叠四氮烯：可在容器中加 60℃以上的水，叠四氮烯便分解成尿素、肼、氮、水等而失去爆炸力。

击发药：击发药含有雷汞时，可先用硫代硫酸钠溶液进行分解，然后进行过滤，将沉淀物送销毁场烧毁。

梯恩梯：可用硫化钠或亚硫酸钠处理。

黑索金：可用 20 份 5％（质量分数）氢氧化钠溶液将其煮沸分解。

特屈儿：将其缓慢加入 13％（质量分数）硫化钠溶液中，在搅拌下进行销毁。

硝基胍：常温下，将其溶于 15 倍量的 45％（质量分数）硫酸中，再将溶液加热，直至气体逸尽为止（约需加热 0.5h）。

硝化甘油：在搅拌下，将其缓慢加入至 10 倍量的 18％（质量分数）硫化钠溶液中即可销毁。

第二节　废弃火工品的销毁

火工品是装有火药或炸药，受外界刺激后产生燃烧或爆炸，以引燃火药、引爆炸药或做机械功的一次性使用的元器件和装置的总称，包括火帽、底火、点火管、延期件、雷管、传爆管、导火索、导爆索以及爆炸开关、爆炸螺栓、启动器、切割索等。

废弃火工品的销毁技术主要有燃烧法和爆炸法，适用于燃烧法的火工品种类有各类火帽、底火、拉火管、弹药引信，适用于爆炸法的火工品种类有各种雷管、火帽、底火、导爆索等。

一、废弃火工品的燃烧销毁

焚烧法用于销毁在焚烧中不会引起爆炸的爆破器材主装药或者火工品。大部分弹药，如榴弹、航弹、地雷等，如果其装药是熔点低/熔融可以流动的TNT炸药或以TNT为主的混合炸药，便适合用焚烧法销毁。一些开口装填猛炸药的弹丸，在可燃物燃烧作用下，弹丸中的炸药只燃烧而不爆炸。销毁这些弹药，预先要去掉引信、传爆管等，然后打开底盖、机械钻孔以形成熔融物的流出通道。

1. 火工品烧毁设备

对特种烟火弹药、防爆弹药的销毁，通常首先实施解体分离操作，将刺激剂、燃烧剂、染色剂、发烟剂等主装药输送到专门的焚烧设备处进行焚烧销毁。特种弹药经过解体分离产生的雷管、组装药、底火、引信等火工品，具有传爆药量少、体积小、数量多等特点，利用专门的火工品烧毁设备可以高效烧毁。

典型的火工品烧毁设备总体组成如图 7-1 所示[1]，其关键部件是立式圆筒焚烧炉。

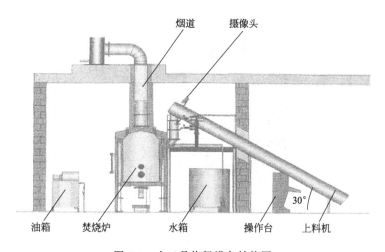

图 7-1　火工品烧毁设备结构图

烧毁的主要工作过程是由人工将火工品放入多斗式提升机内，由提升机输送。在上料机出口布置有投料口光电开关，当光电开关检测到火工品后反馈信号至 PLC，由 PLC 发出指令控制第一级电动上料门打开，火工品落入第二级上料门上，第一级电动上料门关闭后，第二级上料门自动打开，火工品落入滑道内，同时第二级上料门关闭，火工品沿滑道滑至焚烧炉内引燃销毁。

火工品烧毁设备自动化程度较高，在作业准备阶段，主要是检查并开启各焚烧部件，这些部件开启顺序为油泵、燃烧器风机、循环水泵、燃烧器小火、燃烧器大火。

各个设备开启节点分别加入了指控系统的控制，形成阶段控制点，当任何一部电脑部件不能正常运行工作时，在该点停止工作，待排除问题后再进行，确保整个设备运行工作正常。

火工品烧毁设备进行烧毁作业时，其火工品一次经过料斗、一级门、二级门位置，在各点均通过信号、视频等设置信息采集点，用于采集设备工作信息。

2. 焚烧炉的设计

爆炸性废物烧毁装置（见图7-2）采用立式圆筒炉结构，主要由焚烧炉、燃烧装置、排渣设施和进料口冷却装置组成。圆筒焚烧炉设计的关键有：①根据爆炸当量和设计中指定的内部空间，计算炉体厚度；②根据炉体保温要求，选择合适的绝缘材料，计算绝缘层厚度[2]。

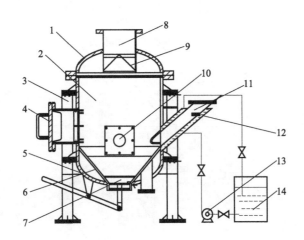

图 7-2　焚烧炉示意图

1—上密封头；2—炉体；3—支座；4—检修门；5—下密封头；6—锥形箍筋；7—快速除渣门；
8—排烟口；9—滤网；10—燃烧器嘴；11—进料滑槽；12—水冷夹套；13—水泵；14—循环水箱

（1）炉体厚度计算　已知圆柱 $R = 0.45\text{m}$，爆炸性废物质量 $W = 0.04\text{kgTNT}$。

① 反射超压计算

$$\bar{R} = \frac{R}{\sqrt[3]{W \dfrac{Q_i}{Q_T}}} \tag{7-1}$$

式中，$\bar{R}$ 为折合距离，$\dfrac{m}{\sqrt[3]{kg}}$；$\dfrac{Q_i}{Q_T}$ 为炸药爆炸热与 TNT 爆炸热之比；R 为目标与爆炸源的距离，即圆柱半径，取 0.45m；W 为炸药的药量，kg；$W\dfrac{Q_i}{Q_T}$ 为炸药的 TNT 当量，取 0.04kg。

经计算得 $\bar{R}=1.32\dfrac{m}{\sqrt[3]{kg}}$。

采用 J. Henrych 公式计算入射压力 p_m（冲击压力峰值，MPa）。

当 $\bar{R}=1.32\dfrac{m}{\sqrt[3]{kg}}$（$1\sim10\dfrac{m}{\sqrt[3]{kg}}$）时，

$$p_m=\frac{0.0662}{\bar{R}}+\frac{0.405}{\bar{R}^2}+\frac{0.3288}{\bar{R}^3} \tag{7-2}$$

当反射的超压冲击波作用于焚烧炉的内壁时，反射超压峰值（p_r，MPa）为

$$p_r=2p_m+\frac{6p_m^2}{p_m+7p_0} \tag{7-3}$$

式中，p_0 为标准大气压，MPa。

② 动力系数计算。基于复合材料力学理论计算动力系数，将三角波作为等效荷载作用模式。

等效作用时间为

$$t=\frac{\eta R}{\sqrt{Q_T}} \tag{7-4}$$

焚烧炉的自振频率为

$$\omega=\frac{\pi\sqrt{\dfrac{E}{\rho}}}{gR} \tag{7-5}$$

动力系数为

$$C_d=2\left(1-\frac{\tan^{-1}\omega t}{\omega t}\right) \tag{7-6}$$

η 为经验系数，对于圆柱形炉体 $\eta=0.5$；Q_T 为单位质量 TNT 的爆炸热；E 为杨氏模量，MPa；ρ 为材料密度，kg/m³。

③ 炉体厚度计算。理论设计温度下，根据静压条件下的国家标准计算炉体内容器厚度

$$\delta \geqslant \frac{p_r C_d R}{2[\sigma]_t \phi - p_r C_d} \tag{7-7}$$

式中，$[\sigma]_t$ 为炉料在设计温度下的许用应力，MPa；ϕ 为焊接接头系数。

计算炉体设计厚度（δ_d）时，应该考虑钢的厚度偏差、腐蚀裕量和工艺减薄。

$$\delta_d = \delta + \delta_n$$

式中，δ_n 为多余厚度。

经过计算和舍入，$\delta_d = 30mm$。

（2）绝缘层厚度计算

① 保温层厚度计算。焚烧炉由炉体、保温层和炉壳组成，可采用允许最大散热损失法计算保温层厚度[3]。

$$D_o \ln \frac{D_o}{D_i} = \frac{2\lambda(T - T_a)}{K q_m} \tag{7-8}$$

$$\delta_j = \frac{D_o - D_i}{2} \tag{7-9}$$

式中，T 为炉体温度，取 $500℃$；T_a 为环境温度，取 $30℃$；D_i 为焚烧炉隔热材料内径，m；D_o 为焚烧炉隔热材料外径，m；λ 为保温材料热导率，W/（$m^2 \cdot ℃$）；K 为安全系数；q_m 为最大允许辐射损失；δ_j 为保温层计算厚度，mm。

经过计算和舍入，保温层厚度 $\delta_j = 130mm$。

② 验证表面温度。保温层表面温度 T_S 可按下式验证：

$$T_S = \frac{q_m}{\alpha} + T_a \tag{7-10}$$

式中，α 为隔热层外表面向大气的放热系数，W/（$m^2 \cdot ℃$）；T_S 取 $85℃$，即操作人员采取保护措施后可以忍受的温度。

3. 火工品烧毁一次投放量的确定

起爆类火工品是通过产生爆轰冲能来激发猛炸药爆轰的，包括炮弹雷管、爆破雷管、电雷管、传爆药柱、导爆索等。此类火工品销毁时，必须考虑炉体的抗爆强度高于其爆炸威力，应通过理论计算及实验测试工作，确定雷管类爆炸火工品的一次销毁投放量。

引燃类火工品是通过产生热冲能来点燃发射药、延期药、加强药和火焰雷管的火工品，包括火帽（引信火帽、底火火帽）、底火、点火具、电点火管、导火索等。此类火工品销毁时，炉体的抗爆强度完全符合要求。一次作业投放量的确定，主要考虑的因素为分装后外包装的尺寸与上料斗的尺寸应相适应，同时根据待销毁物原包装状况及分装难易情况进行调整。表 7-1 为几种常见燃烧类火工品的销毁一次投放量[1]。

表 7-1 常见燃烧类火工品的销毁一次投放量

名称	一次投放量
底火	200 枚
点火头	100 枚
电点火管	30 枚
轻装药	3 套

4. 火工品烧毁作业

上料是火工品销毁作业中的重要环节，也是作业人员与火工品直接接触的过程，包括火工品交接、搬运、开箱、火工品的扫描、称重、放入上料斗等环节，操作要求高，危险系数大，稍有不慎易造成人员的伤害事故。在火工品销毁过程中，工作人员工作区域分为危险区、作业区一、作业区二和应急处置区等四个区域（见图 7-3)[1]。

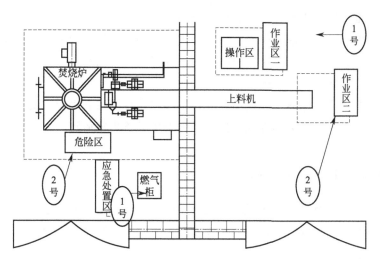

图 7-3 火工品销毁工作区域划分

其中危险区在烧毁作业过程中因容易发生火工品爆炸，非特殊情况不允许操作人员进入，如需进入，需全身防护；在作业区一中由操作人员对设备作业进行自动控制；在作业区二中由操作人员进行火工品上料操作；如发生设备连锁状态控制失灵的情况，由操作人员进入应急处置区对各部件进行解锁控制。

作业区一由1号操作人员进行控制；作业区二由2号操作人员进行控制；应急处置区内操作主要是操作各设备按钮开关，由1号操作人员进行控制；在需要进入危险区域进行情况处理时，由2号操作人员穿着全身防护器材进入。

5. 火工品烧毁设备的保养

火工品烧毁设备主要由机械部分和电控部分组成，机械部分工作的主要部件由防爆电机、燃烧器、供水部件、供油部件等部分组成，保养方法包括清洗、润滑等多种方法；电控部分主要由PLC和各继电器组成，保养主要为更换部件等。

（1）防爆电机保养　对隔爆型电机来说，在保养过程中要重点注意外壳壳体裂纹检查，针对情况进行修补或者更换。同时隔爆接合面也必须进行检查，其表面容易发生锈蚀，要根据轻重程度，分别采取蘸煤油将锈迹除去或使用专门的除锈剂除锈的方式进行保养。

（2）燃烧器保养　在燃烧器的维护保养中重点要注意点火电极间距调整。应经常进行喷嘴清洗，其方法是将喷嘴卸下，在煤油中用毛刷清洗干净，若阻塞过于严重，还要用细针疏通后再进行装配。

（3）供水、供油部件保养　供水、供油部件维护保养的重点应放在水箱和油箱的清洗保养上。在使用一段时间后，要将水或者油彻底放净，对其内壁进行清洗，去除残留在内壁的水污或者油污。

（4）电气部件保养　在使用过程中不要随意打开控制柜门，要采用正确的方式及时更换发生故障的电气元件，确保整个设备正常运转。

二、废弃火工品的爆炸销毁

采用爆炸法对废弃火工品进行集中销毁时要根据待销毁废弃火工品的种类、外壳厚度、强度、爆炸威力和爆发作用时间等进行分类炸毁，以防销毁过程中发生事故。

1. 雷管和继爆管的炸毁

雷管和继爆管的销毁工作比较简单。在野外小坑内销毁雷管、继爆管时，每坑数量不宜超过 4000 枚。销毁电雷管时，要在安全地点将雷管的脚线剪下，并做简单的包装，再放入爆破坑内，起爆体要放在雷管堆的顶部。用 1kg 左右的炸药作起爆体即可。如果不剪断电雷管脚线时，要使雷管体与雷管体在爆破坑内紧靠在一堆，直接用起爆体引爆。工业火雷管以原包装形式销毁最好，可以不用起爆体，但堆放时必须紧密，以便于起爆和爆炸完全。

销毁雷管的场地要尽可能平坦，不要有碎石、荒草、水坑，以便收集炸飞的雷管。对收集起来未爆或半爆雷管，要集中加大引爆药量，重新进行炸毁。炸毁雷管时，每次不得超过 1000 发。销毁前，把雷管脚线剪下，将雷管放在土坑中爆炸。

2. 其他起爆器材和礼花弹爆炸法销毁

导爆索、射孔弹、矿山排漏弹、起爆弹等爆破器材，均应在爆破坑内销毁，每个爆破坑的销毁量不宜超过 10kg。其中导爆索不宜超过 1000m，而且要与其他物品分开销毁。炸毁这些物品时，也都需要用起爆体起爆，并且用土将爆破坑盖好。

礼花弹、高空礼花弹可按炸毁炮弹的方法销毁，安全距离不应少于 500m。

爆炸法销毁爆炸物品时应注意：起爆前，首先要用望远镜或派人对警戒区进行认真检查，确保人员撤尽；在确认可以起爆时，待发出起爆信号后，才能起爆点火；在规定时间内未爆炸时，应按规定进行安全处置；起爆后，需隔 20min 才准人员进入现场检查，在确认无险情后才准解除警戒。

第三节 遗弃化学武器的销毁

日本侵华战争期间遗弃在中国的化学武器包括散装化学外壳、化学烟雾罐、化学炸弹和化学制剂。按照口径划分，化学外壳有 75mm、90mm、105mm 和 150mm 四种。化学烟雾罐分为大、中、小规模。化学炸弹有 15 kg 和 50 kg 两种。填充的化学试剂有芥子气、二苯氰基嘧啶（DC）、二苯氯胂（DA）、糜烂性（路易斯）毒气、光气、氢氰酸和苯氯乙酮（CN）。

芥子气与糜烂性（路易斯）毒气弹为黄色弹，二苯氰基嘧啶（DC）和二苯氯胂（DA）为红色弹。除此之外，包装材料和污染物也需要销毁，如污染的土壤、去污水和防护服。

一、销毁技术

1. 完整毒气弹的销毁技术

对于黄色弹，首先采用热爆方式破坏炮弹，炸药和大部分化学药剂都可以销毁，废气和剩余的化学药剂可以通过焚烧完全破坏[4]。黄色弹在约550℃的热爆轰室内爆炸，可使炸药分解；此后，热爆轰室排出的废气和剩余的化学药剂在一次燃烧炉750℃左右条件下燃烧约4s，然后再引至二燃炉在1200℃左右条件下进行约4s的无害化处理。

此外，吸附了化学试剂和砷的炮弹碎片需要送入金属零件燃烧炉中在1050℃条件下进行无害化处理。

对于红色弹，炮弹首先被水射流切割，弹体和溶有化学药剂与炸药的冲洗水可以焚烧销毁[4]。

首先，采用300MPa磨料水射流切割红色弹，将炮弹中的炸药与化学药剂分离，炸药送入流化床燃烧炉燃烧。将红色的弹体冷却至-30℃，用机械切割机切割成碎片。

然后，将炮弹碎片和化学药剂置于隧道窑焚烧炉，在750℃下燃烧15~30min，废气引至二燃炉进行2s以上的无害化处理。

此外，隧道窑焚烧炉排出的金属碎片和用过的磨料，需送往金属零件燃烧炉中在1050℃左右的高温下燃烧3h，以处理可能黏附在炮弹壳体的剩余的砷化合物。

2. 其他物品的处置技术

其他毒气弹包括受损的化学武器（黄色弹和红色弹）、光气弹、化学弹、带引信的化学弹、化学烟雾罐、桶或其他容器中的化学试剂、液体污染物、固体污染物、受污染的常规炮弹壳体和其他应处理的未列明物品。

这些物体的多样性决定了需要采用各种销毁技术[4]，"加热爆震-燃烧"与"水射流切割-加热爆轰-燃烧"主要用于炮弹壳体的销毁；对于污染物，则需要采用液体燃烧炉、流化床炉、熔化炉、旋转炉或固定床炉进行焚烧处理。

3. 移动销毁技术

（1）可控爆轰加炭过滤器技术 在爆炸控制室里，用乳化炸药包住化学弹药，用雷管引爆炸药，在炸药爆炸产生的高温高压下销毁化学弹药。尾气处理通常采用等离子体燃烧技术，也可以采用冷却塔和碱吸收的方法，然后再利用活性炭进行吸收和净化。

（2）热爆轰加高温电炉氧化废气处理技术　将化学弹药置于爆炸控制室，然后加热至 550～650℃；当温度上升至 400～600℃时，炮弹本身发生爆炸，弹壳碎裂，化学药剂在 550～650℃的控制室内被破坏。产生的废气采用高温电炉氧化处理。

二、废料处理

回收或销毁设施过程产生的废水，需在燃烧炉燃烧，使其转化为固体废物和气体废物。

由于糜烂性（路易斯）毒气、二苯氰基嘧啶（DC）和二苯氯胂（DA）含有砷，产生的固体废物肯定含有无机砷，其处理非常困难，可以采用水泥固化，然后永久填埋在专门的填埋场。

焚烧产生的高温废气，经冷却、酸洗、碱洗、活性炭过滤而达到排放标准后排放。

三、环境监测

环境监测包括两个方面，一是设施和工作区域的日常监测；二是应急环境监测，主要目的是监测污染区域，为疏散范围及应急处理区域划分提供必要的信息。

第四节　废弃化学毒剂的销毁

废弃化学毒剂可以分为刺激性毒剂、全身中毒性毒剂、窒息性毒剂、糜烂性毒剂、神经毒剂。刺激性毒剂主要包括苯氯乙酮、亚当氏剂、西埃斯、西阿尔、氰溴甲苯、二苯氰胂、二苯氯胂、辣椒素。全身中毒性毒剂主要包括氢氰酸、氯化氢；窒息性毒剂主要包括光气、双光气。神经毒剂属有机磷化合物，主要包括沙林、维埃克斯、塔崩、梭曼，都具有极高的毒性，它们通过干扰呼吸道和神经系统功能，可在几分钟之内杀伤人畜。纯净的神经毒剂是无色无味的，其中沙林的蒸发速率与水接近，因此在自然界是非持久性的。维埃克斯的蒸发速率缓慢得多，在一般气候条件能存在很长时间。糜烂性毒剂主要活性成分是二硫醚，主要包括芥子气、路易氏气、氮芥气。芥子气有大蒜气味，难溶于水，在自然环境中能长期存在。

一、废弃化学毒剂的焚烧销毁

毒剂是整个特种危险化学品销毁作业中风险最大、防护最困难的。高温焚烧法是目前最成熟并且得到实际应用的毒剂销毁技术。

1. 焚烧销毁原理及环境污染风险

典型废弃化学毒剂的焚烧销毁原理及环境污染风险[5] 见表 7-2。

表 7-2 典型废弃化学毒剂的焚烧销毁原理及环境污染风险

毒剂名称	焚烧反应	环境污染风险
沙林 (GB)	$2C_4H_{10}O_2PF+13O_2 \longrightarrow 8CO_2+9H_2O+P_2O_5+2HF$	产物中含有 P_2O_5 和 HF 等酸性气体，直接排放会引起大气酸化
维埃克斯 (VX)	$2C_{11}H_{26}PO_2SN+39.5O_2 \longrightarrow$ $2NO_2+P_2O_5+2SO_2+22CO_2+26H_2O$	产物 P_2O_5、SO_2 和空气中的水分结合能够形成酸雾而污染大气环境
芥子气 (H、HD)	$2(ClC_2H_4)_2S+13O_2 \longrightarrow 2SO_2+8CO_2+6H_2O+4HCl$	产物中包含大量的 SO_2 和 HCl 等酸性气体
苯氯乙酮 (CN)	$2C_6H_5COCH_2Cl+18O_2 \longrightarrow 16CO_2+6H_2O+2HCl$	产物中含有 HCl 酸性气体，若氧气供应不足，则会生成大量的 CO 有毒气体
西埃斯 (CS)	$2C_8H_5(CN)_2Cl+26O_2 \longrightarrow$ $4NO_2+20CO_2+4H_2O+2HCl$	产物中含有 HCl、NO_2
亚当氏剂 (DM)	$2C_{12}H_9NAsCl+31.5O_2 \longrightarrow$ $24CO_2+2NO_2+8H_2O+2HCl+As_2O_3$	若供氧不足，会产生较多的 NO_x、CO 等有害气体产物；产物中氧化砷 As_2O_3 含量较高
西阿尔 (CR)	$2C_{13}H_9NO+31.5O_2 \longrightarrow 26CO_2+9H_2O+2NO_2$	若供氧不充裕，则会生成 CO、NO_x 等有害气体

2. 焚烧设备运行优化

毒剂焚烧设备可以分为移动式和固定式焚烧装置，能够对废旧毒剂和特种烟火弹药、防爆弹药的主装药进行焚烧销毁。由于待销毒剂复杂多样，一次投放量、包装、尺寸、投放时间间隔不同，焚烧过程中焚烧温度控制要求也相应改变，尾气处理过程冷却速度、碱液浓度的要求也相应发生变化。一般来说，温度越高、持续时间越长，毒剂分解越彻底，但高温焚烧法销毁应在足够安全的前提下提高作业效率，布袋除尘器可耐受温度不应超过 170℃，否则会烧毁布袋。

一次投放量是上料车向一燃室一次投放毒剂的质量，投放间隔时间是两次投料中间的时间间隔。一次投放量越大，投料间隔时间越短，尾气中有害气体含量越大，对碱液浓度与流量要求相应增大。

销毁 VX，一次投放量不大于 200g，间隔时间为 3min，一燃室温度不低于 800℃，二燃室温度不低于 1200℃时，其尾气完全能够满足排放标准要求。

销毁 HD，一次投放量不大于 200g，间隔时间为 3min，一燃室温度不低于 750℃，二燃室温度不低于 1150℃时，其尾气完全能够满足排放标准要求。

销毁 GB，一次投放量不大于 200g，间隔时间为 3min，一燃室温度不低于 800℃，二燃室温度不低于 1100℃时，其尾气完全能够满足排放标准要求。

3. 焚烧销毁作业

上料是毒剂销毁作业中的重要环节，也是作业人员与危险品直接接触的过程，包括火工品交接、搬运、开箱，火工品的扫描、称重、放入上料斗等环节，操作要求高，危险系数大。

出渣是毒剂销毁作业中的最后一个环节，主要完成销毁后灰渣的清扫，并对设备进行清洁保养，以确保设备的持续运行能力。同时也是灰渣运往渣库之前重点检视环节，避免未销毁或销毁不完全危险品运往渣库储存而造成危险。

在毒剂销毁过程中，工作人员工作区域分为危险区、作业一区、作业二区。如图 7-4 所示。

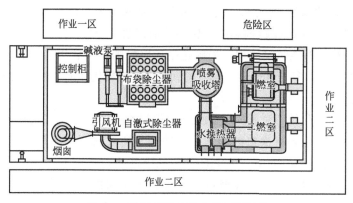

图 7-4　毒剂销毁过程中的区域划分

其中危险区在搬运、送至料斗、投放、除渣等焚烧作业过程中，可能发生短暂的有害气体外泄，要求进入危险区全身防护。在作业一区中由操作人员对设备作业进行电控操作，包括手动与自动控制。在作业二区中由操作人员配合作业一区作业人员进行装备的检查。运行过程中，作业一区的操作员进入作业二区，进行各装备的运行情况、测量数据的监测，防止发生异常，导致重大事故。

4. 焚烧设备的保养

毒剂焚烧设备主要由机械部分和电控部分组成。机械部分的主要部件由一号水泵、二号水泵、一号油泵、二号油泵、一号碱液泵、二号碱液泵、燃烧机、鼓风机、引风机、布袋除尘器等部分组成，保养方法包括清洗、润滑等。电控部分主要由 PLC 和各继电器组成，保养主要包括更换部件等。

二、废弃化学毒剂的化学销毁

化学法销毁废旧毒剂是通过化学反应将毒剂的结构破坏，使其转变为无毒或低毒以及其他难以产生毒害作用的物质。

1. 常用销毁试剂

理论上，凡是能与毒剂发生化学反应使之变为无毒或低毒的物质均可作为销毁试剂，通常选用容易获得的消毒剂作为销毁试剂。

（1）碱性销毁试剂　碱性销毁试剂主要包括氢氧化钠、氢氧化钾、氢氧化钙等强碱类物质，以及弱碱类化合物，如氨、乙醇胺等含氮化合物和碳酸钠、硫化钠、甲酚钠等碱性盐。其中强碱类化合物的水溶液对 G 类毒剂、路易氏剂具有较好的消毒效果，但对芥子气的消毒效果较差[5]。

碱性销毁试剂的水溶液，其消毒效果主要取决于溶液的 pH 值。pH 值越高，碱性越大，对 G 类毒剂和路易氏剂的消毒效果越好。

溶于乙醇的碱性销毁试剂，如硫化钠、甲酚钠、氢氧化钠、氢氧化钾，它们的乙醇溶液可对芥子气消毒，其中氢氧化钠、氢氧化钾的乙醇溶液还能对 VX 进行消毒。

（2）氧化氯化销毁试剂　氧化氯化销毁试剂主要包括次氯酸盐和氯胺类化合物。次氯酸盐主要有次氯酸的锂盐、钠盐、镁盐和钙盐四种，其中 LiOCl、Mg(OCl)$_2$ 只用于特殊场合。NaOCl 的稳定性差，常用于工业上。次氯酸钙类物质 [Ca(OCl)$_2$] 为制式消毒剂，又分为次氯酸钙、漂粉精（又称三合二）、漂白粉，溶于水中有效氯可达 10%～15%（质量分数）[5]。

氯胺类化合物消毒能力强，性能稳定，其消毒灭菌能力主要取决于氮氯键上氯原子的活泼性。

（3）碱醇胺体系销毁试剂　碱醇胺体系销毁试剂如美军研制的 DS_2 和 CD-1 以及国内研制的 191 消毒液。DS_2 和 191 消毒液呈强碱性，能溶于水，也能与乙醇互溶。DS_2 中有机胺的含量大于 191 消毒液中的含量，其溶液的碱性更强，消毒效果相对更好[5]。

2. 新型纳米吸附剂

纳米氧化铈可以有效降解有机磷毒剂。可以破坏有毒有机磷酸盐的氧化铈有四种不同的合成路线：以柠檬酸盐为前驱体的溶胶-凝胶法和均相水解法，以碳酸盐为前驱体的沉淀/煅烧法，以草酸为前驱体的沉淀/煅烧法。其中，以尿素均相水解法和碳酸氢铵沉淀/煅烧（500℃）法制备的氧化铈，对极度危险的神经毒剂索曼（soman）、VX 和有机磷农药甲基对硫磷的降解效率最高，将 25mg 氧化铈固体试剂（壬烷悬浮液形式）加入 $75\mu L$ 底物溶液中，10min 内的降解率超过 90%。这与氧化铈的复杂的表面化学（表面羟基与表面非化学计量的存在）和纳米晶性质有关，纳米晶结构可以促进晶体缺陷的形成，有机磷酸酯通过亲核取代机制在缺陷上发生降解反应，这与磷酸三酯酶法水解有机磷酸盐的机制不同[6]。

由磁铁矿颗粒和氧化铈纳米晶表层组成的磁分离复合材料，是一种能降解某些危险的有机磷化合物的活性吸附剂，如有机磷农药甲基对硫磷、化学战剂索曼和 VX[7]。由于这种吸附剂是一种永久磁体，具有易修复性，使其在各种去污计划中得到广泛应用。

在 300～400℃下煅烧制备的 $CeO_2/\gamma\text{-}Fe_2O_3$ 磁分离复合材料对目标物的降解效率最高，50mg 吸附剂可以处理 1mg 毒剂，常温下反应半衰期约为 10min 或更短，且能同时保持良好的磁性。

吸附剂降解有机磷毒剂的机理是亲核取代（S_N2）（图 7-5、图 7-6）反应[7]：在有机溶剂庚烷中，吸附剂颗粒表面的—OH 基团对 P 原子具有强亲核性，对中心磷原子进行亲核攻击，产生 4-硝基苯酚离解基团。铈原子能显著促进亲核取代反应，因为它能与农药分子中的硫原子配位，使磷原子更缺乏电子，对亲核剂有吸引力。在有机溶剂庚烷中，吸附剂在 30min 内几乎将有机磷神经毒剂（索曼和 VX）完全降解。

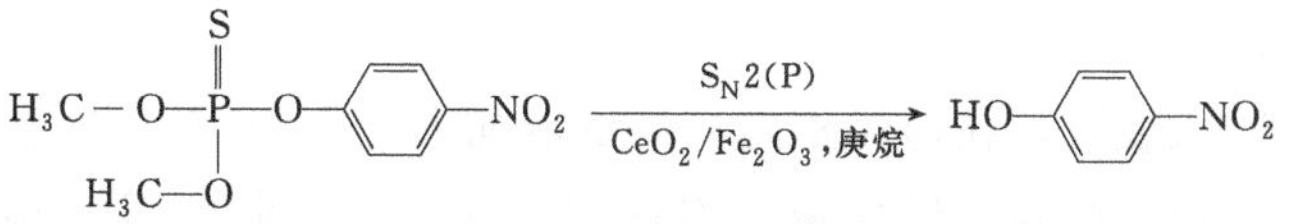

图 7-5　甲基对硫磷分子在氧化铈表面的反应

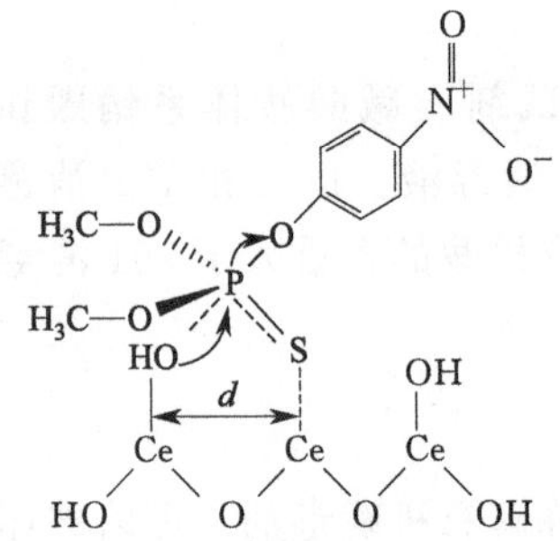

图 7-6　甲基对硫磷分子中的 P—O—芳基键在氧化铈表面的断裂

3. 典型化学毒剂的化学法销毁

（1）沙林　沙林与水和多种有机溶剂，如醇、醚、酮、酯、卤代物、苯、甲苯等均能以任意比相溶，因而，可用消毒剂的水溶液进行沙林的化学销毁[5]。

沙林在水中水解时，有 3 种反应。

一是沙林分子与水分子的直接作用：

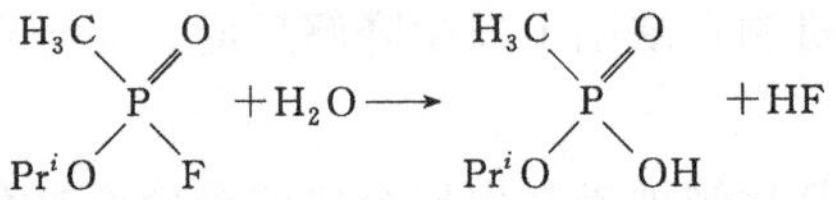

二是沙林的碱性水解：

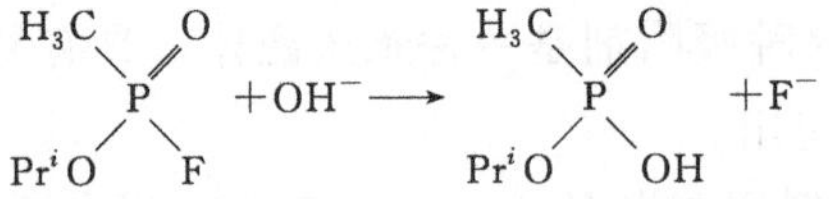

三是沙林的酸（H^+）催化水解：

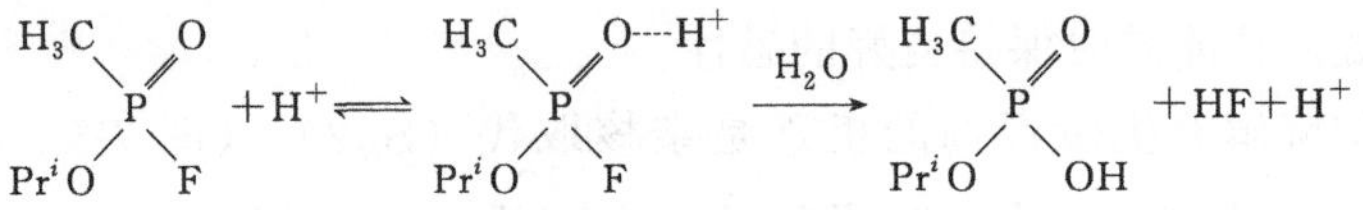

或

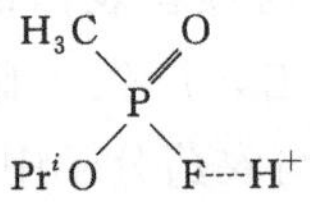

实际工作中，通常用碱性较强的 NaOH 溶液来销毁沙林。用 $10\% \sim 12\%$（质量分数）的氢氧化钠水溶液 1.5 L 可销毁 100g 以内的沙林，具体操作要求如下：

① 开启通风装置，在通风柜内将消毒液加入容积为 10 L 的塑料容器内；

② 慢慢滴加沙林到氢氧化钠水溶液内，搅拌，控制塑料容器内反应液温度不超过 60℃；

③ 滴加完毕后，继续搅拌 1h；

④ 加盖密封，静置 8 h 以上，取废液分析；

⑤ 在未检出毒剂的条件下，用盐酸中和至 pH 值接近 7。

（2）维埃克斯　VX 类中的 S 的化合价是−2，可以氧化到高氧化态。如用氯水氧化时，能发生氯化氧化反应，氧化氯化消毒剂都可用来销毁 VX 类毒剂。次氯酸盐类消毒剂中次氯酸钙 Ca（OCl）$_2$ 在水溶液中能放出 Cl$_2$ 及 [O]，可使 VX 类毒剂氧化，有利于 Cl$_2$ 的生成，所以 VX 类毒剂的销毁效果更好[5]。

氯胺类消毒剂中二氯胺、二氯三聚异氰酸钠等都是氯化剂，能用于 VX 类毒剂的销毁。对仪器和设备消毒可用 10%（质量分数）二氯胺的二氯乙胺溶液；对皮肤可用 10%（质量分数）二氯三聚异氰酸钠的水溶液或 5%（质量分数）二氯胺乙醇溶液。

实际工作中，通常用氢氧化钾 300g、工业乙醇 1 L 配制消毒液，也可用三合二 1.5kg 和水 10 L 配制消毒液来销毁维埃克斯，每次销毁 100g 以内的维埃克斯。具体操作如下：

① 开启通风装置，在通风柜内将消毒液加到容积为 10 L 的塑料容器内；

② 搅拌，慢慢滴加维埃克斯，控制塑料容器内反应液温度不超过 50℃；

③ 待消毒液冷却后，将其移入容积小于 5 L 的有盖聚乙烯塑料筒内，经密封、外表面洗消后，放入焚烧炉的进料托盘内，待焚烧炉稳定运行后，用进料机构送入焚烧炉内，确保焚烧时间超过 30min，达到彻底消毒的目的。

（3）芥子气　芥子气很容易发生氯化反应。氯化产物大多是无毒或只有极低的毒性，所以氯化反应也可用作芥子气的化学销毁。

实际工作中通常用氢氧化钾 100g，工业乙醇 1 L 和二甲亚砜 0.5 L 配制消毒液用以销毁废弃的芥子气，也可用三合二 1.5kg 和水 10L 来配制消毒液，每次销毁芥子气 100g。具体操作与维埃克斯相同[5]。

（4）其他有毒物质

① 硫化法销毁金属汞或处理含汞废液。硫化汞属于难溶化合物，并且难溶于稀酸而只溶于王水，利用此性质可以处理含汞废液。即利用硫化法将 Hg^{2+} 转化为 HgS 沉淀，之后采用固化和封存处理[5]。通常采用硫化钠进行硫化处理，反应原理如下：

$$Hg^{2+} + S^{2-} \longrightarrow HgS \downarrow$$

生成的硫化汞可以返回工厂再生成汞。

在处理中由于加入过量的硫化钠，除生成难溶的硫化汞以外，尚有游离的

S^{2-} 使硫的含量超过排放标准，为此可加入适量的硫酸亚铁，使硫离子和亚铁离子反应生成难溶的硫化亚铁沉淀。反应如下：

$$Fe^{2+} + S^{2-} \longrightarrow FeS \downarrow$$

② 硫化法处理含砷废液。硫化砷（As_2S_3）属于难溶化合物，既不溶于水，也难溶于稀酸，利用此性质可以处理含砷废液。即利用硫化法将 As^{3+} 转化为 As_2S_3 沉淀，之后采取固化和封存处理[5]。通常加入硫化钠等进行硫化处理，反应原理如下：

$$2As^{3+} + 3S^{2-} \longrightarrow As_2S_3 \downarrow$$

③ 亚铁盐法销毁氰化物。亚铁氰化物和铁氰化物，在一般条件下是低毒的，只有与酸或酸性盐类相互作用并加热至 $40\sim50℃$ 时方可析出剧毒的氢氰酸。因此，可利用硫酸亚铁、氢氧化钾与氢氰酸反应生成稳定的无毒物质黄血盐（亚铁氰化钾），借此处理含氰化物的废液[5]。

④ 硫化钠法销毁氯化苦。氯化苦和硫化钠的水溶液，尤其是醇溶液能够起剧烈的还原反应，氯化苦分子在反应中被完全破坏[5]。其反应方程可以表述为：

$$7CCl_3NO_2 + 11Na_2S \longrightarrow$$
$$7S + N_2 + 2CO_2 + 2CO + 4NO + 2COS + CS_2 + NaNO_2 + 21NaCl$$

根据上述反应式，硫化钠的醇溶液可用于对氯化苦进行消毒或销毁处理。如加入表面活性剂，则硫化钠水溶液也可以很好地对氯化苦消毒。

⑤ $NaHCO_3$ 活化 H_2O_2 销毁硫芥子气模拟物和梭曼神经毒气模拟物。苯甲硫醚（硫芥子气模拟物）和对氧磷（梭曼神经毒气模拟物）能被 $NaHCO_3$ 活化 H_2O_2 溶液有效去除[8]。过氧碳酸氢盐是苯甲硫醚的初级氧化剂，过氧碳酸氢盐或 H_2O_2 分解产生的过氧自由基（$\cdot O_2^-$）可以进一步氧化硫化物产物（图 7-7）；对氧磷在 $NaHCO_3$ 活化 H_2O_2 溶液中与 OOH^- 和 OH^- 发生亲核取代反应（图 7-7），降解速率随 pH 值的上升而成指数增长，碱金属离子对此反应有催化作用。芥子气（mustard gas）和梭曼（soman）能在 $NaHCO_3$ 活化 H_2O_2 溶液有效降解为无毒产品，降解的最佳 pH 值范围为 $9\sim10$。

三、废弃化学毒剂的生物销毁

神经性毒剂（nerve agent）是指破坏神经系统正常传导功能的有毒性化学物质。最具代表性的四个神经性毒剂是塔崩（tabun）、沙林（sarin）、梭曼（soman）

和维埃克斯（VX），它们都属有机磷或有机磷酸酯类化合物，为无色油状液体。

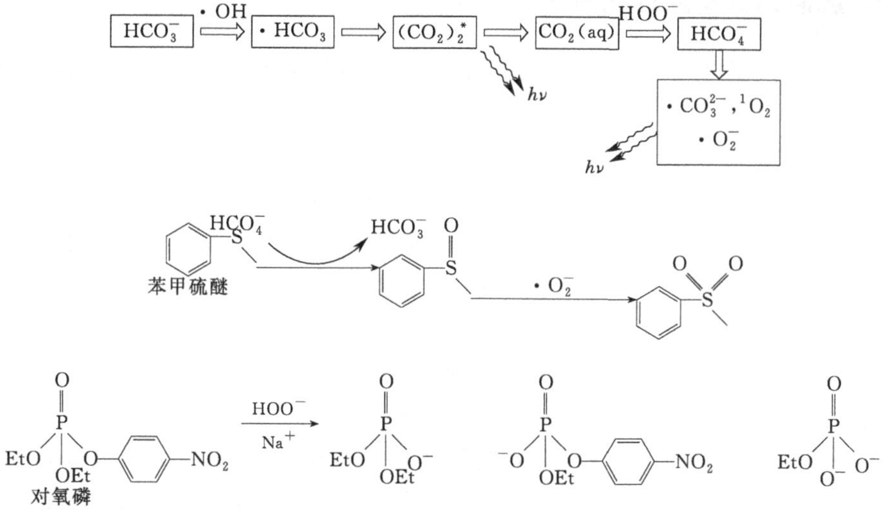

图 7-7　$NaHCO_3$ 活化 H_2O_2 销毁苯甲硫醚和对氧磷的机理

美军将含有 P—CN 键和 P—F 键的化合物称为 G 类毒剂，将含有 P—SCH_2CH_2N（R）$_2$ 键的化合物称为 V 类毒剂。G 类毒剂（G-agent），有氨基氰磷酸酯如塔崩，以及烷基氟磷酸酯如沙林、梭曼；V 类毒剂（V-agent），有烷基硫代磷酸酯如维埃克斯。

有机磷毒剂标准处理方法是剧烈的化学水解和高温焚烧，酶净化法具有极端特异性和条件温和的优点，能用于环境治理和医疗中。最有前途的酶是假单胞菌属（*Pseudomonas diminuta*）的磷酸三酯酶（PTE）。对氧磷农药是 PTE 的最佳底物，PTE 能催化磷氧键的断裂，消除有机磷的神经毒性[9]。野生型酶对化学战剂的催化活性远远低于最好的基质，它的立体化学选择性偏向手性磷中心的低毒对映体。通过定向进化实验，可以系统地改进酶对化学战剂的催化活性，使催化活性提高 4 个数量级以上，能高效解毒 G 型和 V 型神经毒剂[10]。

第五节　遗弃化学毒剂弹处置工作中的洗消

洗消也称毒剂消除。在废弃化学毒剂弹处置工作中，要做好对人员、水源、物资器材以及地面染毒时的洗消工作，以防止毒剂污染环境和伤害人员，并恢复染毒物品的使用价值。

一、洗消的基本原理和方法

废弃化学毒剂弹处置现场洗消方法包括机械移除法、物理移除法和化学消毒法。

机械移除法包括除去染毒层（例如切除食物的染毒部分，铲去地面染毒层）和隔绝毒剂（例如用草席、木板、泥土覆盖染毒地面）。

物理移除法包括以下方法：用水冲洗染毒物品；用浸有溶剂如汽油、酒精的棉布擦去物品表面的毒剂；利用通风、加热等方法使服装上的毒剂蒸发或破坏；使用活性炭吸附滤除空气或水中的毒剂等。

机械或物理的方法，一般只能是毒剂移除，不能使毒剂破坏，故消毒后的污水、污物必须妥善处理，以免造成环境污染和人员伤害。

化学消毒法是利用化学消毒剂与毒剂直接作用，使之变成无毒的物质。此法根据毒剂的化学性质，分别采用水解、氧化、氯化及碱作用的原理使毒剂破坏，是彻底的消毒方法。

二、典型洗消药剂

简易洗消药品主要有小苏打、三合二等，其典型配制和应用见表 7-3[1]。

表 7-3　简易洗消药品的配制和应用

名称	色态、气味	适用毒剂对象	配方	适宜消毒对象
氨水	无色液体有刺激味	光气	喷雾	对空气消毒
氢氧化钠（烧碱）	白色固体	路易氏剂	5%~10%（质量分数）水溶液	地面、玻璃容器、橡胶材料
漂白粉	白色粉末有氯气味	黄剂	悬浊液、澄清液	地面、武器、装备
一氯胺	白色或淡黄色结晶微有氯气味	黄剂	18%~25%（质量分数）水溶液或 5%~10%（质量分数）酒精溶液	精密仪器、皮肤、眼、耳、鼻、喉等
三合二	白色粉末有氯气味	黄剂、红剂、绿剂	悬浊液	地面、码头、橡胶材料
次氯酸钙	白色粉末有氯气味	黄剂、红剂、绿剂	澄清液水溶液(1∶10)	皮肤、设备、武器、地面、橡胶材料、码头
碳酸氢钠（小苏打）	白色粉末（固体）	各类毒剂	2%（质量分数）水溶液	眼、耳、鼻、喉等

续表

名称	色态、气味	适用毒剂对象	配方	适宜消毒对象
碳酸钠 （苏打）	白色粉末 （固体）	各类毒剂	2%（质量分数）水溶液	服装（浸泡或煮沸）
消毒粉	白色粉末 （固体）	各类毒剂	粉末	人员皮肤、服装 装具、武器装备
191消毒剂	液体	各类毒剂	溶液	武器、设备

三、人员的洗消

人员染毒后应立即采取自救互救方式消毒，尤其是对神经性毒剂和糜烂性毒剂。当毒剂液滴接触眼和皮肤时，应立即使用装备的皮肤消毒剂或其他消毒液对染毒部位进行洗消，常见的皮肤消毒剂见表7-4[1]。皮肤消毒后，应用水冲去残留在皮肤上的消毒剂及消毒后的生成物。无消毒液时，则先将液滴态的毒剂用棉花、软布、毛巾等吸去，然后用水或尿冲洗，染毒服装消毒后，服装下的皮肤也应消毒。

表7-4　常见的皮肤消毒剂

消毒剂名称	消除毒剂
2%（质量分数）碳酸钠水溶液	G类毒剂
10%（质量分数）氨水	G类毒剂
10%（质量分数）三合二水溶液	G类毒剂，糜烂毒剂
10%（质量分数）二氯三聚异氰酸钠水溶液	V类毒剂，糜烂毒剂
10%（质量分数）二氯胺邻苯二甲酸二甲酯溶液	V类毒剂，糜烂毒剂
10%~25%（质量分数）一氯胺醇水混合溶液或5%二氯胺酒精溶液	糜烂毒剂
2%（质量分数）碘酒	路易氏剂
5%（质量分数）二巯基丙醇软膏	路易氏剂

眼睛染毒应立即用2%（质量分数）小苏打、0.2%（质量分数）氯胺水溶液或清水冲洗。冲洗时脸转向一侧、闭嘴、用手撑开眼睑，将水轻轻注入眼内，并使水从脸的侧面流掉。

四、染毒水的消毒

染毒的水可用煮沸法消毒，使毒剂蒸发、水解而失去毒性。

（1）对被沙林、梭曼、芥子气污染的水，需敞盖煮沸 20～30min（自沸腾时计时）。

（2）对被路易氏剂污染的水先加碱（氢氧化钠或碳酸钠），使水变成碱性（pH9～10），每升水再加入明矾 0.4g，煮沸 1h。

（3）对氰类毒剂染毒的水煮沸前每升水加醋酸 3～4mL，或浓盐酸 3～4滴，煮沸数分钟。

五、服装的洗消

服装洗消可采用以下几种方法：

（1）自然除毒。利用风吹日晒等自然条件使毒剂分解、蒸发。

（2）擦拭。轻微染毒部位用消毒剂擦拭。

（3）洗涤。用肥皂、洗衣粉洗涤。适用于棉布、合成纤维制品。

（4）熏蒸。将染毒服装放在笼屉内洒上碱性溶液加热熏蒸 2h。

（5）煮沸。将染毒服装浸泡在 2%（质量分数）Na_2CO_3 溶液中煮沸 0.5～1h；对胶状芥子气类毒剂煮沸 1～2h。

（6）热空气法。将热空气通过消毒室（柜）内并使毒剂蒸发排出，适用于不宜用煮沸法进行洗消的物品。

（7）火烤。将染毒服装用水浸湿，洒上 2%（质量分数）Na_2CO_3 溶液，烘烤 1h。

六、地面、道路的消毒

对染有持久性毒剂的地面、道路，可用撒布消毒剂或铲土掩埋、火烧等方法消毒。撒用消毒剂时，如用漂白粉，撒干粉用量为 0.4～0.5kg/m²，作用 30min；用(1∶4)～(1∶5)混悬液时，用量为 1～2L/m²，作用时间 10min 以上；三合二用 1∶8 悬浊液，次氯酸钙用 1∶10 悬浊液，用量为 1～2L/m²。

参考文献

［1］　娄建武，龙源，谢兴博．废弃火炸药和常规弹药的处置与销毁技术 ［M］．北京：国防工业出版社，2007.

［2］　An G, Wang Y H, Li W, et al. Research on key designing parameters of destruction furnace for explosive waste ［J］．Procedia Environmental Sciences，2012，16：202-207.

［3］　袁保同,李茂军．使用经济厚度计算方法选用设备和管道的保温厚度 ［J］．石油炼制与化

工，1996，27（7）：36-39.

[4]　Guan Y Q，Wang Q，Wang X M，et al. The overview of destruction technologies for Japanese abandoned chemical weapons in China　［J］．Procedia Environmental Sciences，2012，16：188-191.

[5]　王玄玉，诸雪征，张宏远，等．废旧特种危险化学品检测销毁理论与技术　［M］．上海：上海科学技术文献出版社，2008.

[6]　Pavel Janoš，Jiří Henych，Ondřej Pelant，et al. Cerium oxide for the destruction of chemical warfare agents：a comparison of synthetic routes　［J］．Journal of Hazardous Materials，2016，304：259-268.

[7]　Pavel Janoša，Pavel Kuráň，Věra Pilařová. Magnetically separable reactive sorbent based on the $CeO_2/\gamma\text{-}Fe_2O_3$ composite and its utilization for rapid degradation of the organophosphate pesticide parathion methyl and certain nerve agents　［J］．Chemical Engineering Journal，2015，262：747-755.

[8]　Zhao S P，Xi H L，Zuo Y J，et al. Bicarbonate-activated hydrogen peroxide and efficient decontamination of toxic sulfur mustard and nerve gas simulants　［J］．Journal of Hazardous Materials，2018，344：736-745.

[9]　Dumas D P，Durst H D，Landis W G，et al. Inactivation organophosphorus nerve agents by the phosphotriesterase from *Pseudomonas minuta*　［J］．Archives of Biochemistry and Biophysics，1990，277：155-159.

[10]　Andrew N Bigley，Frank M Raushel. The evolution of phosphotriesterase for decontamination and detoxification of organophosphorus chemical warfare agents　［J］．Chemico-Biological Interactions，2019，308：80-88.

物质相似相容性表

反应组别号码 (RGN)	反应类别名称	1	2	3	4
1	酸类、矿物、非氧化物				
2	酸类、矿物、氧化物				
3	有机酸类	G	H		
4	醇类及二醇	H P	H P	H P	

续表

反应组别号码 (RGN)	反应类别名称							
		5	6	7	8	9	10	11
5	醛	H P / H F / P						
6	酰胺或氨化物	H / H GT	6					
7	脂肪族及芳香的胺类	H / H GT	H	7				
8	偶氮及重氮化合物及肼	H H H H H / G GT G G G	H	H	8			
9	氨基甲酸酯	H H / G GT	H	H	G	9 / G H		
10	强碱	H H	H	H	G	G / H	10 / G H	
11	氧化物	GT GT / GF GF / GT	GT	GT	GT	G	G	11 / G

续表

反应组别号码 (RGN)	反应类别名称	反应活性代码（按反应组别列出，对应列号 12 13 14 15 16 17 18 19）
12	二硫代氢基甲酸酯	H GF F；H GF F；H GF GT；GF GT；U G；H G；H
13	酯	H F；H G；U G；H
14	醚	H F；H G；H
15	无机的氟化物	GT GT GT GT
16	芳香族的碳氢化合物	H F
17	卤化有机物	H F GT；H H GT G；H P H G；H H GT G
18	异氰酸盐	H H F G P；H H F G GT；H H P P G；H H P G G；H H U P G G
19	酮	H F；H G；H H；H G；H H

续表

反应组别号码 (RGN)	反应类别名称	…	20	21	22
20	硫醇及其他有机硫化物	H GT F GF GT	H G		
21	碱或碱土元素的金属	GF GF GF GF H H H H F F F F	GF GF GF GF H H H H GF GF GF GF H H H H GF GF GT H H	H GF GF GF E H H H	
22	粉状、气体或海绵状金属，其他元素及合金	GF GF H GF F F	H F U GT	GF F U H GT	H GF F

续表

反应组别号码 (RGN) 反应类别名称	23	24	25	26	27
23　片状、枝状、梗状等的金属，其他元素及合金	GF GF H H F P				
24　有毒金属及金属化合物	S S S	S			
25　无机过氧化物	GF H H F F E	S S	GF GF GF H H H U U G U		
26　腈类	H H GT F GF GT	H	GF GF H H	H P	
27　硝基化合物	H F GT	H	H GF E	H GF E	E

续表

反应组别号码(RGN) / 反应类别名称	28	29	30	31 H
			H P	
			H H　P GF G　E GT	
			H G	GF H
	H E			
			H F E G	
			H H E E	
			H H F E GT	GF H
			H H E E E GT	H P
			H H E F GT GT	
			H H F F E GT	H G
			H GT	
			H H F G	
	H H F H	H H F	H H G E H G	H H F H
反应组别号码(RGN) 反应类别名称	28 脂肪族的、不饱和的碳氢化合物	29 脂肪族的、饱和的碳氢化合物	30 有机的过氧化合物及过氧化合物	31 酚及甲酚类

续表

反应组别号码(RGN)	反应类别名称	32	33	34	35	36	37
32	有机磷酸盐、磷酰硫代盐	U					
33	无机的硫化物	H GT	H				
34	环氧化物	H H P P	H U P	H U P			
35	可燃及易燃物料、杂物			H GF F	H F GT		
36	爆炸物	H E	E	H H E E	H E	H H E E	
37	可聚合的化合物	U	E	P P H H	P H	P P H H	P H

续表

反应组别号码 (RGN)	反应类别名称																38	39	40	41
38	强烈的氧化剂	H GT	H F GT	H F GT	H F E GT	H F E GT	H F GT	H F E	H F E F	H F F F	H F E F	H F F F	H F F G	H F F F	H F F GT	H F E GT	H F GT			
39	强烈的还原剂	H F GT	H F GT	GF H H F F	GF GF F F	H GF F E	H GF F E H	GF F E	H GF F E	GF F H	H GF GF E H	GF F H	H H E	GF F H H	H H E	H E P F GF E				
40	水及含水混合物	H H		G			H G	GF GF H H	GF S	GF GF H H		GT GF	GT GF		GF GT				
41	与水起反应的物质																			41

注：H—产生热；F—火警；G—产生无害或不易燃烧气体；GT—产生有毒气体；GF—产生易燃气体；E—爆炸；P—强烈聚合作用；S—溶解有毒物质；U—可能危险但不确定。

索　引

其他